Git 从入门到精通

高见龙 著

北京大学出版社
PEKING UNIVERSITY PRESS

内容提要

Git是一款让人一开始觉得很容易学，但却很难精通的工具。本书除了介绍Git的相关知识外，还会模拟各种常见的状况，让读者知道应该在什么时候使用什么指令。

本书共分11个章节，第1~3章介绍安装工具及环境，对于已经安装完成的读者可直接从第4章开始阅读。第5章介绍Git最基本的使用方式，虽然难度不高，但却是整个Git系统的基础。第6章介绍Git中常用的分支功能以及使用情境，第7~9章则是介绍如何修改现有的历史记录、使用标签，以及如何应对其他常见的状况。

前面的内容都是在自己的计算机上就可以完成的，从第10章开始介绍如何将自己计算机里的记录推一份到线上（GitHub）。最后一章（第11章）介绍团队开发时可能会使用的开发过程Git Flow。

市面上的参考书籍或网络教程大多是教大家如何通过终端机指令来学习Git，这让不少想学习Git的新手打了退堂鼓。本书除了教大家如何在终端机视窗中输入Git指令，还搭配了图形界面工具，缓和了读者的学习曲线，让读者更容易上手。

图书在版编目(CIP)数据

Git从入门到精通 / 高见龙著. — 北京：北京大学出版社，2019.9
ISBN 978-7-301-30587-4

Ⅰ.①G…　Ⅱ.①高…　Ⅲ.①软件工具－程序设计　Ⅳ.①TP311.561

中国版本图书馆CIP数据核字（2019）第133656号

书　　名　Git 从入门到精通
　　　　　Git CONG RUMEN DAO JINGTONG
著作责任者　高见龙　著
责 任 编 辑　吴晓月　孙宜
标 准 书 号　ISBN 978-7-301-30587-4
出 版 发 行　北京大学出版社
地　　址　北京市海淀区成府路205 号　100871
网　　址　http://www.pup.cn　　新浪微博：@ 北京大学出版社
电 子 邮 箱　编辑部 pup7@pup.cn　总编室 zpup@pup.cn
电　　话　邮购部 010-62752015　发行部 010-62750672　编辑部 010-62570390
印 刷 者　大厂回族自治县彩虹印刷有限公司
经 销 者　新华书店
　　　　　787毫米×1092毫米　16开本　15印张　341千字
　　　　　2019年9月第 1 版　2024年10月第 5 次印刷
印　　数　10001-12000册
定　　价　49.00 元

写在最前面——为你自己学 Git！

为什么要写这本书

在周星驰主演的电影《大话西游》中，至尊宝用月光宝盒便可穿越时空，回到过去救他的娘子。Git工具虽然无法真的让我们穿越时空（如果有请一定要让我知道，我要回到过去买大乐透），但对计算机工作者来说，它就像时光机一样神奇，可以让你回到指定的时间点去救回不小心被删除的文件。

Git看起来很容易学，但这只是表象，实际上Git是一款很容易上手，但却很难精通的工具。市面上的参考书籍或网络教程大多只会教大家从终端机指令来学习 Git，这让不少想学习Git的新手打了退堂鼓。

我也认同 Git 指令很重要，因为那是整个 Git 的基础，所以学习在终端机窗口敲打、输入 Git 指令是必经过程。但是如果可以搭配图形界面工具，就可以让这个学习曲线稍微缓和一些。所以本书除了 Git 指令的介绍外，也会使用图形界面工具（本书使用 SourceTree）辅助说明，让大家更容易上手。

因为本人个性的关系，在学习新事物的过程中如果有疑惑的地方，总是希望可以搞懂，否则知其然而不知其所以然，无法真正把一门技术搞懂，就会痛苦得睡不着觉。正因为这样，本书在撰写的过程中，即使是很简单的内容，也希望可以尽量解释清楚。希望本书不仅可以教大家如何用（How），也能让大家知道在用什么（What），以及为什么（Why）要这样用。

虽然本书是以中文撰写，但专有名词大多还是英文。之所以用英文来表示，除了因为每个人的翻译可能不一样或翻译之后没有原文贴切之外，最重要的一点，是希望大家能尽早习惯这些英文，因为在实际工作中，很多第一手的资料都是英文的，早点习惯英文对大家绝对是有帮助的。

谁适合本书

只要你对 Git 有兴趣，就可以学习本书。

如果日常工作中已经在使用 Git，那么本书大部分的内容对你来说应该是比较轻松的。不过即便这样，你仍然可以从本书中学到一些“本来以为 Git 是这样，但其实是那样”的理念。

本书内容

本书包括以下内容。

（1）常用 Git 指令介绍。

（2）各种 Git 的常见问题及使用情境。

（3）如何修改 Git 的历史记录。

（4）如何使用 GitHub 与其他人一起工作。

（5）日常工作中一般用不到，但对观念建立有帮助的冷知识。

你需要准备什么？

只要有一台可以工作的计算机（不限定操作系统）就够了。

如何使用这本书

本书主要分为以下几部分。

（1）环境安装与设定。

（2）开始使用 Git。

（3）使用分支。

（4）使用标签。

（5）修改历史记录。

（6）其他常见状况。

（7）使用 GitHub。

（8）使用 Git Flow。

虽然每个章节的内容多少都跟前面的章节有关，但也不一定要从第1章开始依序阅读（当然这也是一种方式），可根据需要跳过部分章节。

使用版本

本书使用的 Git 版本为 2.14.1，读者可以使用 git --version 指令来检测自己目前所使用的 Git 版本。

```
$ git --version
git version 2.14.1
```

如果是不同的版本，一样的指令或参数可能会有不同的执行结果。

程序代码惯例

在学习、使用 Git 时，经常要在终端机（Terminal）模式下输入指令。例如：

```
$ git add index
```

或者这样：

```
$ git commit -m "init commit"
[master (root-commit) 5d47270] init commit
2 files changed, 1 insertion(+)
create mode 100644 config/database.yml create mode 100644 index.html
```

最前面的 $ 符号是系统提示符，告诉大家这是一条需要在终端机环境下手动输入的指令，而它的下一行则是这条指令执行的结果。实际输入指令时不要跟着输入 $，否则可能会出现 command not found 的错误信息。

程序范例及错误更正

本书所有的范例在 Git 2.14.1 以及 macOS 10.12 操作系统环境下均已测试且可正常执行，部分范例可在我的 GitHub 账号取得。不过，由于软件的版本演进或者操作系统的不同，范例程序执行的结果可能会有些微的差异（甚至是错误）。若有任何问题，或者有哪里写错，还请大家不吝来信、留言指教。

最后，希望大家会喜欢这本书，一起来学习 Git 这个看似好学但又不容易学好的有趣工具。

关于学习

输入指令可能很“吓人”，但它很重要！

对学习 Git 的新手来说，打开终端机、输入 Git 指令是件“吓人”的事。

即使有像 SourceTree 或 GitHub Desktop 这类方便的图形界面工具可供使用，我个人仍强烈建议一定要了解 Git 的运作原理。而输入、执行 Git 指令，正是最容易了解 Git 运作的方法之一。

不要害怕输入指令，不要害怕那些看起来很“吓人”的信息，不然即使有图形界面工具，也可能不知道单击某个按钮之后会发生什么事，而导致不能正确地使用 Git。

观念很重要

很多人，包括我自己也是，在一开始学习 Git 的时候，心想只不过就是简单地学习 git add 和 git commit 之类的基本操作指令罢了。但其实这就犹如冰山一角，沉在水底下的比浮在水面上的要多得多，Git 的运作方式远比这些指令来得复杂。所以，如果可以建立正确的观念，遇到问题的时候就不会那么迷茫，就能知道该用什么指令来解决。

目录

Contents

第1章 Git入门

1.1 Git概述

1.1.1 什么是Git

如果你问那些正在使用 Git 工具的人“什么是 Git”，他们大多可能会回答“Git 是一种版本控制系统（Version Control System）”，专业一点的可能会说“Git 是一种分布式版本的版本控制系统”。这样的解释对没接触过 Git 的新手来说是没有任何意义的。到底什么是“版本”？要“控制”什么东西？什么又是“分布式”？接下来就为你一一讲解。

不管你是不是程序员，只要你的日常工作离不开计算机，那么每天可能都要新建、编辑、改动很多的文件。例如，如果你是一名人力资源部门主管，就会创建一个 resume 目录，专门用来保存面试者的资料。

如图 1-1 所示，随着时间的变化，一开始 resume 目录中只有 3 个文件，过两天增加到 5 个；不久之后，其中的 2 个被修改了；过了 3 个月后又增加到 7 个；最后又删掉了 1 个，变成 6 个。每次 resume 目录的状态变化，不管是新建或删除文件，抑或是改动文件内容，都称为一个“版本”，如图 1-1 中的版本 1 ~ 5。而所谓的“版本控制系统”，就是用来记录所有的这些状态变化的，使你可以像搭乘时光机一样，随时切换到过去某一“版本”的状态。

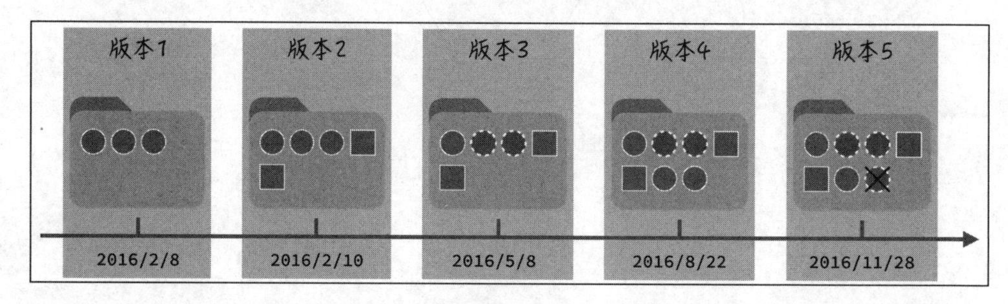

图 1-1

简单地说，Git 就像玩游戏的时候可以存储进度一样。例如，为了避免打头目输了而损失装备，或者打倒头目却没有掉落期望的珍贵装备，可以在每次去打头目之前都记录一下，以便在发生状况的时候回到旧进度，再挑战一次。

1.1.2 为什么要学习Git

先问个问题，大家平常怎样整理或备份文件？

以图 1-1 为例，最传统也是最方便的方式，便是使用“复制 + 粘贴法”。这样操作之后，可能会出现图 1-2 所示的画面。

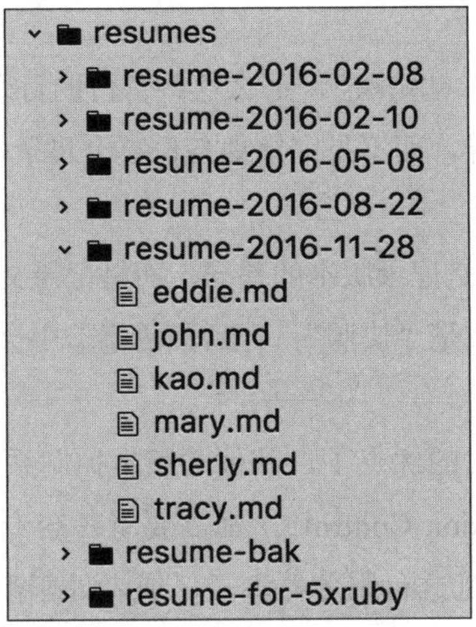

```
resumes
  resume-2016-02-08
  resume-2016-02-10
  resume-2016-05-08
  resume-2016-08-22
  resume-2016-11-28
    eddie.md
    john.md
    kao.md
    mary.md
    sherly.md
    tracy.md
  resume-bak
  resume-for-5xruby
```

图 1-2

虽然一眼就可以看出每个“版本”的用途，但其他信息就不是那么明显了。例如，resume-2016-05-08 目录中的那两个改动过的文件都改了什么内容？resume-2016-08-22 和 resume-2016-11-28 这两个目录有什么不一样的地方？resume-bak 与其他的目录有什么不同？最麻烦的是，如果这个目录是和其他人共享的，而文件被其他人覆盖了，该怎么处理呢？

如果你在乎这些问题的答案，那么使用“版本控制系统”就是一个很不错的选择。通过这样的系统，可以清楚地记录每个文件是谁在什么时候加进来的、什么时候被修改或删除的。Git 就是这样一种版本控制系统，也是当前业界最流行的版本控制系统。

无论做任何工作，如果有 Git 帮你保留这些历史记录和证据，那么发生意外状况的时候你就能知道是从什么时候开始有问题的，以及该找谁负责，再也不用自己“背黑锅”了！

1.2 Git与其他版本控制系统的差异

1.2.1 Git的优点

那么 Git 到底有哪些厉害的地方，会让这么多人选择它呢？

1. 免费、开源

2005 年，为了管理 Linux 内核程序代码，Linux 内核的作者 Linus Trovalds 仅用了 10 天时间就开发出了 Git。粗略算来，至今已有十几年的历史了。除了可免费使用外，整个 Git 的源代码也可以在互联网上获取（当然 Git 的源代码也是用 Git 做版本控制的）。

2. 速度快、文件体积小

如果使用前面提到的“复制 + 粘贴法”，那么这些备份的目录会占用大量空间。其他的版控系统大多是记录每个版本之间的差异，而不是完整地备份整个目录，所以整个目录的大小不会快速地增加。

Git 的特别之处在于，它并不是记录版本的差异，而是记录文件内容的“快照”（snapshot），可以非常快速地切换版本。至于什么是“快照”，在后面的章节中会有更详细的介绍。

3. 分布式系统

对我来说，这可能是 Git 最大的优点了。其他的版本控制系统，比如 CVS 或 SVN 之类的集中式的版控系统（Centralize Version Control），都需要有一台专用的服务器，所有的更新都要与这台服务器沟通。也就是说，一旦这台服务器坏了，或者处于没有网络连线的环境下，就无法使用了。

而 Git 是一款分布式的版控系统（Distributed Version Control），虽然通常也会有共同的服务器，但即使在没有服务器或在没有网络的环境下，仍然可以使用 Git 进行版控，待服务器恢复正常运行或移到有网络的环境后再进行同步，不会受到影响。事实上，在使用 Git 的过程中，大多数的 Git 操作在计算机本机上就可以完成。

1.2.2 Git的缺点

如果非要说 Git 的缺点，那大概就是易学难精。虽然 Git 的指令非常多，而且有的指令有点复杂，但平常会用到的指令并不多。根据“80/20 法则”，大概 20% 的指令就足以应付 80% 的工作。

除了终端机（或命令提示符）环境下的 Git 指令外，还有很多实用的图形界面工具，让使用者不用输入复杂的指令就可以享用 Git 强大的功能。本书将使用终端机指令来解释概念，并以图形界面工具（如 SourceTree）来辅助说明 Git 是怎样运行的。

1.3 常见问题

1. 我是设计师，我也可以用Git吗

基本上，Git 只关心文件的“内容”，所以只要是文件，都可以使用 Git 来管理。只是设计生成的大多是 Photoshop 的 PSD 文件或 Illustrator 的 AI 文件，虽然 Git 也可以管理这些文件，但因为这些文件（二进制文件）不像常规文本文件那样可以一行一行地查看，也就无法那么精准地知道什么人在什么时候改了哪些字。但总体来说，Git 还是帮得上忙的，至少当文件不小心被覆盖或删除的时候，还可以找回旧版本的文件。

2. Git就是我之前看到过的GitHub吗

这是很多新手容易有的误会，以为 Git 就是 GitHub（或者认为 GitHub 就是 Git），甚至有的公司在招聘启事上明确写着“会使用 GitHub”。事实上，Git 是一款版本控制软件，而 GitHub 是一个商业网站，其本体是一个 Git 服务器，但这个网站上的应用程序可以让大家通过 Web 操作来完成一些原本需要复杂的 Git 指令才能做到的事。

本书后面也会介绍如何使用 GitHub 与其他人进行协作。虽然 GitHub 很好用，但别忘了 Git 才是它的本体。

第2章

环境安装

2.1 在Windows操作系统中安装Git

在 Windows 操作系统中安装 Git 之前，先从官方网站（https://git-scm.com/download/win）下载合适的 Git 版本，如图 2-1 所示。

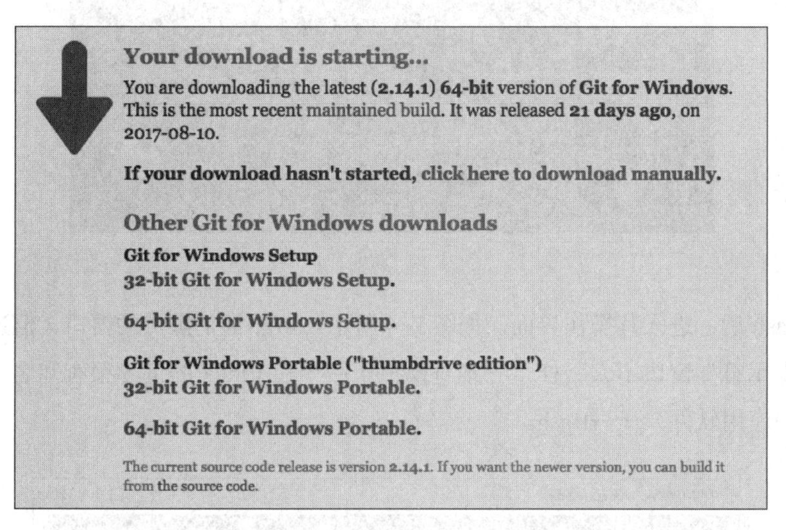

图 2-1

下载后，安装时只需根据提示一路单击“Next”按钮即可，如图 2-2 所示。

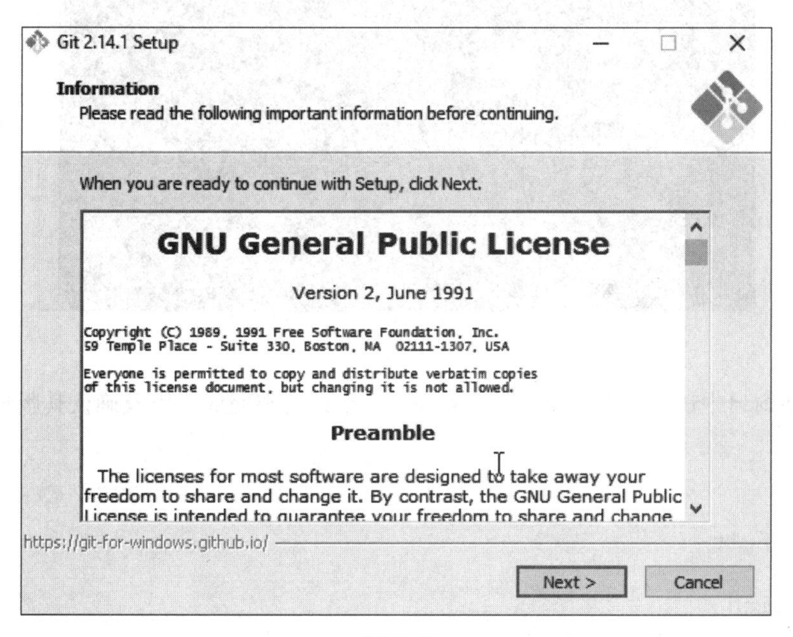

图 2-2

安装完成之后，选择“Git Bash”应用程序，如图 2-3 所示。

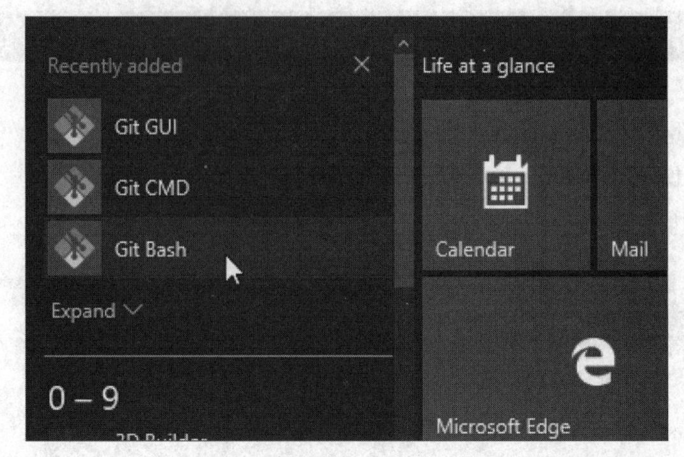

图 2-3

启动 Git Bash 后，进入其操作界面，如图 2-4 所示。虽然都是黑黑的窗口，但这个与 Windows 自带的“命令提示符”窗口不太一样，它本身模拟了一个在 Linux 的世界很有知名度的软件（其实不能算是常规的应用软件）——Bash。

图 2-4

这时可以在窗口中试着输入指令，验证一下 Git 是否安装完成，以及确认其版本信息。显示代码为：

```
$ which git
/mingw64/bin/git

$ git --version
git version 2.14.1.windows.1
```

如果看到类似的代码信息，就是安装成功了。

2.2 在macOS操作系统中安装Git

在 macOS 操作系统中安装 Git 有两种方法。

1. 从官方网站下载Mac专属的Git版本

在官方网站（https://git-scm.com/download/mac）下载 Mac 专属的 Git 版本，如图 2-5 所示。

图 2-5

下载后，按照安装向导的提示一步步地进行操作，即可顺利完成 Git 的安装。

2. 使用Homebrew软件来安装Git

在官方网站（https://brew.sh/index_zh-cn.html）上下载 Homebrew 软件，如图 2-6 所示。

图 2-6

虽然 macOS 出厂的时候已经预设了很多软件和工具，但对开发者来说，这远远不能满足需求，很多工具还是得自己想办法下载，甚至要从源代码进行编译、安装。而 Homebrew 工具正是 macOS 所缺少的，它有点像 Linux 下的 apt-get 之类的安装工具，通常只要一行指令就可完成下载、编译、安装。如果你本身也是开发者，建议使用 Homebrew 来安装软件。

Homebrew 的安装很简单，只需将网站上的以下代码进行复制：

```
$ /usr/bin/ruby -e "
$(curl -fsSL https://raw.githubusercontent.com/Homebrew/
install/master/install)"
```

然后在终端机窗口将其粘贴并运行即可。

Homebrew 安装完成后，在终端机上运行以下指令：

```
$ brew install git
```

按下 Enter 键之后，剩下的就交给 Homebrew 去处理，它会帮你完成 Git 的安装。

2.3 在Linux操作系统中安装Git

在 Linux 操作系统中安装 Git 可能算是最简单的，只需一行 apt-get 指令即可完成。

（1）在桌面上双击“终端”图标，如图 2-7 所示。

图 2-7

（2）打开“终端”窗口，如图 2-8 所示。

图 2-8

（3）在该窗口中输入以下指令：

```
$ apt-get install git
```

（4）稍后就会看到以下错误信息：

```
eddie@Sherly:~$ apt-get install git
E: 无法打开锁文件 /var/lib/dpkg/lock - open (13: 权限不够)
E: Unable to lock the administration directory (/var/lib/dpkg/), are
you root?
eddie@Sherly:~$
```

系统提示当前账号的权限不足。在 Linux 的世界，不是每个人都可以随便安装软件的，需要有足够的权限才行。此时可以借由 sudo 指令来临时提高权限，顺利完成软件的安装。

```
$ sudo apt-get install git
```

（5）此时系统就会自动连接网络、下载软件并进行安装了。

2.4 图形界面工具

一开始接触 Git 时，很多人不太理解其运行原理，而且大部分人比较习惯图形界面工具（Graphic User Interface，GUI），对终端机（或命令提示符）及 Git 指令操作相对不熟悉。

GUI 工具的确比较方便，但在不懂原理的前提下，恐怕能做的只是机械地单击 GUI 工具中的按钮，并不清楚内部到底发生了什么，遇到问题也不知道该如何处理。

因此，本书将以指令为主，但会使用 GUI 工具加以辅助说明。

在 Git 官方网站（https://git-scm.com/downloads/guis）上有多款 GUI 工具，有的是商业软件，有的是免费软件，如图 2-9 所示。

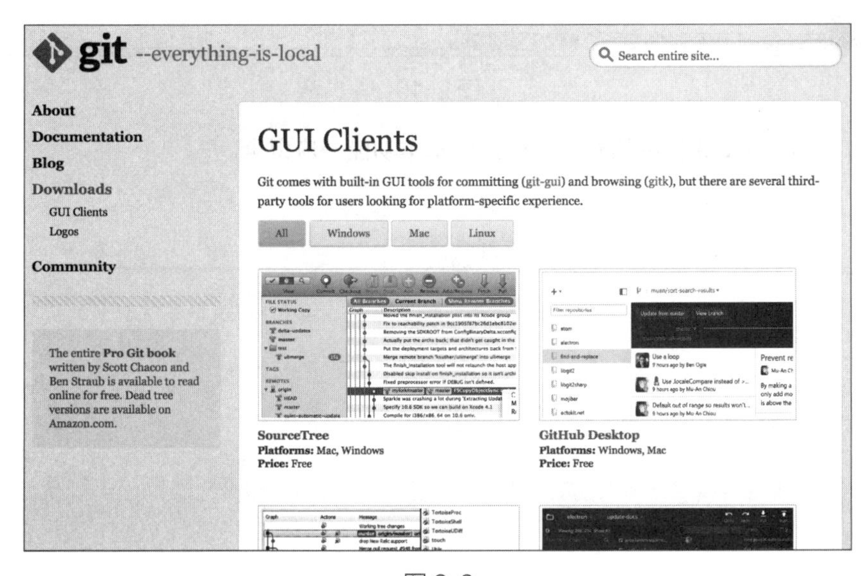

图 2-9

其中，SourceTree 和 GitHub Desktop 这两款工具，适用于 macOX 和 Windows 操作系统，而且功能都很完整，也都可免费使用，这里推荐给大家。

本书将以 SourceTree 软件为例进行说明。

在 Linux/Ubuntu 操作系统中，没有 SourceTree 可供安装。不过没关系，有 gitk 软件也可以。其安装只需一行代码：

```
$ sudo apt-get install gitk
```

gitk 软件实际运行的界面如图 2-10 所示。

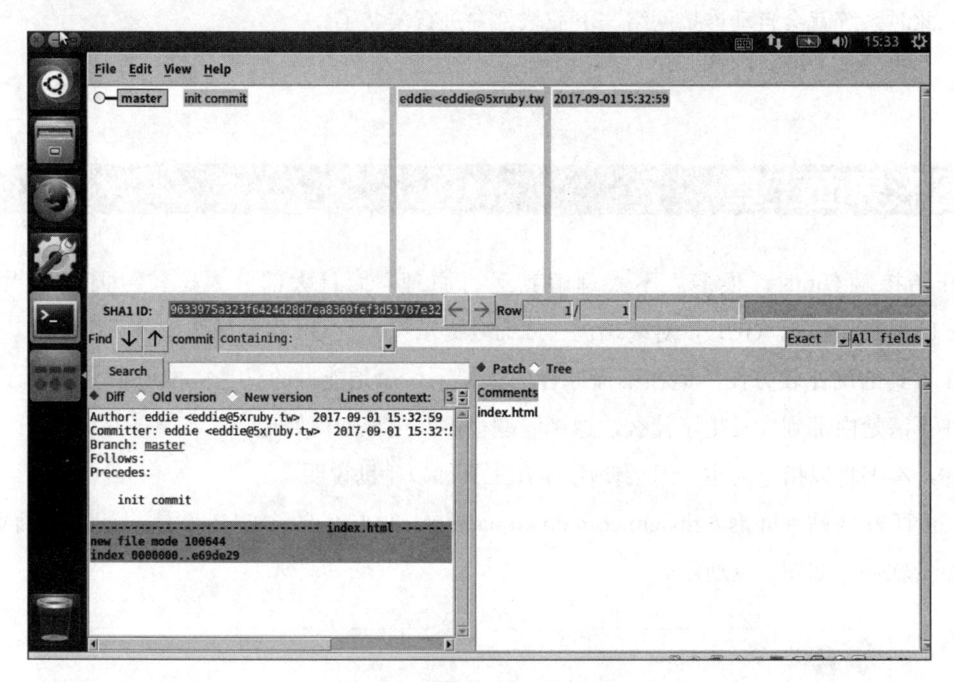

图 2-10

该界面与 SourceTree 相比虽然有点简单，但基本功能一应俱全。

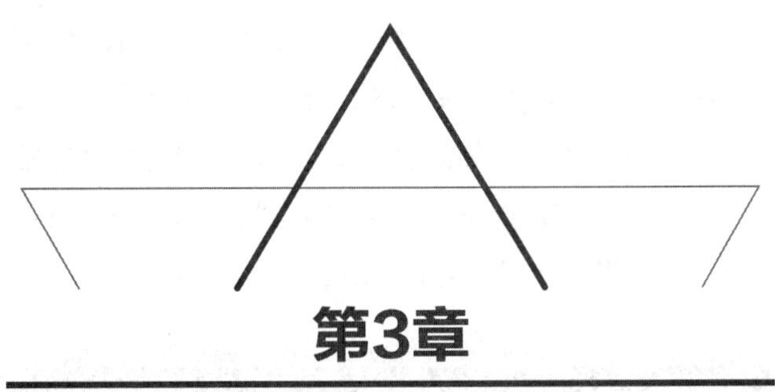

第3章

终端机/命令提示符

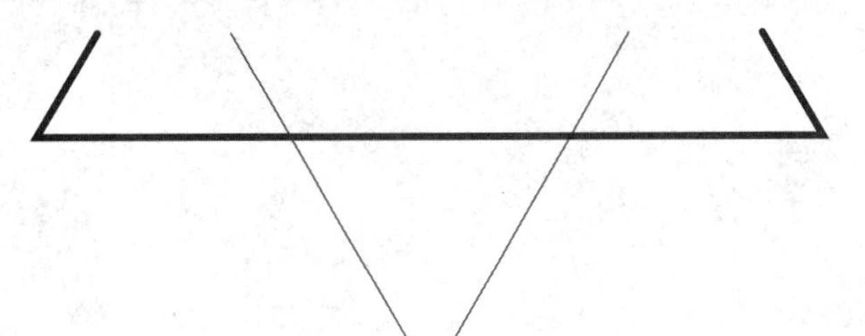

3.1 终端机及常用命令介绍

3.1.1 终端机

仅从字面上看，可能无法理解"终端机"（Terminal）的含义。其实这是一个来自20世纪的名词。那个时代的计算机很贵，不像现在几乎每个人都有计算机可以用（有的人可能还不止一台）。公司内部通常会有一台大型的计算机主机，谁要使用这台计算机，需要自己拿着显示器和键盘去接，然后在上面操作，这些末端的操作设备便统称为"终端机"。终端机本身通常不是一台计算机，它没有运算能力，仅用来显示数据及输入数据，所有的计算都是在主机上进行的。而现在所说的终端机，大多是指计算机程序员用于操作程序代码的窗口，如图 3-1 所示。

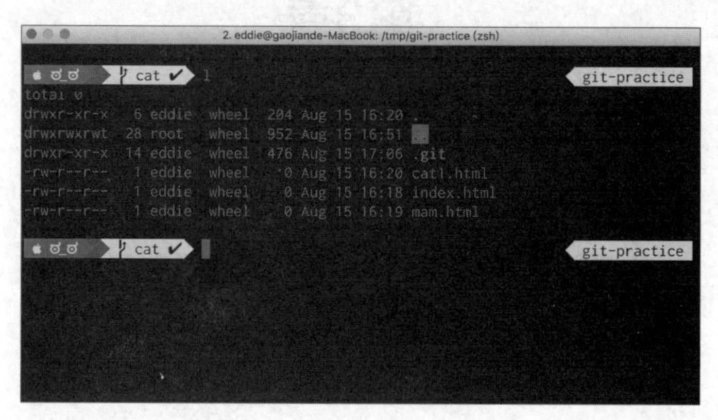

图 3-1

其实终端机就是供使用者输入命令、与计算机进行交互的。大家看到的画面应该与我的不一样，因为这是我定制的终端机设置。

如要在 macOS 操作系统中开启终端机，可以单击右上角的"放大镜"按钮，搜索"terminal"，结果如图 3-2 所示。

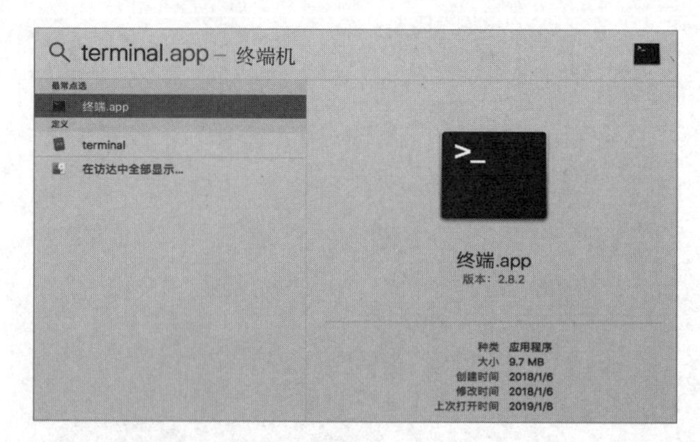

图 3-2

在搜索结果中找到并启动它。

而在 Windows 操作系统中，按“Windows+X”组合键，在弹出的菜单中选择“命令提示符”选项，即可进入一个类似终端机的窗口。

如果在 Windows 操作系统中使用 Git，在安装完 Git for Windows 套件之后，便会有一个 Git CMD 或 Git Bash 程序可以使用，它可以让你比较顺利地使用 Git 命令。

3.1.2　常用命令

在学习 Git 的过程中，很多命令都是在终端机环境下操作的。大部分初学者习惯使用图形界面工具，而不熟悉命令该如何输入，或者输入的命令是什么意思，这是让新手觉得困难的地方。表 3-1 中介绍了几个在终端机环境下常用的系统命令。

表 3-1　终端机环境下常用的命令

Windows	macOS / Linux	说明
cd	cd	切换目录
cd	pwd	获取当前所在的位置
dir	ls	列出当前的文件列表
mkdir	mkdir	创建新的目录
无	touch	创建文件
copy	cp	复制文件
move	mv	移动文件
del	rm	删除文件
cls	clear	清除画面上的内容

不同的操作系统，命令也会不太一样。下面在 macOs / Linux 操作系统中使用这些命令。

1. 目录切换及显示

在使用 Git 时，命令要在正确的目录下才能正常运行，所以学会目录的切换是很重要的。

```
# 切换到 /tmp 目录（绝对路径）
$ cd /tmp

# 切换到 my_project 目录（相对路径）
$ cd my_project

# 往上一层目录移动
$ cd ..
```

```
# 切换到使用者的 home / project 下的 namecards 目录
# 这个 "~" 符号表示 home 目录
$ cd ~/project/namecards/

# 显示当前所在目录
$ pwd
/tmp
```

如果是在 Windows 操作系统中，命令如下。

```
# 切换到 D 槽的 5xruby 目录（绝对路径）
C:\> cd D:\5xruby

# 切换到 5xruby 目录（相对路径）
D:\> cd 5xruby

# 往上一层目录移动
D:\5xruby> cd ..

# 显示当前所在目录
D:\5xruby> cd D:\5xruby
```

2. 文件列表

ls 命令可列出当前目录下的所有文件及目录。后面接的 -al 参数中，a 是指以小数点开头的文件（如 .gitignore）也会显示，l 则是完整文件的权限、所有者，以及创建、修改的时间。

```
$ ls -al
total 56
drwxr-xr-x   18 user wheel    612 Dec 18 02:20 .
drwxrwxrwt   24 root wheel    816 Dec 18 02:19 ..
-rw-r--r--    1 user wheel    543 Dec 18 02:19 .gitignore
-rw-r--r--    1 user wheel   1729 Dec 18 02:19 Gemfile
-rw-r--r--    1 user wheel   4331 Dec 18 02:20 Gemfile.lock
-rw-r--r--    1 user wheel    374 Dec 18 02:19 README.md
-rw-r--r--    1 user wheel    227 Dec 18 02:19 Rakefile
drwxr-xr-x   10 user wheel    340 Dec 18 02:19 app
drwxr-xr-x    8 user wheel    272 Dec 18 02:20 bin
drwxr-xr-x   14 user wheel    476 Dec 18 02:19 config
-rw-r--r--    1 user wheel    130 Dec 18 02:19 config.ru
drwxr-xr-x    4 user wheel    136 Dec 18 02:41 db
drwxr-xr-x    4 user wheel    136 Dec 18 02:19 lib
drwxr-xr-x    4 user wheel    136 Dec 18 02:23 log
drwxr-xr-x    9 user wheel    306 Dec 18 02:19 public
drwxr-xr-x    9 user wheel    306 Dec 18 02:19 test
drwxr-xr-x    7 user wheel    238 Dec 18 02:23 tmp
drwxr-xr-x    3 user wheel    102 Dec 18 02:19 vendor
```

3. 创建文件、目录

```
$ touch index.html
```

如果 index.html 文件本来不存在，touch 命令会创建一个名为 index.html 的空白文件；如果 index.html 文件本来就已经存在，则 touch 命令只会改变该文件的最后修改时间，不会改动原本的内容。

```
$ mkdir demo
```

mkdir 命令会在当前所在目录下创建一个名为 demo 的目录。

4. 文件操作

复制文件 index.html，并将副本命名为 about.html：

```
$ cp index.html about.html
```

把文件 index.html 更名为 info.html：

```
$ mv index.html info.html
```

删除文件 index.html：

```
$ rm index.html
```

删除这个目录中所有的 .html 文档：

```
$ rm *.html
```

在 Windows 操作系统下，则需把 cp、mv 及 rm 命令分别替换为 copy、move 及 del 命令。

这些命令看起来很难，但不用担心，在学习过程中用到的 Git 命令其实都不会太复杂，多试几次就能上手，不要因为命令输入错误就有失败感。

另外，在运行命令后，不管成功或失败，通常都会有消息显示在界面上。对于这些消息，切勿一带而过，务必要仔细阅读（最好把它念出来）。很多新手一看到信息就以为命令运行成功了，但事实上可能是错误信息。

不要害怕输入命令，不要害怕错误信息，加油！

3.2 超简明的Vim操作介绍

诞生于 1976 年的 Vi 软件至今已有四十多年的发展历程，人们现在用的大多是强化过的版本

Vim（Vi IMproved），而第一个 Vim 版本迄今也已超过 25 年了。

很多人打开 Vim 后，会发现不知道如何打字、输入；好不容易开始输入了，也不知道该怎样存储；好不容易会存储了，又不知道该如何退出……简直是数字版的“密室逃脱”。

由于 Vim 是 Git 的默认编辑器，不少人在使用 Git 的过程中意外进入 Vim 编辑器之后，都不知道该如何编辑内容，甚至在知名的 Stack Overflow 网站上关于“如何退出 Vim”的问题有超过百万人浏览。

喜欢用 Vim 而且用习惯的人会觉得它非常好用，但这款软件的入门门槛有点高。限于篇幅，这里仅介绍它的基本使用方法，以便可以顺利地输入、存储、退出。

在 Vim 中，主要是通过模式的切换来进行输入、移动光标、选取、复制及粘贴等操作。常用模式有两种，即 Normal 模式和 Insert 模式，如图 3-3 所示。

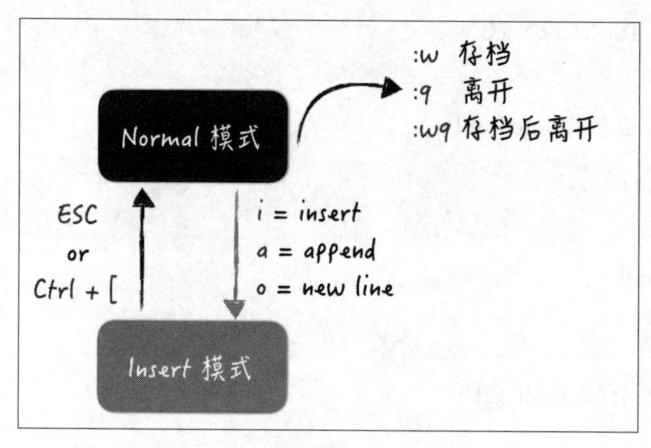

图 3-3

模式说明如下。

（1）Normal 模式又称命令模式，在该模式下无法输入文本，仅能进行复制、粘贴、存储或离开操作。

（2）输入文本前，需要先按下“i”“a”或“o”中的一个键进入 Insert 模式。其中，i 表示 insert，a 表示 append，而 o 则表示新建一行并开始输入。

（3）在 Insert 模式下，按下“Esc”键或“Ctrl + [”组合键，可退回至 Normal 模式。

（4）在 Normal 模式下，按下“:w”键将对文件进行存储，按下“:q”键将关闭文件（若未存储会提示先存储再离开），而按下“ :wq”键则是存储完成后直接关闭文件。

Vim 的命令非常多，但就在 Git 中会遇到的状况（主要是编辑 Commit 信息）来说，上述这些命令已经足够使用。

第4章

设置Git

4.1 用户设置

使用 Git 时，首先要做的就是设置用户的 E-mail 信箱及用户名。打开终端机窗口，输入下面两行命令：

```
$ git config --global user.name "Eddie Kao"
$ git config --global user.email "eddie@5xruby.tw"
```

输入完成后，可以再检查一下当前的设置：

```
$ git config --list
user.name=Eddie Kao
user.email=eddie@5xruby.tw
```

如果安装过 Git 相关的图形界面工具，那么 git config --list 命令可能还会输出其他额外的设置，而刚才的这两行设置至少会新增 user.name 和 user.email 两个配置。

如果不喜欢或不习惯输入终端机命令，也可通过 SourceTree 来设置，效果是一样的，如图 4-1 所示。

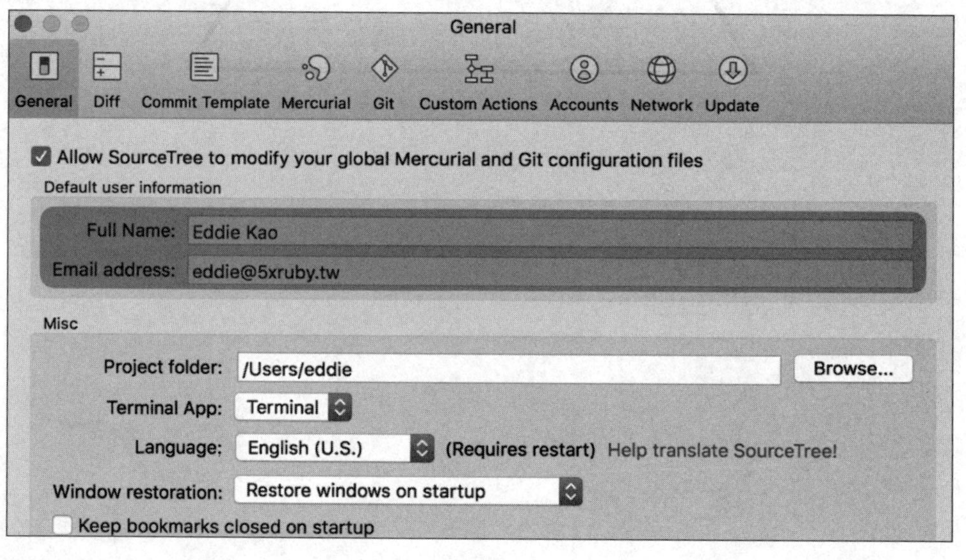

图 4-1

设置文件的保存位置

不管是通过终端机命令还是图形界面工具完成的设置，所有 Git 相关的设置都默认保存在自己账号下的 .gitconfig 文件中，所以使用一般的文字编辑器直接手动修改该文件，也会有一样的效果：

```
[user]
  name = Eddie Kao
```

```
    email = eddie@digik.com.tw
[core]
    excludesfile = /Users/eddie/.gitignore_global
  # ... 略 ...
```

4.2 可以给每个项目设置不同的作者吗

可能有读者注意到了，前面在设置的时候多加了一个 --global 参数，其含义是要进行全局（Global）设置。但偶尔也会遇到一些特殊状况，例如，针对特定的项目设置不同的作者（不要问我什么时候需要做这件事），怎么办呢？可以在对该项目目录进行 Git 设置的时候，加上 --local 参数：

```
$ git config --local user.name Sherly
$ git config --local user.email sherly@5xruby.tw
```

这样一来，在对这个项目进行操作的时候，就会使用为其特别定制的用户名及 E-mail 来操作。离开这个项目后的 Git 操作，还是会使用默认的 Global 设置。

4.3 其他方便的设置

程序员大多讨厌重复的工作，所以通常会设置一些方便的配置，以下是我自己在 Git 上通常会做的方便设置。

1. 更换编辑器

一般来说，Vim 是 Git 默认的编辑器，所以对新手来说，在终端机下使用 Git，Vim 编辑器恐怕是个绕不过去的坎儿。虽然在 3.2 节介绍了这个神奇的编辑器如何使用，但对于平常不用，或者用不习惯的人来说还是会觉得很麻烦。

不过还好，不一定非要用 Vim，可以在终端机执行以下命令：

```
$ git config --global core.editor emacs
```

这样就可以把默认的 Vim 编辑器换成 Emacs 了。

其实，除了 Vim 和 Emacs 之外，还可以使用 Sublime Text、Atom 或 Visual Studio Code 等比较现代的文字编辑器。只需先搜索一下怎样从终端机启动这些应用程式，然后就可以用同样的方法把 Vim 换掉了。

如果在操作 Git 的过程中弹出 Vim 这件事情让你很困扰，那么建议搭配图形界面软件使用。

2. 设置缩写

虽然 Git 命令不长，但有时懒得打那么多字（如 checkout 命令就有 8 个字母），或者有些命令经常会打错（如 status 命令可能会打成 state）。遇到这种状况，可以在 Git 中设置一些“缩写”，这样就可以少打几个字。只需在终端机执行以下命令：

```
$ git config --global alias.co checkout
$ git config --global alias.br branch
$ git config --global alias.st status
```

设置之后，只需输入 git co 命令，就可以实现与输入 git checkout 命令一样的效果；输入 git st 命令，就可以实现与输入 git status 命令一样的效果。

此外，还可以再加入一些参数。例如，每次在查看 log 时，为了看到比较精简的信息，都要输入 git log --oneline --graph 这么长的命令，而改用 Alias 设置（如下所示）：

```
$ git config --global alias.l "log --oneline --graph"
```

以后只需输入 git l 命令，就可以实现与原来的 --oneline --graph 命令一样的效果了：

```
*   cc200b5 (HEAD -> master) Merge branch 'cat'
|\
| * 0d1d15d (cat) add cat 2
| * 0d392fb add cat 1
|/
* 657fce7 (origin/master, origin/HEAD) add container
* abb4f43 update index page
* cef6e40 create index page
* cc797cd init commit
```

甚至可以把格式弄得再复杂一点，把 Commit 的人与时间都加进来：

```
$ git config --global alias.ls 'log --graph --pretty=format:"%h <%an> %ar %s"'
```

结尾那个看起来有点复杂的 format 参数就是用于输出 Commit 的个别信息，其含义是执行 git help log 后查阅关于 format 有关的段落。用起来会像这样：

```
$ git ls
*   cc200b5 <Eddie Kao> 9 seconds ago Merge branch 'cat'
|\
| * 0d1d15d <Eddie Kao> 18 seconds ago add cat 2
| * 0d392fb <Eddie Kao> 20 seconds ago add cat 1
|/
* 657fce7 <Eddie Kao> 13 days ago add container
* abb4f43 <Eddie Kao> 13 days ago update index page
* cef6e40 <Eddie Kao> 2 weeks ago create index page
* cc797cd <Eddie Kao> 2 weeks ago init commit
```

这样，即使不使用图形界面工具也可以轻松地查看 log。上面这些 Alias 的设置，也可以直接到 ~/.gitconfig 中修改：

```
[alias]
co = checkout br = branch
st = status
l = log --oneline --graph
ls = log --graph --pretty=format:"%h <%an> %ar %s"
```

虽然只是少输入了几个字母，但长期累积下来，减少的输入量也是很惊人的。

第5章 开始使用Git

5.1 新增、初始Repository

这一章我们要开始使用 Git 了。

1. 如果是全新的开始

如果这是你第一次使用 Git，那么就先从创建一个全新的目录开始吧。打开终端机窗口，并试着操作以下命令（命令后面的 # 是说明，不需要输入）：

```
$ cd /tmp                    # 切换至 /tmp 目录
$ mkdir git-practice         # 创建 git-practice 目录
$ cd git-practice            # 切换至 git-practice 目录
$ git init                   # 初始化这个目录，让 Git 对这个目录开始进行版控
Initialized empty Git repository in /private/tmp/git-practice/.git/
```

在上面的示例中主要做了以下几件事。

（1）使用 mkdir 命令创建了 git-practice 目录。

（2）使用 cd 命令切换到刚刚创建的 git-practice 目录。

（3）使用 git init 命令初始化 git-practice 目录，主要目的是让 Git 开始对这个目录进行版本控制。

其中，git init 命令会在 git-practice 目录中创建一个 .git 目录，整个 Git 的精华都集中在这个目录中了。如果读者有兴趣，可以先看一下这个目录中的内容，不过现在并不打算介绍里面的细节，只是想让读者先体会一下使用 Git 的感觉，在后面的章节中再详细介绍。

> **小提示**
>
> 以小数点开头的目录或文件名称（如 .git）在一些作业系统中默认是隐藏的，可能需要开启检视隐藏文档之类的设置才看得到。

如果使用 SourceTree，可以执行 New → Create Local Repository 命令，如图 5-1 所示。

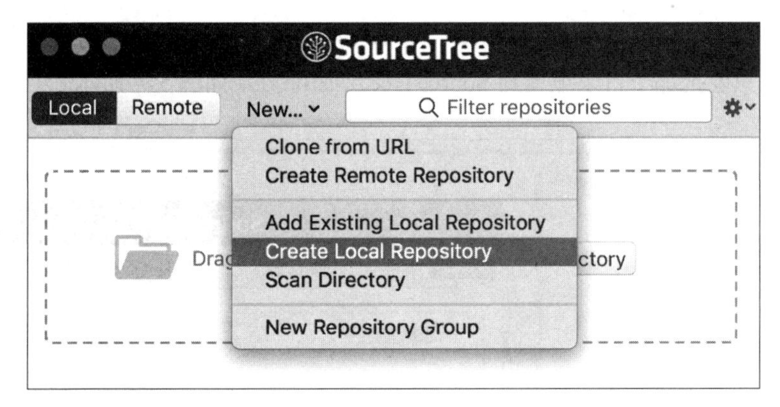

图 5-1

在弹出的对话框中输入路径，并设置 Type 为 Git，如图 5-2 所示。

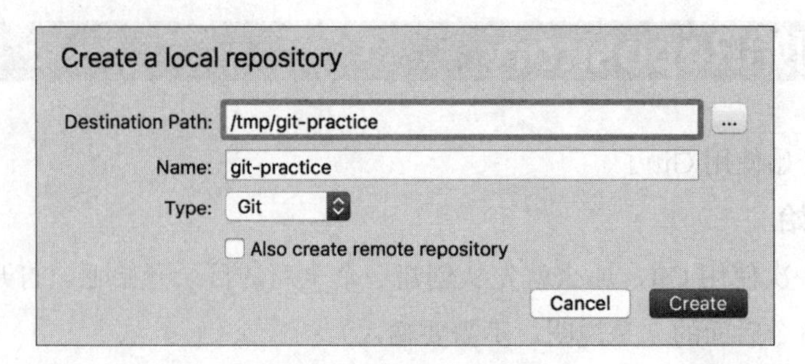

图 5-2

单击“Create”按钮，就会在 /tmp 目录下创建一个 git-practice 目录，最终效果如图 5-3 所示。

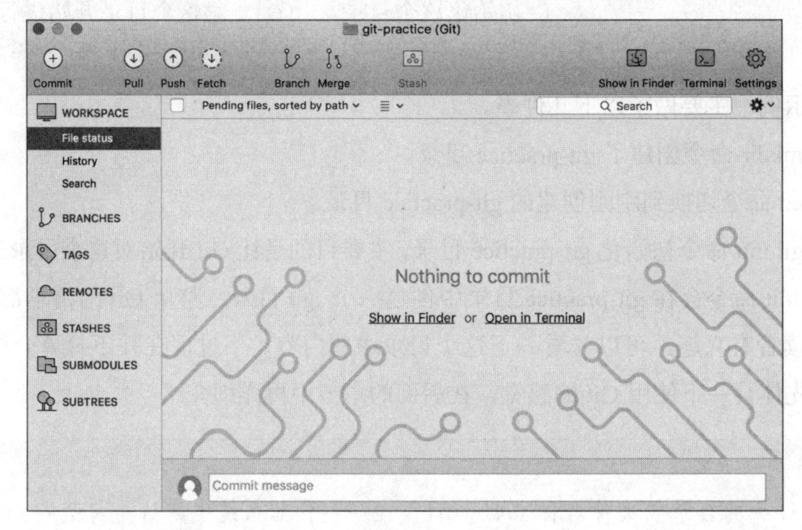

图 5-3

这样一来，就可以做出与命令差不多的效果了。

2. 如果是本来就有的目录

如果针对本来就存在的目录进行版控，只要到那个目录下执行 git init 命令即可。如果使用 SourceTree，那么只要把那个目录拖曳到 SourceTree 界面即可，如图 5-4 所示。

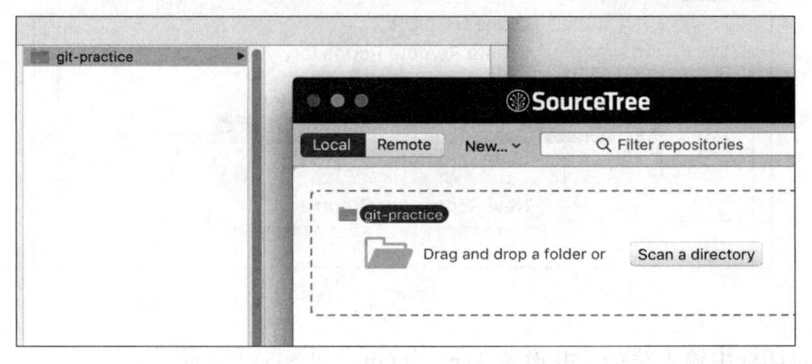

图 5-4

3. 如果这个目录不想再被Git控制

其实，Git 的版控很单纯，全都是靠 .git 目录在做事。如果这个目录不想被版控，或者只想给客户不含版控记录的内容，只要把 .git 目录移除，Git 就对这个目录失去控制权了。

> **小提示**
>
> 整个项目目录中，无论哪个文件或目录被删除了都能找回来，但如果 .git 目录被删除了就没有办法找回来了。

4. 为什么一直用 /tmp目录，其他目录可以吗

在本书的示例中，经常会在 /tmp 目录下进行练习，那是因为在 macOS 操作系统下，/tmp 目录中的内容在下次计算机重启（或宕机）的时候就会全部被清空，所以不需要再手动整理。这算是我在练习时的个人喜好，要使用其他目录也是可以的，但如果是重要的文件，千万不要放在这个目录下。

5.2 把文件交给Git管控

上一节对目录进行了 Git 的初始化，让 Git 可以开始管理这个目录。接下来，我们就来看看 Git 是怎样操作的。

5.2.1　创建文件后交给Git

1. 创建文件

```
$ git status
On branch master

Initial commit

nothing to commit (create/copy files and use "git add" to track)
```

现在在这个目录中，除了 Git 生成的那个 .git 隐藏目录外什么都没有，所以提示“nothing to commit”（现在没有内容可以提交）。接下来，在这个目录中通过系统命令创建一个内容为“hello, git”的文件，并命名为 welcome.html：

```
$ echo "hello, git" > welcome.html
```

这个步骤使用一般的文本编辑器或由文件管理员来完成都可以，总之在这个目录中创建一个名为 welcome.html 的文件即可。接着，再次使用 git status 命令，然后来看一下这个目录的状态：

```
$ git status
On branch master

Initial commit

Untracked files:
  (use "git add <file>..." to include in what will be committed)

    welcome.html

nothing added to commit but untracked files present (use "git add" to rack)
```

或者使用 SourceTree 来查看，如图 5-5 所示。

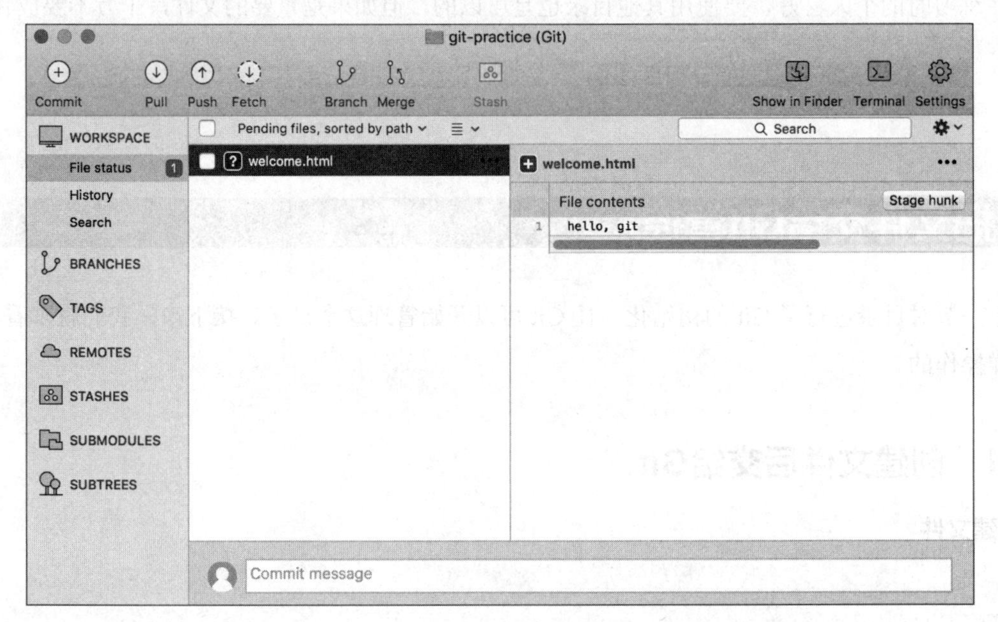

图 5-5

这时的状态与一开始不太一样了。这个 welcome.html 文件当前的状态是 Untracked files，即这个文件尚未被加到 Git 版控系统中，还未正式被 Git“追踪”，只是刚刚加入这个目录而已。

2. 把文件交给Git

既然文件当前的状态是 Untracked，接下来就要把 welcome.html 文件交给 Git，让 Git 开始“追踪”它。使用的命令是 git add，后面加上文件名：

```
$ git add welcome.html
```

在终端机执行这个命令不会输出任何结果。如果使用 SourceTree，可以在 welcome.html 文件上右击，然后选择 Add to index 选项，如图 5-6 所示。

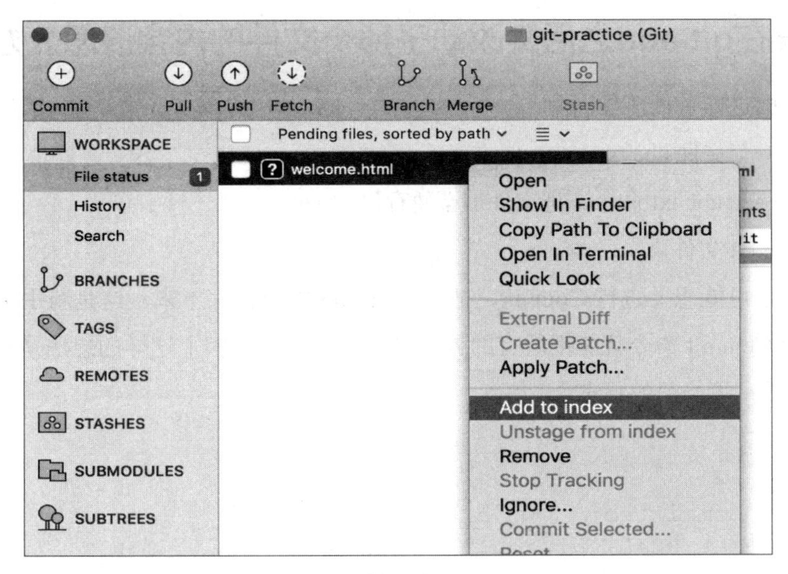

图 5-6

这样就可以把该文件交给 Git 管控了。再次使用 git status 命令查看当前的状态：

```
$ git status
On branch master

Initial commit

Changes to be committed:
  (use "git rm --cached <file>..." to unstage)

    new file: welcome.html
```

从以上信息可以看出，文件状态已从 Untracked 变成 new file。这表示该文件已经被安置到暂存区（Staging Area），稍后将与其他文件一起被存储到存储库中。

这个暂存区也称为下标（Index），所以在图 5-6 所示的 SourceTree 快捷菜单中才会显示为 Add to index 字样。为便于理解，本书将统一使用“暂存区”的称谓。至于为什么要有这样的设计，详见 5.3 节。

> **小提示**
>
> add 命令看起来很简单，其实能做不少事，详情可参阅 5.18 节。

如果觉得 git add welcome.html 这样一次只加一个文件有点麻烦，也可以使用万用字元：

```
$ git add *.html
```

这样就可把所有后缀名是 .html 的文件全部加到暂存区。如果想要一口气把全部的文件都加到暂存区，可以直接使用 --all 参数：

```
$ git add --all
```

5.2.2 如果在git add之后又改动了那个文件的内容该怎么办

设想一下下面这样一种情境。

（1）新增了一个文件 abc.txt。

（2）执行 git add abc.txt 命令，把文件加至暂存区。

（3）编辑 abc.txt 文件。

完成编辑后，可能想要进行 Commit，把刚刚改动的内容保存下来。这是新手很容易犯的错误之一，以为执行 Commit 命令就能把所有的异动都保存下来，事实上这样的想法是不正确的。执行 git status 命令，看一下当前的状态：

```
$ git status
On branch master
Changes to be committed:
  (use "git reset HEAD <file>..." to unstage)

    new file: abc.txt

Changes not staged for commit:
  (use "git add <file>..." to update what will be committed)
  (use "git checkout -- <file>..." to discard changes in working
directory)

    modified: abc.txt
```

可以发现，abc.txt 文件变成了两个，这是为什么？其实步骤（2）的确把 abc.txt 文件加入暂存区了，但在步骤（3）中又编辑了该文件。对 Git 来说，编辑的内容并没有再次被加入暂存区，所以此时暂存区中的数据还是步骤（2）中加进来的那个文件。

如果确定这个改动是你想要的，那就再次使用 git add abc.txt 命令，把 abc.txt 文件加入暂存区。

> **小提示**
>
> 其实，这样的动作会产生一些 unreachable 的边缘对象。这部分算是进阶的内容，有兴趣的读者可参阅 9.4 节。

5.2.3 “--all”与“.”参数有什么不一样

有时可能会听到别人这样说：“git add. 命令也可以把所有的文件全部加入暂存区。”这样的说法其实不完全正确，需视具体情况而定。

1. Git版本

在较旧版本的 Git（Git 1.x）中，git add . 命令会把“新增的文件”（也就是 Untracked 状态的文件）以及“改动过的文件”加到暂存区，但是不会处理“删除文件”的行为。这里通过表 5-1 简单说明一下。

表 5-1　--all 与 . 参数的区别

使用参数	新增文件	改动文件	删除文件
--all	O	O	O
.	O	O	×

不过，在 Git 2.x 之后变成了这样，如表 5-2 所示。

表 5-2　--all 与 . 参数的区别（Git 2.x 之后）

使用参数	新增文件	改动文件	删除文件
--all	O	O	O
.	O	O	O

也就是说，在 Git 2.x 之后，这两个参数在功能上就没什么区别了。

2. 执行命令时的目录位置

如图 5-7 所示，项目根目录下的 index.html 文件以及 css 目录下的 main.css 文件都有改动，如果在根目录下执行 git add 命令，这两个文件都会被加入暂存区，但如果在 css 目录下执行该命令，仅会加入 main.css 文件，index.html 文件的状态不会改变。

图 5-7

这是因为 git add . 命令会把当前目录，以及它的子目录、子子目录、子子子目录……中的异动全部加到暂存区，但在该目录以外的就不归它管了；而 git add--all 命令就没有这个问题，该命令不管在项目的哪一层目录执行，效果都是一样的，这个项目中所有的异动都会被加入暂存区。

所以，回到原来的问题——“--all”与“.”参数有什么不一样？答案会因所使用的 Git 版本以及执行命令时的目录而有所差异。

5.2.4　把暂存区的内容提交到存储库里存档

如果仅是通过 git add 命令把异动加到暂存区，还不算是完成整个流程。如果想让暂存区的内容永久保存下来，就要使用 git commit 命令：

```
$ git commit -m "init commit"
[master (root-commit) dfccf0c] init commit
 1 file changed, 1 insertion(+)
 create mode 100644 welcome.html
```

在后面加上“-m "init commit"”是要说明“这次的 Commit 做了什么事”，只要使用简单、清楚的文本说明即可，中英文都可以，重点是要说清楚，能让自己和别人很快明白就行。

如果使用 SourceTree，单击左上角的 Commit 按钮，就可以开始输入信息了，如图 5-8 所示。

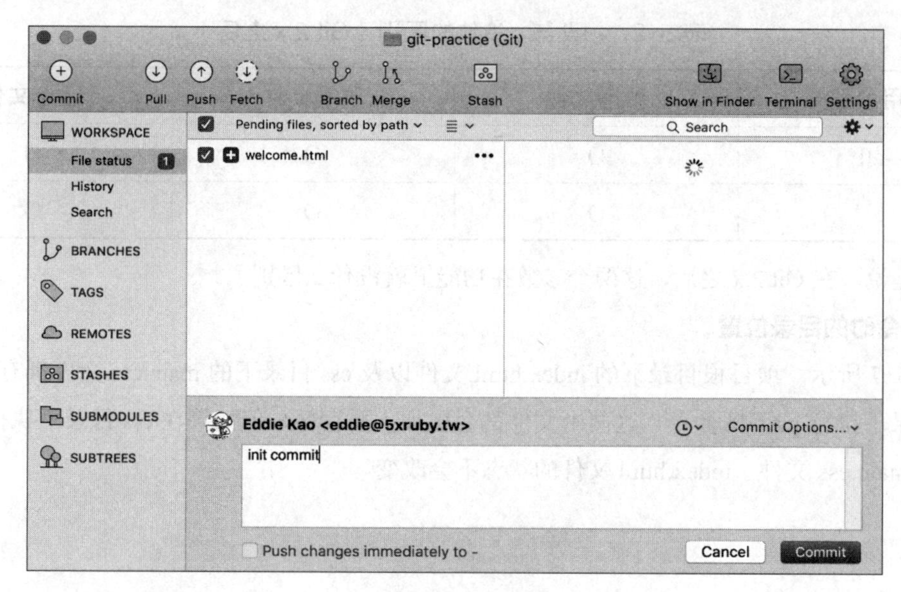

图 5-8

输入完信息，单击右下角的 Commit 按钮，即可完成本次 Commit。

完成了这个动作后，对 Git 来说就是“把暂存区的内容存放到存储库（Repository）中”了。换言之，就是“我完成一个存档（或备份）的动作了”，即创建了一个第 1 章中提到的“版本”。关于存储库，将在 5.3 节中详细介绍。

> **注意！**
> 要完成 Commit 命令才算是完成整个流程！

1. 到底Commit了哪些东西

首先要记住一个很重要的观念：Git 每次的 Commit 都只会处理暂存区中的内容。也就是说，在执行 git commit 命令时，那些还没有被加到暂存区中的文件不会被 Commit 到存储库中。

例如，如果新增了一个文件，但没有执行 git add 命令把它加至暂存区，那么在执行 git commit 命令时，该文件就不会被加至存储库中。

2. 输入的信息很重要吗

对，很重要！很重要！很重要！

在 Commit 时，如果没有输入这个信息，Git 默认是不会完成 Commit 的。它最主要的目的就是告诉你自己及其他人“这次的改动做了什么”。以下是几点关于信息的建议。

（1）尽量不要使用太过情绪化的字眼，以避免不必要的问题。

（2）英文、中文都可以，重点是要简单、清楚。

（3）尽量不要使用类似 bug fixed 这样模糊的描述，因为没有人知道你修正了什么 bug。但如果搭配其他的系统使用，则可使用类似 #34 bug fixed 这样的描述，因为这样可以知道这次的 Commit 修正了第 34 号 bug。

3. 等等，怎么弹出了一个奇怪的窗口

在执行 git commit 命令时，如果没有在后面加上信息参数，默认会弹出一个黑色的画面，也就是编辑器——Vim。该编辑器对新手不太友好，可参考 3.2 节，或者直接使用 SourceTree 之类的图形界面工具来处理输入及提交信息的问题。

4. 一定要有内容才能Commit吗

只要加上 --allow-empty 参数，没有内容也是可以 Commit 的：

```
$ git commit --allow-empty -m " 空的 "
[master 76a5b84] 空的

$ git commit --allow-empty -m " 空的 "
[master f4f568c] 空的

$ git commit --allow-empty -m " 空的 "
[master 7653117] 空的
```

这样就做了 3 个空的 Commit 出来，它们基本上没什么意义，但在上 Git 课的时候会很方便，可以不用新增文件就快速产生 Commit 来练习合并。

5.3 工作区、暂存区与存储库

5.2 节介绍了可以使用 git add 命令把文件加至暂存区，然后再使用 git commit 命令把暂存区的内容移往存储库。

在 Git 中，针对工作目录、暂存区以及存储库 3 个主要区域，可以通过不同的 Git 命令，把文件移往不同的区域，如图 5-9 所示。

（1）git add 命令可以把文件从工作目录移至暂存区（或下标）。

（2）git commit 命令可以把暂存区的内容移至存储库。

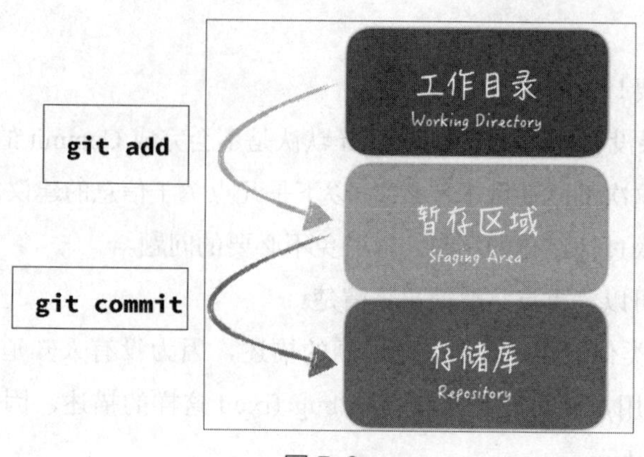

图 5-9

注意，要执行 Commit 命令，也就是将文件存放到 Repository 区域，才算完成整个流程。基本上只要记得这 3 个区域怎样操作，在本机端的 Git 操作就没有太大的问题了。不管是用命令操作，还是用图形界面工具操作，都一定要亲自操作，熟悉这个流程。

1. 一定要二段式吗

如果觉得先 add 再 commit 有点烦琐，可以在 Commit 时多加一个 -a 参数，缩短这个流程：

```
$ git commit -a -m "update content"
```

这样即使没有先 add，也可以完成 Commit。但要注意的是，这个 -a 参数只对已经存在于 Repository 区域的文件有效，对新加入（也就是 Untracked files）的文件是无效的。

如果使用 SourceTree 之类的图形界面工具，可以选中文件，填写 Commit 信息后，单击 Commit 按钮，即可完成提交的流程，如图 5-10 所示。

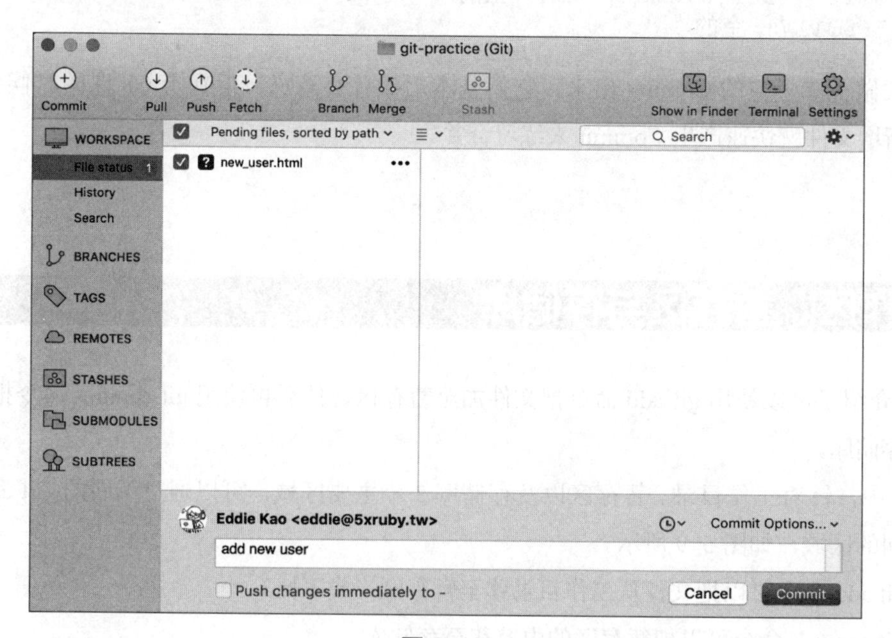

图 5-10

虽然图形界面工具比较简单，但实际上其运行原理与终端机命令是一样的，这也是为什么本书一直强调“要学好 Git，一定要理解它的运行原理”。

2. 为什么要二段式这么麻烦

先 add 再 commit，这样的二段式可能会让人觉得有点烦琐，但也是有好处的。假设有一个仓库，仓库门口有个小广场，这个广场就相当于暂存区。把要存放到仓库的货物先放到小广场（git add），等货物达到一定数量后打开仓库门，把小广场上的货物送进仓库中（git commit），并且记录下这批货的来源和用途。

当然，也可以每来一件货物就打开仓库门存一次、记录一次，但这样一来，开仓库的次数就会非常多。也就是说，这种操作方式会导致 Commit 太过零碎，在查阅记录时可能会不太方便。另外，过于零碎的 Commit 也可能给其他人带来一些困扰，例如，要进行 Code Review 的时候，比较有规律的 Commit 可以一次性看到比较完整的内容，而不需要一个一个 Commit 慢慢看。

3. 什么时候可以Commit

这个问题没有标准答案，可以将很多文件都改动好后一起 Commit，也可只改一个字就 Commit。常见的 Commit 时间点如下。

（1）完成一个任务时：大到完成一整个电子商务的金流系统，小到只加了一个页面甚至只改了几个字，都算是完成了一个任务。

（2）下班的时候：虽然可能还没有完全完成任务，但至少先 Commit 今天的进度，除了备份之外，也让公司知道你今天一直在努力工作。

（3）想要 Commit 的时候：只要想 Commit，就可以 Commit。

5.4 查看记录

5.4.1 查看记录的方法

接下来介绍如何查看之前 Commit 的记录。

因为当前只 Commit 了一次，不好比较，所以这里再次 Commit，顺便也复习一下前文介绍的内容：

```
$ touch index.html                         # 创建文件 index.html
$ git add index.html                       # 把 index.html 加至暂存区
$ git commit -m "create index page"        # 进行 Commit
```

1. 使用Git命令

查看 Git 记录使用的是 git log 命令，其执行后的结果如下：

```
$ git log
commit cef6e4017eb1a16a7bb3434f12d9008ff83a821a (HEAD -> master)
Author: Eddie Kao <eddie@5xruby.tw>
Date:   Wed Aug 2 03:02:37 2017 +0800

    create index page

commit cc797cdb7c7a337824a25075e0dbe0bc7c703a1e
Author: Eddie Kao <eddie@5xruby.tw>
Date:   Sun Jul 30 05:04:05 2017 +0800

    init commit
```

越新的信息会显示在越上面。从上面这段信息中大致可以看出以下内容。

（1）Commit 的作者是谁。

（2）什么时候 Commit 的。

（3）每次的 Commit 大概做了些什么事。

至于那个看起来像乱码的 cef6e4017eb1a16a7bb3434f12d9008ff83a821a，其实是有特殊用意的。在 Git 中，这种看起来像乱码的文本，都是使用 SHA-1（Secure Hash Algorithm 1）算法计算的结果。计算的方式会在 5.17 节进行详细的介绍，现在可以先把它当作一种重复概率非常低的文本。Git 使用这样的字符串作为识别码。每个 Commit 都有一个这样的值，可以把它想象成每个 Commit 的身份证号。

在使用 git log 命令时，如果加上额外参数，可以看到不一样的输出格式。例如，加上 -- oneline 和 –graph 参数：

```
$ git log --oneline --graph
* cef6e40 create index page
* cc797cd init commit
```

输出的结果就会更为精简，可以一次性看到更多的 Commit。

2. 使用图形界面工具（推荐！）

如果使用 SourceTree，在左侧菜单栏中选择 WORKSPACE → History 选项，就可以看到所有的历史记录，如图 5-11 所示。

两相比较，使用图形界面工具比在终端机窗口使用 Git 命令清楚多了。因此，在查看记录时，建议初学者使用图形界面工具，不仅可以少输入一些字，而且可以显示更完整的信息。

更仔细地研究一下界面上的信息，如图 5-12 所示。

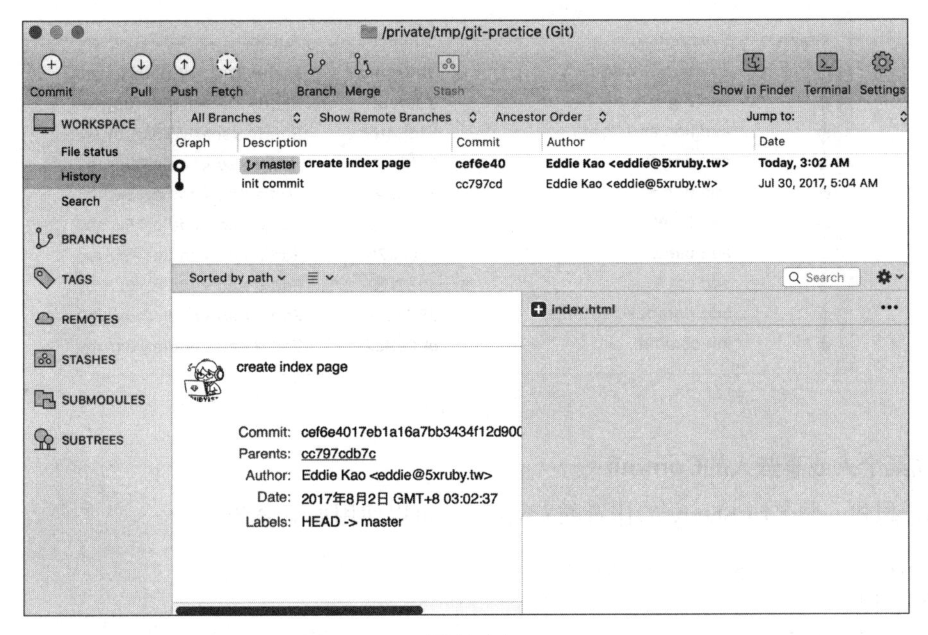

图 5-11

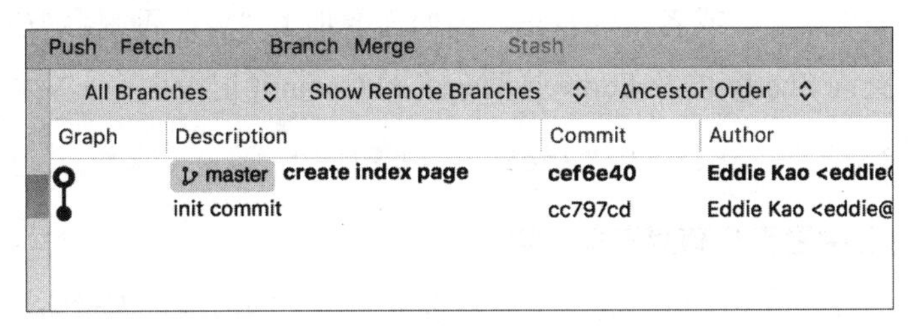

图 5-12

可以得出以下结论。

（1）越新的 Commit 越在上面。

（2）Description 栏中除了 Commit 信息之外，还有一个“master”字样，这是 Git 中默认的分支名称。关于分支，会在第 6 章介绍。

（3）在这个区域，两次的 Commit 分别在画面上以蓝色的实心小圆圈呈现，而空心的小圆圈则是表示 HEAD 的位置。HEAD 通常指向现在这个分支最前端的位置。更多关于 HEAD 的说明，可参阅 5.15 节。

（4）在 Commit 栏中，可以看到 cef6e40 和 cc797cd，它们其实就是 cef6e4017eb1a16a7b b3434f12d9008ff83a821a 和 cc797cdb7c7a337824a25075e0dbe0bc7c703a1e 这两串文本的缩写。其实对 Git 来说，只要有这 6~8 码的 Commit 信息就足以识别了。那如果前 6~8 码的缩写重复了怎么办？这时，Git 会很贴心地提示：“该信息无法识别，请再提供更多位数的信息以供识别”。

5.4.2 使用Git查询历史记录时的常见问题

以下是一些在使用 Git 查询历史记录时可能会遇到的问题（当前的历史记录如图 5-13 所示）。

Graph	Description	Commit	Author
	master add fish	db3bbec	Eddie Kao <eddie@5xrub
	add pig	930feb3	Sherly <sherly@5xruby.tw
	add lion and tiger	51d54ff	Sherly <sherly@5xruby.tw
	add dog 2	27f6ed6	Eddie Kao <eddie@5xruby
	add dog 1	2bab3e7	Eddie Kao <eddie@5xruby
	add 2 cats	ca40fc9	Eddie Kao <eddie@5xruby
	add cat 2	1de2076	Eddie Kao <eddie@5xruby
	add cat 1	cd82f29	Eddie Kao <eddie@5xruby
	add database settings	382a2a5	Eddie Kao <eddie@5xruby
	init commit	bb0c9c2	Eddie Kao <eddie@5xruby

图 5-13

1. 想要找某个人或某些人的Commit

例如，想找一位名叫 Sherly 的作者的 Commit，可以使用如下命令：

```
$ git log --oneline --author="Sherly"
930feb3 add pig
51d54ff add lion and tiger
```

此外，使用“\|”（“|”是“或者”的意思，前面需要加上“\”，否则会被判定为一般的文字而不是功能符号）可以查询 Sherly 以及 Eddie 这两个人的 Commit 记录：

```
$ git log --oneline --author="Sherly\|Eddie"
```

2. 想要找Commit信息中是否含有某些关键字

使用 --grep 参数，可以从 Commit 信息中搜索符合关键字的内容，如搜索“LOL”：

```
$ git log --oneline --grep="LOL"
```

3. 怎样在Commit文件中找到Ruby

使用 -S 参数，可以在所有的 Commit 文件中进行搜索，找到那些符合特定条件的内容：

```
$ git log -S "Ruby"
```

4. 怎样查找某一时间段内的Commit

在查看历史记录时，可以搭配 --since 和 --until 参数查询：

```
$ git log --oneline --since="9am" --until="12am"
```

这样就可以找出“今天早上 9 点到 12 点之间所有的 Commit”。还可以再加一个 after：

```
$ git log --oneline --since="9am" --until="12am" --after="2017-01"
```

这样可以找到“从 2017 年 1 月之后，每天早上 9 点到 12 点之间的 Commit”。

以上这些命令做到的事，在 SourceTree 中都可以很方便地完成。在左侧菜单栏中选择 WORKSPACE → Search 选项，即可进入搜索界面，如图 5-14 所示。

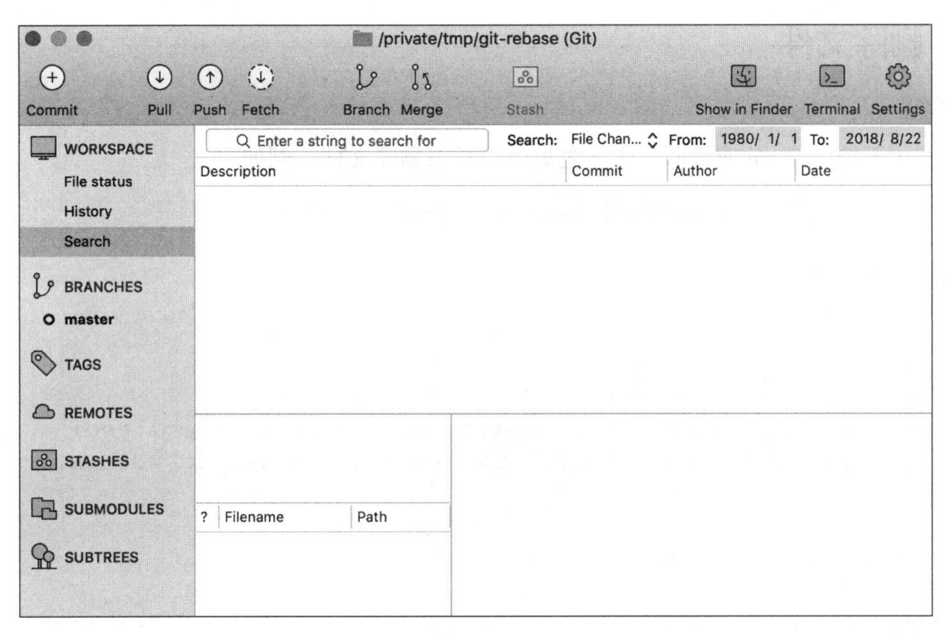

图 5-14

然后输入关键词或条件。例如，想要查找名叫 Sherly 的作者，就在搜索框中输入“Sherly”，如图 5-15 所示。

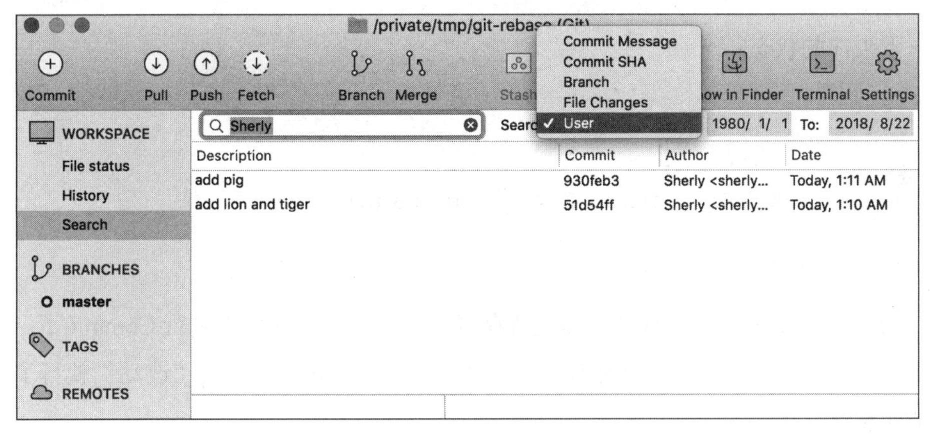

图 5-15

单击 Search 按钮，即可查到所需资料，相当方便。

5.5 如何在Git中删除文件或变更文件名

在 Git 中，无论是删除文件还是变更文件名，对 Git 来说都是一种“改动”。

5.5.1 删除文件

1. 直接删除

可以使用系统命令 rm 或资源管理器之类的工具来删除文件。例如：

```
$ rm welcome.html    # 删除文件 welcome.html
```

然后看一下状态：

```
$ git status
On branch master
Changes not staged for commit:
  (use "git add/rm <file>..." to update what will be committed)
  (use "git checkout -- <file>..." to discard changes in working
directory)

    deleted: welcome.html

no changes added to commit (use "git add" and/or "git commit -a")
```

可以看到 welcome.html 文件当前的状态是 deleted。如果确定这是你想做的，就可以把这次的“改动”加到暂存区：

```
$ git add welcome.html
```

再看一下当前的状态：

```
$ g$ git status
On branch master
Changes to be committed:
  (use "git reset HEAD <file>..." to unstage)

     deleted: welcome.html
```

它现在的状态是 deleted，而且已被加至暂存区，所以接下来就可以进行 Commit 了。如果“把删除文件加到暂存区”让你觉得不好理解，就把“删除文件”也当作一种“改动”就行了。

2. 请Git帮你删除

可以先执行 rm 命令删除，然后再执行 git add 命令加入暂存区的两段式动作，也可以直接使用 git rm 命令来完成：

```
$ git rm welcome.html
rm 'welcome.html'
```

这时候查看状态会发现：

```
$ git status
On branch master
Changes to be committed:
```

```
(use "git reset HEAD <file>..." to unstage)

    deleted:welcome.html
```

它就直接在暂存区了，不需要再 add 一次，可以少做一个步骤。

使用 SourceTree 来完成也是很轻松的，只要在文件上右击，选择 Remove 选项，如图 5-16 所示。

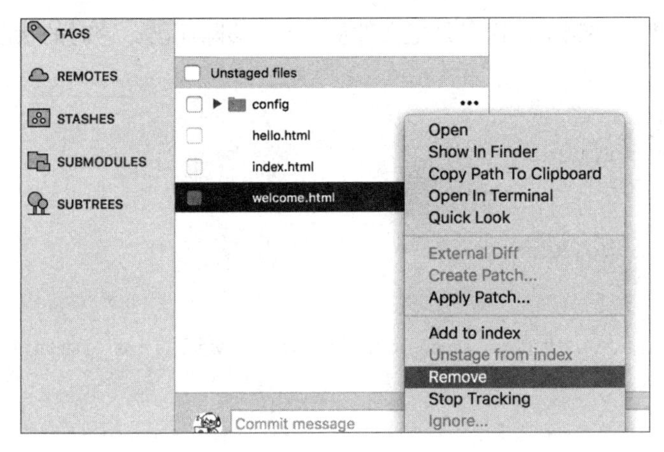

图 5-16

即可实现与执行 git rm 命令同样的效果。可以看到，welcome.html 文件已被标记为删除且放置在暂存区，如图 5-17 所示。

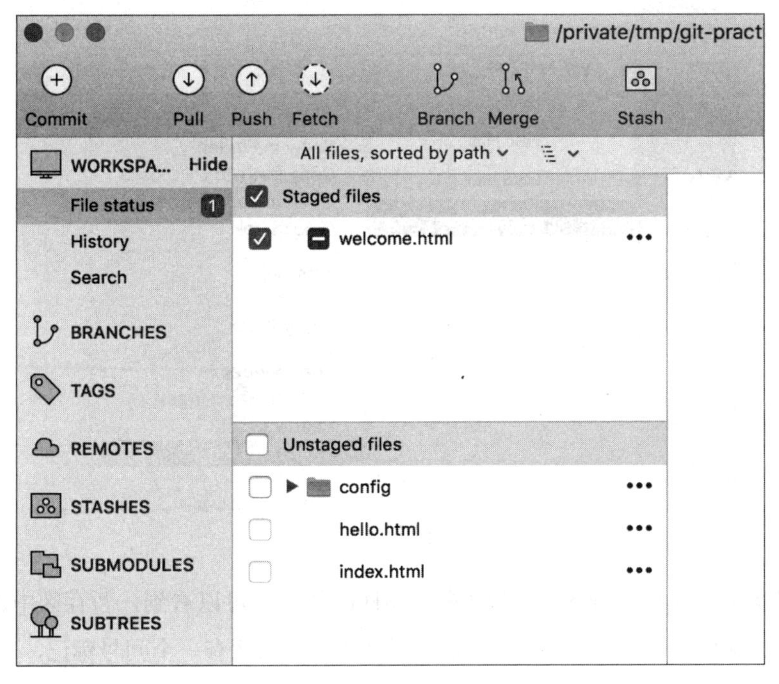

图 5-17

3. 加上 --cached参数

不论是执行 rm 命令，还是执行 git rm 命令，都会真的把这个文件从工作目录中删除。如果不是真的想把这个文件删除，只是不想让这个文件再被 Git 控制了，可以加上 -- cached 参数：

```
$ git rm welcome --cached
rm 'welcome.html'
```

这样就不会真的把文件删了，而只是把文件从 Git 中移除而已。这时的状态会变成：

```
$ git status
On branch master
Changes to be committed:
(use "git reset HEAD <file>..." to unstage)

    deleted:  welcome.html

Untracked files:
(use "git add <file>..." to include in what will be committed)

    welcome.html
```

welcome.html 的状态从原本已经在 Git 目录中的 tracked 变成 Untracked 了。

若使用 SourceTree，则只需在文件上右击，选择 Stop Tracking 选项，如图 5-18 所示。

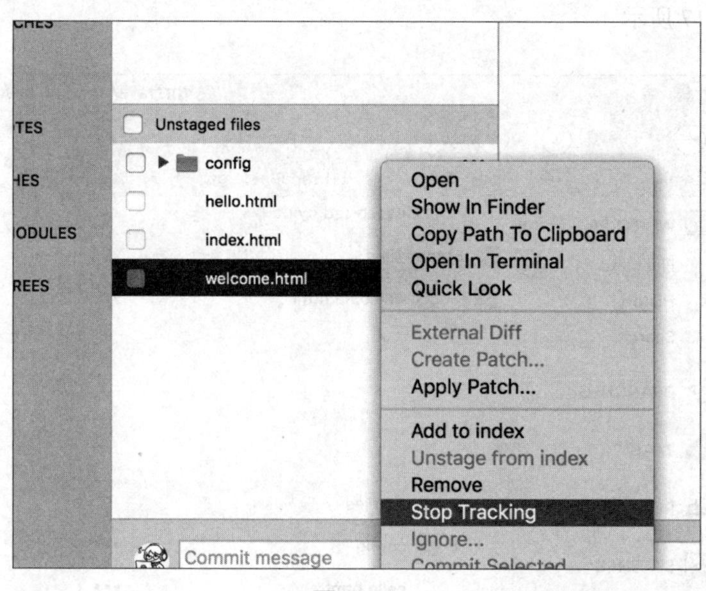

图 5-18

这样就可以实现与执行 git rm --cached 命令同样的效果。可以看到，暂存区中出现了删除文件的标记，同时因为文件已变成 Untracked 状态，所以在文件前面有一个问号标记，如图 5-19 所示。

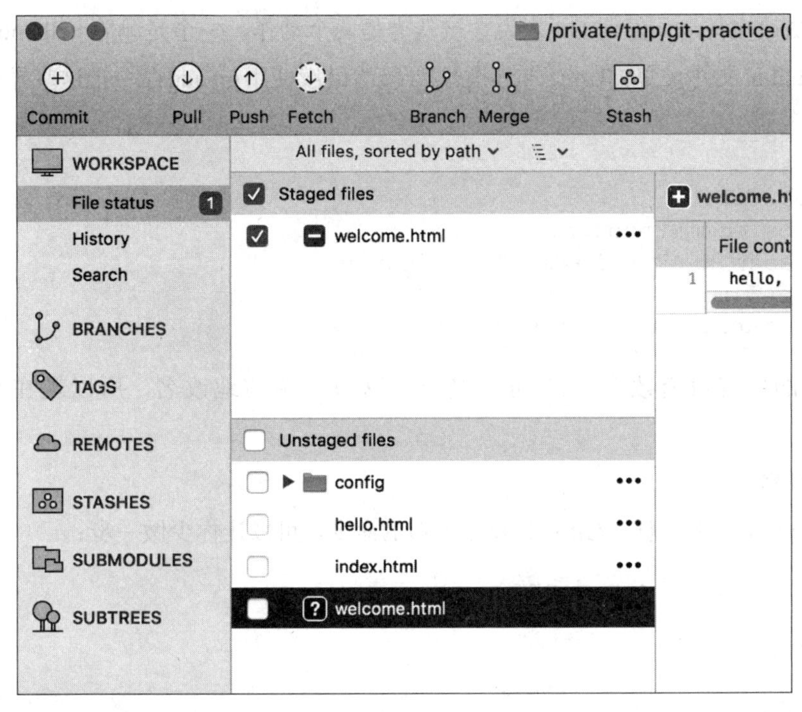

图 5-19

5.5.2 变更文件名

1. 直接改名

与删除文件一样，变更文件名也是一种“改动”，所以在操作上也是差不多的：

```
$ mv hello.html world.html     # 把 hello.html 改成 world.html
```

这时候看一下状态，会看到两个状态的改变：

```
$ git status
On branch master
Changes not staged for commit:
(use "git add/rm <file>..." to update what will be committed)
(use "git checkout -- <file>..." to discard changes in working directory)

   deleted:   hello.html

Untracked files:
 (use "git add <file>..." to include in what will be committed)

   world.html

no changes added to commit (use "git add" and/or "git commit -a")
```

虽然只是更改文件名，但对 Git 来说会被认为是两个动作，一个是删除 hello.html 文件，另一个是新增 world.html 文件（变成 Untracked 状态）。接着继续使用 git add 命令把这些异动加至暂存区：

```
$ git add --all
$ git status
On branch master
Changes to be committed:
(use "git reset HEAD <file>..." to unstage)

   renamed:   hello.html -> world.html
```

因为文件的内容没有改变，Git 可以判断出这只是单纯地改名，所以现在它的状态变成 renamed 了。

2. 请Git帮你改名

与前面的 git rm 命令一样，Git 也提供了类似的命令，可以让你少做一步：

```
$ git mv hello.html world.html
```

查看一下状态：

```
$ git status
On branch master
Changes to be committed:
(use "git reset HEAD <file>..." to unstage)

    renamed: hello.html -> world.html
```

其状态已变成 renamed 了。

如果使用 SourceTree，同样是在文件上右击，选择 Move 选项，如图 5-20 所示。

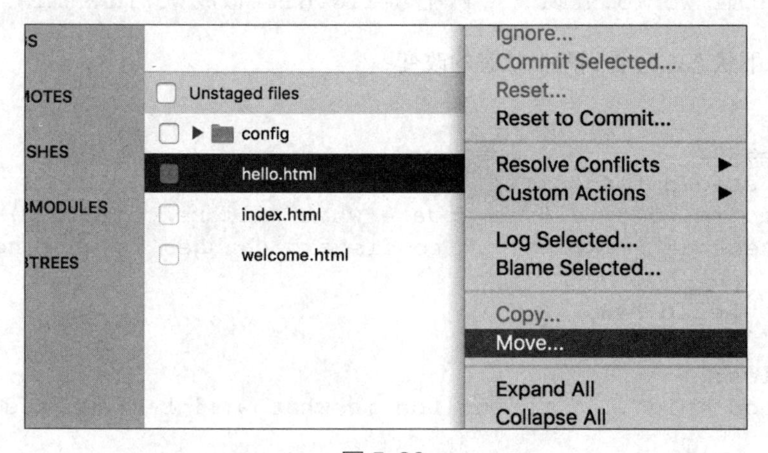

图 5-20

在弹出的对话框中输入要修改的文件名，如图 5-21 所示。

图 5-21

完成后，会在前面标记一个 R 字样，如图 5-22 所示。

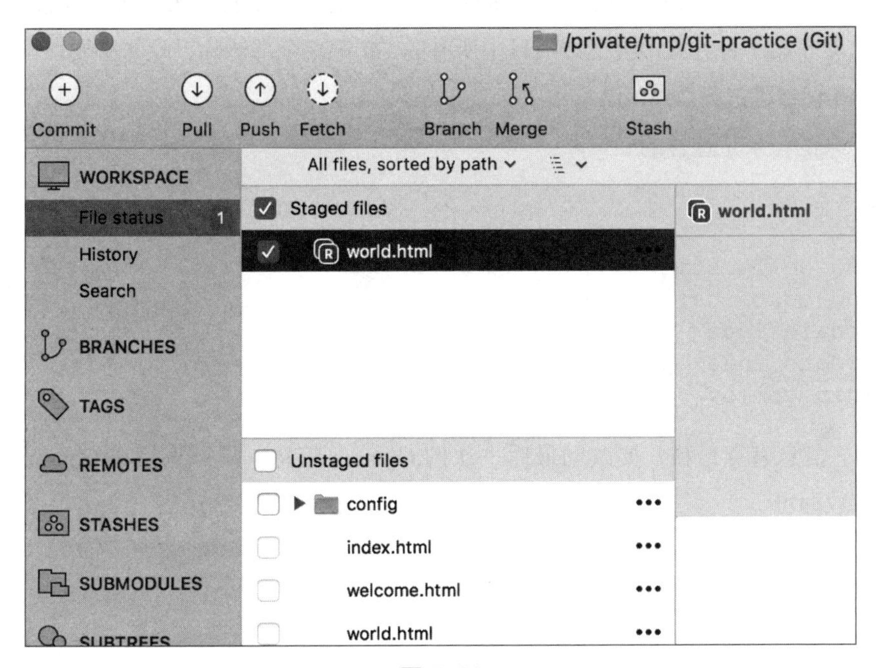

图 5-22

5.5.3　文件的名称不重要

Git 是根据文件的“内容”来计算 SHA-1 的值，所以文件的名称不重要，重要的是文件的内容。当更改文件名时，Git 并不会为此做出一个新的 Blob 对象，而只是指向原来的那个 Blob 对象。但因为文件名变了，所以 Git 会为此做出一个新的 Tree 对象。

如果不清楚这些 Git 对象是做什么用的，可参阅 5.18 节。

5.6 修改Commit记录

程序员心情不太好，不小心在 Commit 信息里骂了客户，要怎样消掉？

身为程序员，难免会遇到一些不太顺心的客户或项目。心情不好的时候，在代码或 Commit 信息中“发泄”一下情绪也是很常见的，只是这要是让客户看见了总是不好解释。

要改动 Commit 记录，有以下几种方式。

（1）把 .git 目录整个删除（不建议）。

（2）使用 git rebase 命令来改动历史记录。

（3）先把 Commit 用 git reset 命令删除，整理后再重新 Commit。

（4）使用 --amend 参数改动最后一次的 Commit。

这里采用第 4 种方式，即改动最后一次的 Commit 信息。第 2 种和第 3 种方式会在后面的章节中陆续介绍。至于第 1 种方式，会把该项目中所有的 Git 记录全部清除，除非必要，不要轻易使用。

1. 使用 --amend参数进行Commit

例如，原来的记录是这样的：

```
$ git log --oneline
4879515 WTF
7dbc437 add hello.html
657fce7 add container
abb4f43 update index page
cef6e40 create index page
cc797cd init commit
```

那个 WTF 信息有点糟糕！要改动最后一次的 Commit 信息，只需直接在 Commit 命令后面加上 --amend 参数即可：

```
$ git commit --amend -m "Welcome To Facebook"
[master 614a90c] Welcome To Facebook
Date: Wed Aug 16 05:42:56 2017 +0800
1 file changed, 0 insertions(+), 0 deletions(-)
create mode 100644 config/database.yml
```

如果没有加上 -m 参数并提供要改动的信息，就会弹出 Vim 编辑器窗口让你编辑信息。再回来查看记录，WTF 就被改成 Welcome To Facebook 了：

```
$ git log --oneline
614a90c Welcome To Facebook
7dbc437 add hello.html
657fce7 add container
abb4f43 update index page
cef6e40 create index page
```

```
cc797cd init commit
```

如果使用 SourceTree，可以单击左上角的 Commit 按钮进入 Commit 界面，然后在右下角选择 Commit Options → Amend last commit 选项，如图 5-23 所示。

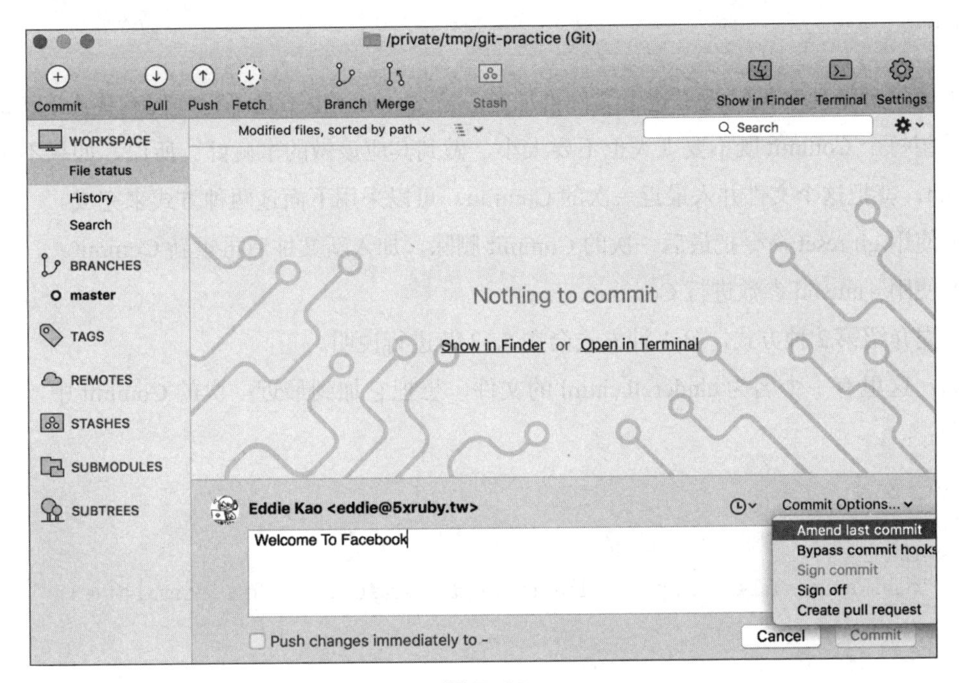

图 5-23

在下方的文本框中输入信息，然后单击右下角的 Commit 按钮，即可完成改动。

2. 你注意到了吗

虽然只是修改记录的信息，其他什么都没有改，但对 Git 来说，因为 Commit 的内容改变了，所以 Git 会重新计算并产生一个新的 Commit 对象，这其实是一次全新的 Commit（只是看起来不像新的）。例如，上面这个例子中，改动前的 Commit 对象的 SHA-1 值是 4879515，但改完信息之后 SHA-1 值变成了 614a90c。虽然 Commit 的时间与文件的内容看起来并没有被改动，但它仍是一次全新的 Commit。

3. 可以改动更早的记录吗

可以改动更早的记录，只是要使用 Rebase 命令来处理，因为 --amend 参数只能处理最后一次的 Commit。关于 Rebase 命令的使用方式，可参阅 7.1 节。

注意，虽然这只是改动信息，但不管怎么说，它就是改动了一次历史记录，所以尽量不要在已经 Push 出去后再改动，否则可能会给其他人造成困扰。

5.7 追加文件到最近一次的Commit

> 刚刚完成 Commit，但发现有一个文件忘了加上，又不想为了这个文件重新再发一次 Commit……

像上述这种情况，虽然为了这个文件再加送一次 Commit 也不是不行，但有些人有 Commit 的洁癖，希望每个 Commit 既不要太大也不要太小，做到其应该做的事就好。所以，如果不想再发一次 Commit，就把这个文件并入最近一次的 Commit。可以采用下面这两种方式来完成。

（1）使用 git reset 命令把最后一次的 Commit 删除，加入新文件后再重新 Commit。

（2）使用 --amend 参数进行 Commit。

这里先介绍第 2 种方式，第 1 种方式会在 5.13 节进行说明。

例如，这里有一个名为 cinderella.html 的文件，想把它加到最近一次的 Commit 中，可以使用如下命令：

```
$ git status
On branch master
Untracked files:
  (use "git add <file>..." to include in what will be committed)

  cinderella.html

nothing added to commit but untracked files present (use "git add" to track)
```

假设它刚加进来，状态还是 Untracked。流程上一样，还是使用 git add 命令先把文件加到暂存区：

```
$ git add cinderella.html
```

接着在 Commit 时加上 --amend 参数：

```
$ git commit --amend --no-edit
[master 3128d00] update story
Date: Wed Aug 16 05:42:56 2017 +0800
2 files changed, 0 insertions(+), 0 deletions(-)
create mode 100644 cinderella.html
create mode 100644 config/database.yml
```

这样就可以把文件并入最近一次的 Commit。最后面那个 --no-edit 参数的意思是“我不要编辑 Commit 信息”，所以就不会跳出 Vim 编辑器窗口。

如果使用 SourceTree，同样也是先把 cinderella.html 文件加至暂存区（勾选），然后在 Commit 的时候选择 Commit Options → Amend last commit 选项，如图 5-24 所示。

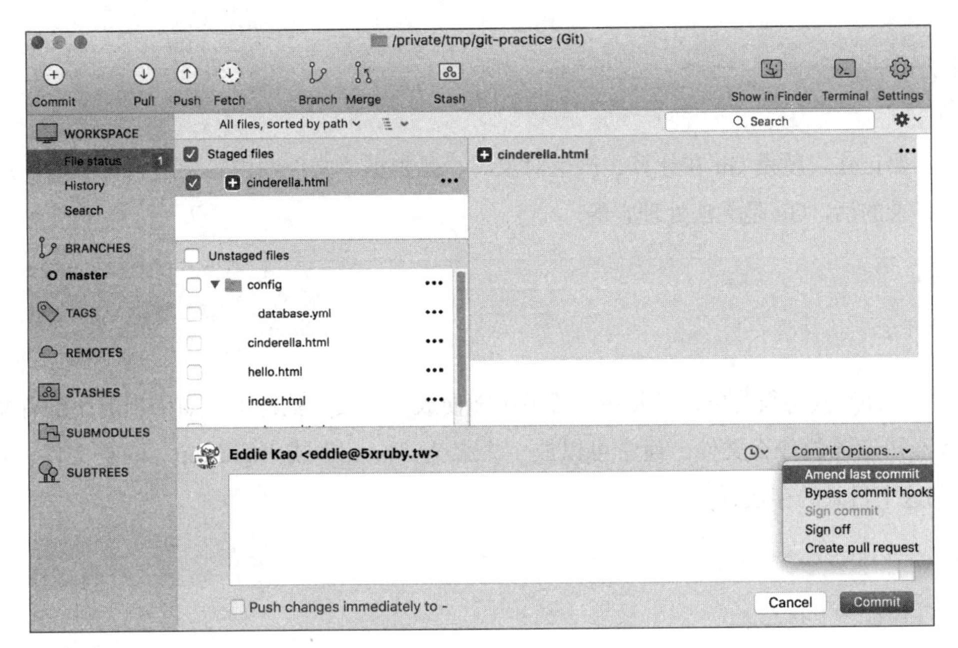

图 5-24

Commit 信息改不改都可以，最后单击右下角的 Commit 按钮，这个文件就会被并到最近的一次 Commit 中。

> **注意！**
> 像这样改动历史记录的操作，尽量不要应用在已经 Push 出去的 Commit 上。

5.8 新增目录

> 刚刚新增了一个 images 目录，却发现这个目录好像无法被加到 Git 中。

例如：

```
$ git status
On branch master
nothing to commit, working tree clean
```

现在的状态是刚完成 Commit，工作目录也没有任何改动。接着创建一个 images 目录：

```
$ mkdir images
```

再看一下状态，会发现 Git 的状态依旧没有变化：

```
$ git status
On branch master
nothing to commit, working tree clean
```

有一点要记住，就是 Git 在计算、产生对象时，是根据“文件的内容”进行计算的，所以只是新增一个目录的话，Git 是无法处理它的。

> **注意！**
>
> 空的目录无法被提交！

这时怎么办？其实很简单，只要在空目录中随便放一个文件就行了。如果当前还没有文件可以放，或者不知道该放什么文件，通常可以放一个名为“.keep”或“.gitkeep”的空文件，让 Git 能“感应”到这个目录的存在：

```
$ touch images/.keep
```

然后再查看一下状态：

```
$ git status
On branch master
Untracked files:
  (use "git add <file>..." to include in what will be committed)

  images/

nothing added to commit but untracked files present (use "git add" to track)
```

可以发现，Git 已经感知到这个目录的存在了（其实是感应到里面那个 .keep 文件的存在），接下来按照一般的流程进行 add 和 commit 即可。

5.9 有些文件不想放在Git中

> 有些比较机密的文件不想放在 Git 中一起备份，如数据库的存取密码或 AWS 服务器的存取金钥……

除了比较机密的文件，对于一些程序编译的中间文件或暂存文件，同样不想将其放在 Git 中。因为每次只要一编译，就等于产生一个新的文件，对项目来说通常没有实质的利用价值。

1. 忽略这个文件

如果不想把文件放在 Git 中，只需在项目目录中放一个 .gitignore 文件，并且设置想要忽略的规则即可。如果这个文件不存在，就手动新增它：

```
$ touch .gitignore
```

然后编辑这个文件的内容：

```
# 文件名称 .gitignore

# 忽略 secret.yml 文件
secret.yml

# 忽略 config 目录下的 database.yml 文件
config/database.yml

# 忽略 db 目录下所有后缀是 .sqlite3 的文件
/db/*.sqlite3

# 忽略所有后缀是 .tmp 的文件
*.tmp

# 如果想要忽略 .gitignore 这个文件也可以，只是通常不会这么做
# .gitignore
```

只要 .gitignore 文件存在，即使这个文件没有被 Commit 或 Push 上 Git 服务器，也会有效果。但通常建议将这个文件 Commit 进项目并且 push 上 Git 服务器，以便让一起开发项目的所有人可以共享相同的文件。

在新增文件时，只要符合 .gitignore 文件中的规定，这个文件就会被忽视。例如，现在的状态是刚刚完成 Commit，暂存区与工作目录都是干净的：

```
$ git status
On branch master
nothing to commit, working tree clean
```

这时加入要被忽略的文件 secret.yml：

```
$ touch secret.yml
```

再看一下状态：

```
$ git status
On branch master
nothing to commit, working tree clean
```

现在，这个文件虽然确实存在这个目录中，但 Git 已经“感应”不到它了，即它被 Git 无视了。

如果不知道自己所用的工具或程序语言通常会忽略哪些文件，可以登录 https://github.com/github/gitignore 查看，上面整理了一份各种程序语言常见的 .gitignore 文件。

2. 可以忽略这个忽略吗

虽然 .gitignore 文件列出了一些忽略的规则，但其实这些忽略的规则也是可以被忽略的。只需

在执行 git add 命令时加上 -f 参数：

```
$ git add -f 文件名称
```

就可以无视规则了。

3. 咦？怎么没效果

以上面的例子来说，这个项目中刚好有个 config 目录，而这个目录中刚好有个 database.yml 文件，完全符合被忽略的规则。照理说这个改动应该会被无视，但编辑 database.yml 之后却发现：

```
$ git status
On branch master
Changes not staged for commit:
  (use "git add <file>..." to update what will be committed)
  (use "git checkout -- <file>..." to discard changes in working directory)

 modified:   config/database.yml
```

其状态竟然变成了 modified，这是为什么？

这是因为 config/database.yml 文件在 .gitignore 之前就存在了。 .gitignore 文件设置的规则只对那些在规则设置之后存入的文件有效，那些已经存在的文件就像既得利益者一样，这些规则对它们是无效的。

如果想套用 .gitignore 的规则，就必须先使用 git rm --cached 命令把这些“既得利益者”移出 Git，然后它们就会被忽略了。

4. 清除忽略的文件

如果想清除那些已经被忽略的文件，可以使用 git clean 命令并配合 -X 参数：

```
$ git clean -fX
```

那个额外加上的 -f 参数是指强制删除。这样一来，就可以清除那些被忽略的文件了。

5.10 查看特定文件的Commit记录

git log 可以查看整个项目的 Commit 记录，但如果只想查看单一文件的记录，可在 git log 后面接上那个文件名：

```
$ git log welcome.html
commit 688fef0c50004c12fe85aa139e2bf1b1aca4a38f
Author: Eddie Kao <eddie@5xruby.tw>
Date:  Thu Aug 17 03:44:58 2017 +0800

    update welcome
```

```
commit cc797cdb7c7a337824a25075e0dbe0bc7c703a1e
Author: Eddie Kao <eddie@5xruby.tw>
Date:   Sun Jul 30 05:04:05 2017 +0800

    init commit
```

这样就能看到这个文件 Commit 的历史记录。如果想查看这个文件每次的 Commit 做了什么改动，可以再给它加上一个 -p 参数：

```
$ git log -p welcome.html
commit 688fef0c50004c12fe85aa139e2bf1b1aca4a38f
Author: Eddie Kao <eddie@5xruby.tw>
Date:   Thu Aug 17 03:44:58 2017 +0800

    update welcome

diff --git a/welcome.html b/welcome.html index 94bab17..edc805c 100644
--- a/welcome.html
+++ b/welcome.html
@@ -1 +1,3 @@
hello, git
+
+Welcome to Git

commit cc797cdb7c7a337824a25075e0dbe0bc7c703a1e
Author: Eddie Kao <eddie@5xruby.tw>
Date:   Sun Jul 30 05:04:05 2017 +0800

    init commit

diff --git a/welcome.html b/welcome.html new file mode 100644
index 0000000..94bab17
--- /dev/null
+++ b/welcome.html
@@ -0,0 +1 @@
+hello, git
```

格式可能看起来有点复杂，但大致可以看出，init commit 那次的 Commit 只加了一行“hello, git”，而 update welcome 那次的 Commit 则是再新增了一行 Welcome to Git。

> **小提示**
>
> 前面的加号（+）表示新增，如果是减号（-）则表示删除。

如果使用 SourceTree，可以在指定的文件上右击，选择 Log Selected 选项，如图 5-25 所示。

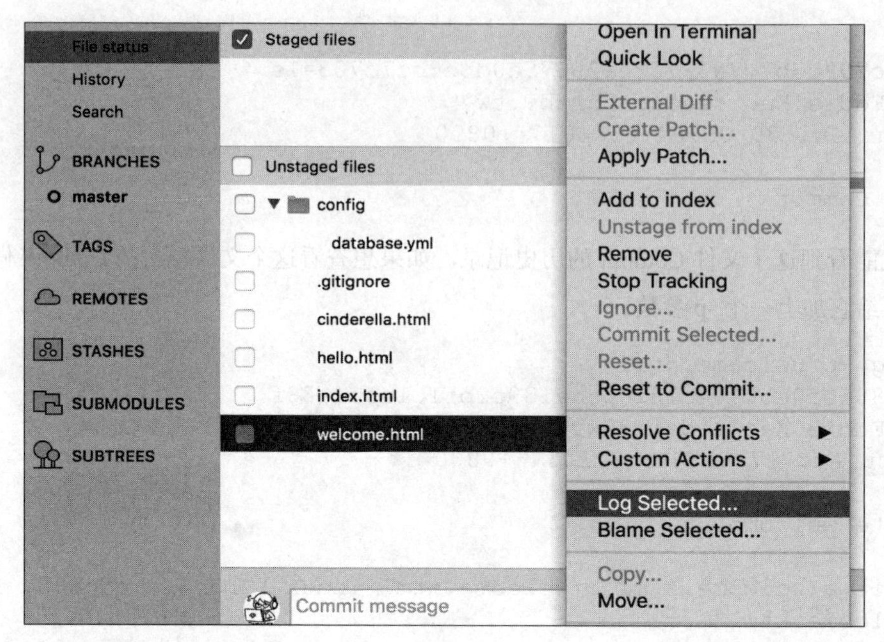

图 5-25

即可看到这个文件的 Commit 记录，如图 5-26 所示。

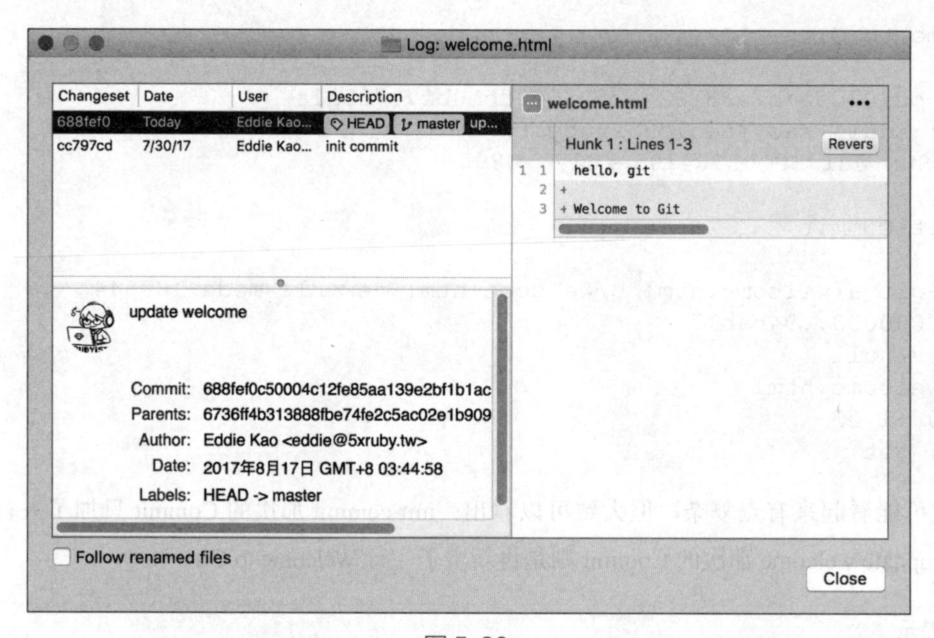

图 5-26

在图 5-26 中，每次 Commit 改动了什么内容，在右边的小窗口都可以看到。

5.11 这行代码是谁写的

啊！网站怎么挂了？！这行代码是谁写的？！

这种状况经常会发生，想要知道某个文件的某一行代码是谁写的吗？在 Git 中可使用 git blame 命令帮你找出来：

```
$ git blame index.html
abb4f438 (Eddie Kao 2017-08-02 16:49:49 +0800 1) <!DOCTYPE html>
abb4f438 (Eddie Kao 2017-08-02 16:49:49 +0800 2) <html>
abb4f438 (Eddie Kao 2017-08-02 16:49:49 +0800 3)     <head>
abb4f438 (Eddie Kao 2017-08-02 16:49:49 +0800 4)         <meta
charset="utf-8">
abb4f438 (Eddie Kao 2017-08-02 16:49:49 +0800 5)         <title> 首页
</title>
abb4f438 (Eddie Kao 2017-08-02 16:49:49 +0800 6)     </head>
abb4f438 (Eddie Kao 2017-08-02 16:49:49 +0800 7)     <body>
657fce78 (Eddie Kao 2017-08-02 16:53:43 +0800 8)     <div
class="container">
657fce78 (Eddie Kao 2017-08-02 16:53:43 +0800 9)         </div>
abb4f438 (Eddie Kao 2017-08-02 16:49:49 +0800 10)    </body>
abb4f438 (Eddie Kao 2017-08-02 16:49:49 +0800 11) </html>
```

这样就可以很清楚地看出来哪一行代码是谁在什么时候写的，而最前面看起来像乱码的文本，正是每次 Commit 的识别代码，表示这一行代码是在哪一次的 Commit 中加进来的。以这个例子来说，除了第 8 行和第 9 行的代码（657fce78），其他的代码都是在同一个 Commit 中加进来的（abb4f438）。

如果文件太大，也可以加上 -L 参数，只显示指定行数的内容：

```
$ git blame -L 5,10 index.html
abb4f438 (Eddie Kao 2017-08-02 16:49:49 +0800 5)     <title> 首页 </
title>
abb4f438 (Eddie Kao 2017-08-02 16:49:49 +0800 6) </head>
abb4f438 (Eddie Kao 2017-08-02 16:49:49 +0800 7) <body>
657fce78 (Eddie Kao 2017-08-02 16:53:43 +0800 8)     <div
class="container">
657fce78 (Eddie Kao 2017-08-02 16:53:43 +0800 9)     </div>
abb4f438 (Eddie Kao 2017-08-02 16:49:49 +0800 10) </body>
```

这样就只会显示第 5 ～ 10 行的信息。

如果使用 SourceTree，可以在想查看的文件上右击，选择 Blame Selected 选项，如图 5-27 所示。

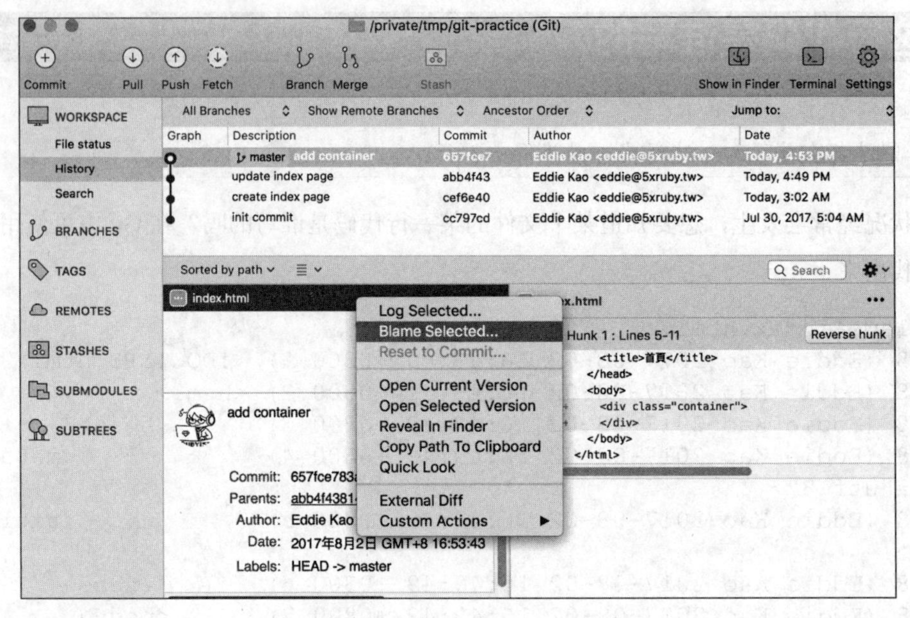

图 5-27

然后就会进入图 5-28 所示的界面。

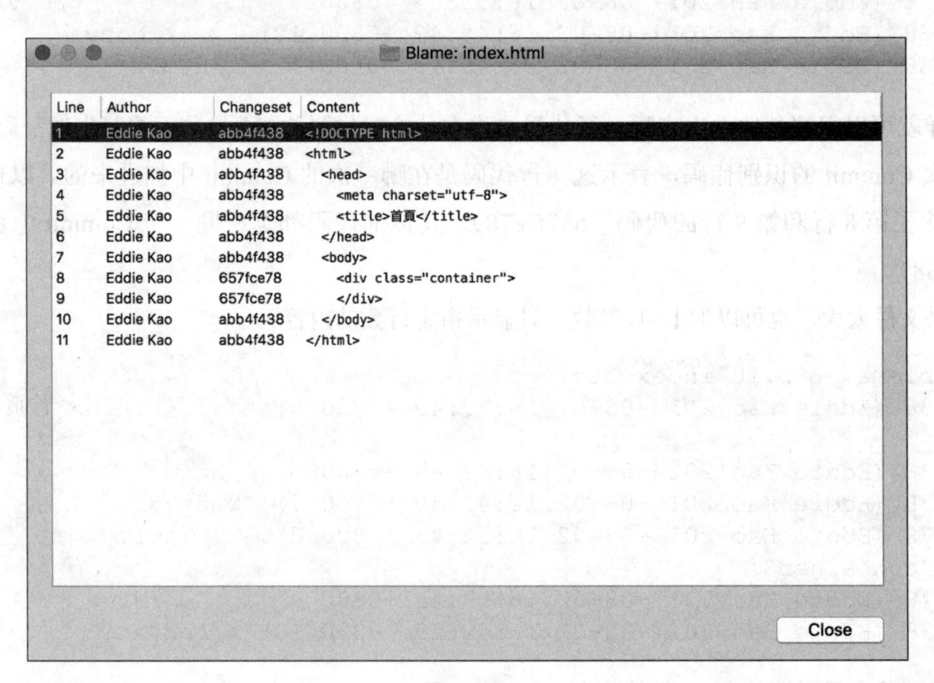

图 5-28

谜之音

很多时候，git blame 抓到的“凶手”大多都是自己！

5.12 不小心把文件或目录删除了

5.12.1　挽救已被删除的文件或目录

> **小提示**
>
> 本节将介绍的 rm 命令在使用时要小心，不要在状态不好的时候使用，以免造成连 Git 都挽回不了的“悲剧”。

“人有失手，马有失蹄”，人总会有不小心或状态不好的时候。不管是有意还是无心，在 Git 中如果不小心把文件或目录删除了，是可以挽救回来的，这也是使用版本控制系统最主要的原因之一。这里先使用 rm 命令，故意把项目中所有的 HTML 文档删除：

```
$ rm *.html

$ ls -al
total 8
drwxr-xr-x 6 eddie wheel      204 Aug 17 04:38 .
drwxrwxrwt 65 root  wheel    2210 Aug 17 03:38 ..
drwxr-xr-x 15 eddie wheel     510 Aug 17 04:44 .git
-rw-r--r-- 1 eddie wheel      232 Aug 16 17:14 .gitignore
drwxr-xr-x 3 eddie wheel      102 Aug 16 16:45 config
drwxr-xr-x 2 eddie wheel       68 Aug 16 17:19 images
```

然后可以看到所有的 HTML 文档都不见了。接着看一下当前的 Git 状态：

```
$ git status
On branch master
Changes not staged for commit:
 (use "git add/rm <file>..." to update what will be committed)
 (use "git checkout -- <file>..." to discard changes in working
directory)

  deleted:    cinderella.html
  deleted:    index.html
  deleted:    welcome.html
  deleted:    world.html

no changes added to commit (use "git add" and/or "git commit -a")
```

可以看见，当前这 4 个文件都处于被删除（deleted）的状态。这时如果要把 cinderella.html 挽救回来，可以使用 git checkout 命令：

```
$ git checkout cinderella.html
```

看一下文件列表：

```
$ ls -al total 8
drwxr-xr-x    7 eddie wheel    238 Aug 17 04:46 .
drwxrwxrwt   65 root  wheel   2210 Aug 17 04:45 ..
drwxr-xr-x   15 eddie wheel    510 Aug 17 04:46 .git
-rw-r--r--    1 eddie wheel    232 Aug 16 17:14 .gitignore
-rw-r--r--    1 eddie wheel      0 Aug 17 04:46 cinderella.html
drwxr-xr-x    3 eddie wheel    102 Aug 16 16:45 config
drwxr-xr-x    2 eddie wheel     68 Aug 16 17:19 images
```

文件回来了！如果想把所有被删除的文件都挽救回来，可以使用以下命令：

```
$ git checkout .
```

看一下文件列表：

```
$ ls -al
total 24
drwxr-xr-x  10 eddie wheel      340 Aug 17 05:34 .
drwxrwxrwt  65 root  wheel     2210 Aug 17 04:45 ..
drwxr-xr-x  15 eddie wheel      510 Aug 17 05:34 .git
-rw-r--r--   1 eddie wheel      232 Aug 16 17:14 .gitignore
-rw-r--r--   1 eddie wheel        0 Aug 17 04:46 cinderella.html
drwxr-xr-x   3 eddie wheel      102 Aug 16 16:45 config
drwxr-xr-x   2 eddie wheel       68 Aug 16 17:19 images
-rw-r--r--   1 eddie wheel      161 Aug 17 05:34 index.html
-rw-r--r--   1 eddie wheel       27 Aug 17 05:34 welcome.html
-rw-r--r--   1 eddie wheel        0 Aug 17 05:34 world.html
```

可以发现，刚刚被删除的所有文件都被挽救回来了。

如果使用 SourceTree，这些被删除的文件前面会被标记一个减号。可以选择一个或多个文件，然后在其上右击，选择 Reset 选项，如图 5-29 所示。

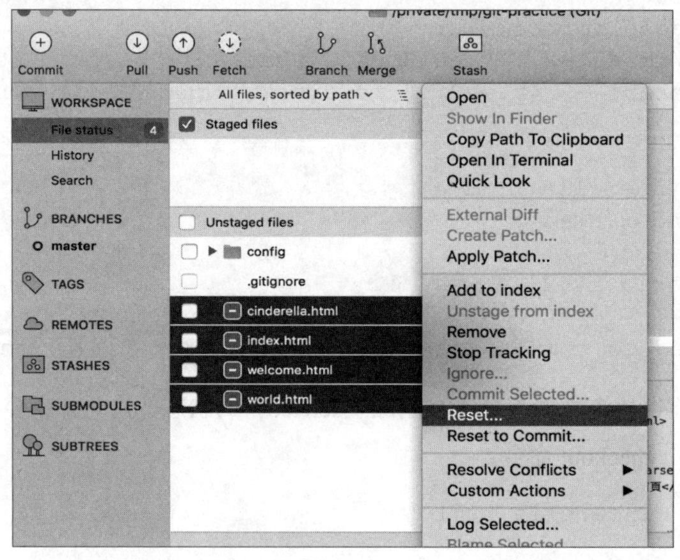

图 5-29

这时会弹出一个确认对话框，如图 5-30 所示。

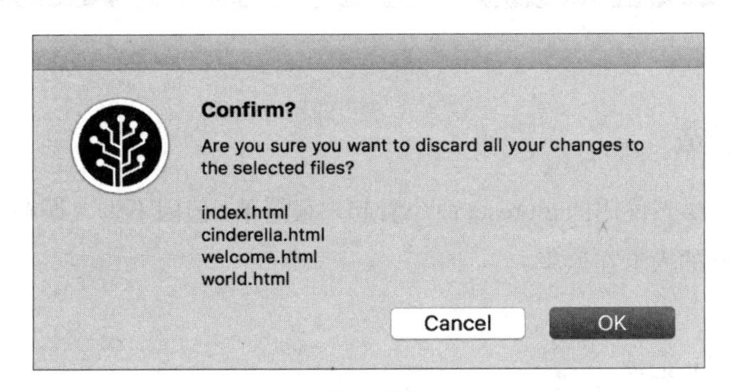

图 5-30

单击 OK 按钮之后，刚刚删除的那些文件就都被挽救回来了。

这个技巧不仅可以将删除的文件挽救回来，当改动某个文件后反悔了，也可以用它把文件恢复到上一次 Commit 的状态。

不是所有情况下都能恢复被删除的文件的。因为整个 Git 的记录都是放在根目录下的 .git 目录中，如果这个目录被删除了，也就意味着历史记录也被删除了，那么删除的文件也就不能恢复了。

5.12.2　Git是怎样把文件挽救回来的

其实是使用《火影忍者》中的忍术“秽土转生”把文件救回来的！

开玩笑的，当然不是用忍术，而是用了 git checkout 命令，后面提到关于分支的内容时会再次出现这个命令。当使用 git checkout 命令时，Git 会切换到指定的分支，但如果后面接的是文件名或路径，Git 则不会切换分支，而是把文件从 .git 目录中复制一份到当前的工作目录。

更精准地说，这个命令会把暂存区（Staging Area）中的内容或文件拿来覆盖工作目录中（Working Directory）的内容或文件。因此，在上面执行 git checkout welcome.html 或 git checkout . 命令时，会把 welcome.html 文件或者当前目录下的所有文件恢复到上一次 Commit 的状态。

如果在执行这个命令时多加了一个参数：

```
$ git checkout HEAD~2 welcome.html
```

那么距离现在两个版本以上的那个 welcome.html 文件就会被用来覆盖当前工作目录中的 welcome.html 文件，但要注意，这同时也会更新暂存区的状态。

其中：

```
$ git checkout HEAD~2 .
```

这个命令的意思就是“用距离现在两个版本以上的文件来覆盖当前工作目录中的文件，同时更新暂存区中的状态”。

5.13 刚才的Commit后悔了，想要拆掉重做

5.13.1 拆掉重做

这种状况很常见，虽然使用的 git reset 命令看起来很简单，但因不少人误解了 Reset 命令的意思，所以造成很多学习 Git 的人卡在这里。

1. 退一步海阔天空

先看一下当前的 Git 记录：

```
$ git log --oneline
e12d8ef (HEAD -> master) add database.yml in config folder
85e7e30 add hello
657fce7 add container
abb4f43 update index page
cef6e40 create index page
cc797cd init commit
```

如果想拆掉最后一次的 Commit，可以采用“相对”或“绝对”的做法。“相对”的做法是这样的：

```
$ git reset e12d8ef^
```

最后的那个“^”符号代表的是“前一次”，所以 e12d8ef^ 是指 e12d8ef 这个 Commit 的前一次；如果是 e12d8ef^^，则是往前两次……以此类推。不过如果要倒退 5 次，通常不会写作 e12d8ef^^^^^，而是写成 e12d8ef~5。

因为刚好 HEAD 与 master 当前都是指向 e12d8ef 这个 Commit，而且 e12d8ef 不太好记，所以上面这行通常会改写成：

```
$ git reset master^
```

或：

```
$ git reset HEAD^
```

以这个例子来说，这两个命令会得到一样的结果（关于什么是 HEAD，将于后面的章节中进行说明）。

以上是“相对”的方式。

如果你很清楚要把当前的状态退回到哪个 Commit，可以直接指明：

```
$ git reset 85e7e30
```

它就会切换到 85e7e30 这个 Commit 的状态，因为 85e7e30 刚好就是 e12d8ef 的前一次 Commit。以这个例子来说，也会达到与“拆掉最后一次的 Commit”一样的效果。

如果使用 SourceTree，可以选择想要 Reset 到的 Commit。例如，想要一口气倒退 3 个 Commit，就在要去的 Commit 上右击，选择 Reset master to this commit 选项，如图 5-31 所示。

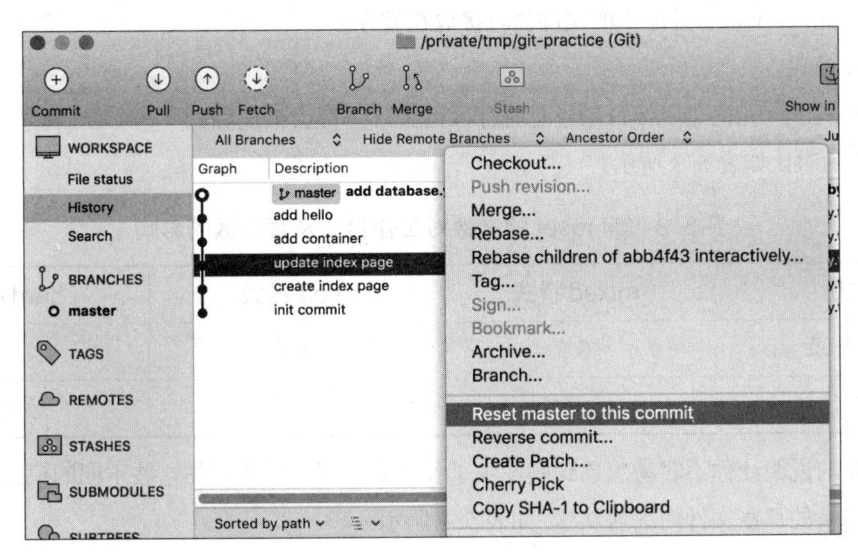

图 5-31

在弹出的对话框中选择要使用的模式，这里保持默认设置——Mixed-keep working copy but reset index，如图 5-32 所示。

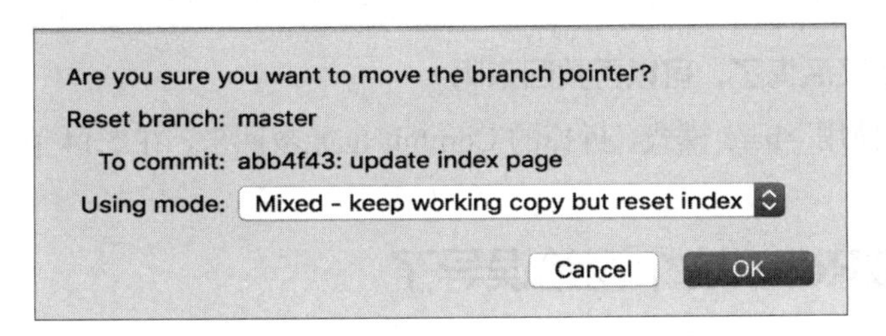

图 5-32

单击 OK 按钮，即可一口气倒退 3 个 Commit。

可能有人会问，Commit 拆掉了，那拆出来的那些文件去哪儿了？这个问题的答案与接下来要介绍的 Reset 模式有关。

2. Reset模式

git reset 命令可以搭配参数使用。常用参数有 3 个，分别是 --mixed、--soft 以及 --hard。搭配不同的参数，执行结果会有些微差别。

（1）mixed 模式。

--mixed 是默认的参数，如果没有另外加参数，git reset 命令将使用 --mixed 模式。该模式会把暂存区的文件删除，但不会影响工作目录的文件。也就是说，Commit 拆出来的文件会留在工作目录，但不会留在暂存区。

（2）soft 模式。

这种模式下的 Reset，其工作目录与暂存区的文件都不会被删除，所以看起来就只有 HEAD 的移动而已。因此，Commit 拆出来的文件会直接放在暂存区。

（3）hard 模式。

在这种模式下，无论是工作目录还是暂存区的文件，都会被删除。

3 种模式的对比如表 5-3 所示。

表 5-3　git reset 的参数对工作目录及暂存区的影响

模式	mixed 模式	soft 模式	hard 模式
工作目录	不变	不变	被删除
暂存区	被删除	不变	被删除

如果上面的说明让你不容易想象到底发生了什么事，那么只要记住这些不同的模式，就能决定“Commit 拆出来的那些文件何去何从”，如表 5-4 所示。

表 5-4　git reset 的参数用途

模式	mixed 模式	soft 模式	hard 模式
Commit 拆出来的文件	放回工作目录	放回暂存区	直接删除

3. 拆掉Commit之后又后悔了，可以再救回来吗

当然可以，甚至使用 --hard 模式，拆掉的 Commit 也能救回来，在 5.14 节就会介绍如何救回来。

5.13.2　不要被Reset这个词给误导了

Reset 通常翻译为“重新设置”，但在 Git 中，将 Reset 解释为“前往”或“变成”更为贴切，即 go to 或 become 的意思。当执行以下命令时：

```
$ git reset HEAD~2
```

该命令可能会被解读成“请帮我拆掉最后两次的 Commit”，但其实用“拆”这个动词只是为了便于理解而已，事实上并没有真的把 Commit“拆掉”（放心，所有的 Commit 都还在）。

准确地说，上面这个命令应该解读成“我要前往两个 Commit 之前的状态”或“我要变成两个 Commit 之前的状态”，而随着使用不同的参数模式，原本的这些文件就会移去不同的区域。

因为实际上 git reset 命令也并不是真的删除或重新设置 Commit，只是“前往”到指定的 Commit。那些看起来好像不见的东西只是暂时看不到了，但随时都可以再救回来。

Reset 是 Git 中常用的命令，所以一定要树立正确的观念，才能在操作 Git 时真正达到随心所欲的境界。

5.14 不小心使用hard模式Reset了某个Commit，还救得回来吗

1. 退回Reset前

还用上一节的例子：

```
$ git log --oneline
e12d8ef (HEAD -> master) add database.yml in config folder
85e7e30 add hello
657fce7 add container
abb4f43 update index page
cef6e40 create index page
cc797cd init commit
```

这个例子中共计有 6 次 Commit。首先要树立一个观念，不管用什么模式进行 Reset，Commit 就是 Commit，并不会因为 Reset 就马上消失。假设先用默认模式的 git reset 命令倒退两步：

```
$ git reset HEAD~2
```

这时 Commit 看起来就会少两个，同时拆出来的文件会被放置在工作目录中：

```
$ git log --oneline
657fce7 (HEAD -> master) add container
abb4f43 update index page
cef6e40 create index page
cc797cd init commit
```

如果想要退回刚刚 Reset 的这个步骤，只要 Reset 回一开始那个 Commit 的 SHA-1 e12d8ef 即可：

```
$ git reset e12d8ef --hard
```

刚刚看起来拆掉的 Commit 就又回来了。这里使用了 --hard 参数，可以强迫放弃 Reset 之后改动的文件。

2. 使用Reflog

如果一开始没有记录 Commit 的 SHA-1 值也没关系，可以利用 Git 中的 Reflog 命令保留一些记录。再次借用上一节的例子，但这次改用 --hard 模式进行 Reset：

```
$ git reset HEAD~2 --hard
HEAD is now at 657fce7 add container
```

不仅 Commit 不见了，文件也消失了。接着可以使用 Reflog 命令来看一下记录：

```
$ git reflog
657fce7 (HEAD -> master) HEAD@{0}: reset: moving to HEAD~2
e12d8ef (origin/master, origin/HEAD, cat) HEAD@{1}:checkout: moving from
cat to master
e12d8ef (origin/master, origin/HEAD, cat) HEAD@{2}:checkout: moving from
master to cat
```

当 HEAD 移动时（如切换分支或者 Reset 都会造成 HEAD 移动），Git 就会在 Reflog 中留下一条记录。从上面的这 3 条记录中，可以大致猜出最近 3 次 HEAD 的移动，而最后一次的动作就是 Reset。所以如果想要取消这次的 Reset，就可以"Reset 到它 Reset 前的那个 Commit"（很像绕口令）。在这个例子中就是 e12d8ef，所以只要这样：

```
$ git reset e12d8ef -hard
```

就可以把刚刚 hard reset 的东西再次救回来了。

> **小提示**
>
> git log 命令如果加上 -g 参数，也可以进行 Reflog。

5.15 HEAD是什么

1. HEAD简介

HEAD 是一个指标，指向某一个分支，通常可以把它当作"当前所在分支"来看待。在 .git 目录中有一个名为 HEAD 的文件，其中记录的就是 HEAD 的内容。来看一下它到底长什么样：

```
$ cat .git/HEAD
ref: refs/heads/master
```

从这个文件可以看出，HEAD 当前正指向 master 分支。如果有兴趣再深入看一下 refs/ heads/ master 的内容就会发现，其实所谓的 master 分支也不过就是一个 40 个字节的文件罢了：

```
$ cat .git/refs/heads/master
e12d8ef0e8b9deae8bf115c5ce51dbc2e09c8904
```

2. 切换分支的时候

假设当前项目包括 3 个分支，而当前正在 master 分支上：

```
$ git branch
cat
dog
* master
```

接下来试着切换到 cat 分支：

```
$ git checkout cat
Switched to branch 'cat'
```

这时看一下刚刚那个 HEAD 文件的内容：

```
$ cat .git/HEAD
ref: refs/heads/cat
```

HEAD 的内容变成 refs/heads/cat 了。再试着切换到 dog 分支：

```
$ git checkout dog
Switched to branch 'cat'
```

再确认一下 HEAD 的内容：

```
$ cat .git/HEAD
ref: refs/heads/dog
```

它又改成指向 dog 分支了。也就是说，HEAD 通常会指向当前所在的分支。不过 HEAD 也不一定总是指向某个分支，当 HEAD 没有指向某个分支时便会造成 detached HEAD 的状态，详情可参阅 9.5 节。

在 SourceTree 界面中，HEAD 以一个空心小圆圈的图标呈现，如图 5-33 所示。

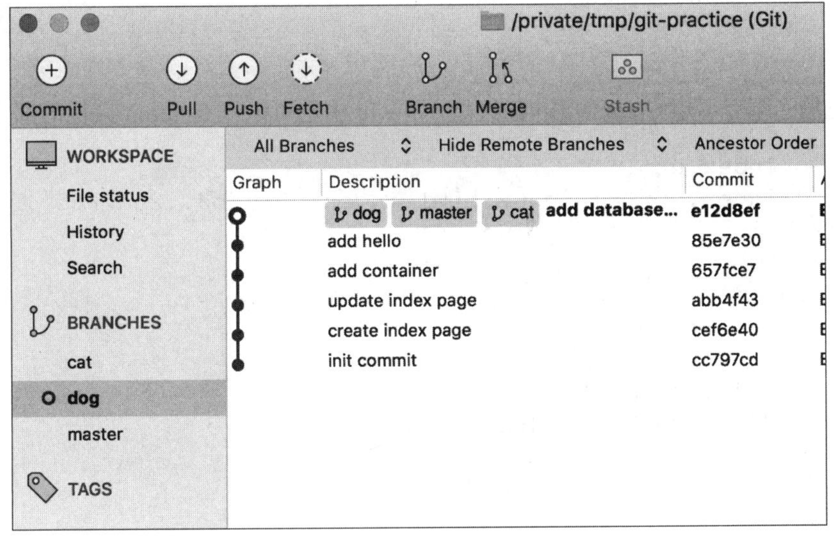

图 5-33

在切换分支的同时，HEAD 的内容会改变，当 HEAD 的内容改变的时候，Reflog 也会留下记录。

5.16 可以只 Commit 一个文件的部分内容吗

假设网站首页 index.html 的内容如下：

```
<!DOCTYPE html>
<html>
  <head>
    <meta charset="utf-8">
    <title> 首页 </title>
</head>
<body>
  <div class="container">
    <h1 id="heading"> 头版消息 </h1>
    <div>
      内文
      内文
      内文
      内文
    </div>
    <div id="footer">
      版权没有，欢迎取用
     </div>
   </div>
 </body>
</html>
```

如果因为某些原因不想 Commit footer 区域，在 Git 中也可以先 Commit 其他的部分：

```
$ git add -p index.html
diff --git a/index.html b/index.html index e90bdb3..2cac685 100644
--- a/index.html
+++ b/index.html
@@ -6,6 +6,16 @@
  </head>
  <body>
    <div class="container">
+      <h1 id="heading"> 头版消息 </h1>
+      <div>
+        内文
+        内文
+        内文
+        内文
+      </div>
+      <div id="footer">
+        版权没有，欢迎取用
+      </div>
     </div>
   </body>
 </html>
Stage this hunk [y,n,q,a,d,/,e,?]?
```

当使用 git add 命令时，如果加上 -p 参数，Git 就会询问是否要把这个区域（hunk）加到暂存区，如果选择 y 就是把整个文件加进去。在此只是想送出部分内容，所以选择“e”选项。接着就会出现编辑器，显示以下内容：

```
# Manual hunk edit mode -- see bottom for a quick guide.
@@ -6,6 +6,16 @@
  </head>
  <body>
    <div class="container">
+     <h1 id="heading"> 头版消息 </h1>
+     <div>
+       内文
+       内文
+       内文
+       内文
+     </div>
+     <div id="footer">
+       版权没有，欢迎取用
+     </div>
    </div>
  </body>
 </html>
# ---
# To remove '-' lines, make them ' ' lines (context).
# To remove '+' lines, delete them.
# Lines starting with # will be removed.
#
# If the patch applies cleanly, the edited hunk will immediately be
# marked for staging.
# If it does not apply cleanly, you will be given an opportunity to
# edit again. If all lines of the hunk are removed, then the edit is
# aborted and the hunk is left unchanged.
```

在这里就可以编辑想要加到暂存区的区域。因为不想把 footer 区域加进去，所以就把那 3 行删掉，存档并离开即可"把部分内容加到暂存区"。看一下当前的状态：

```
$ git status
On branch master
Changes to be committed:
  (use "git reset HEAD <file>..." to unstage)

    modified: index.html

Changes not staged for commit:
  (use "git add <file>..." to update what will be committed)
  (use "git checkout -- <file>..." to discard changes in working directory)

    modified: index.html
```

可以看出，index.html 文件有部分在暂存区，同时也有一份包括那 3 行的版本在工作目录。这样就可以先 Commit 部分内容了。

在 SourceTree 中做这件事相对简单一些，选择想要加入的内容并右击，选择 Stage Selected Lines 选项即可完成，如图 5-34 所示。

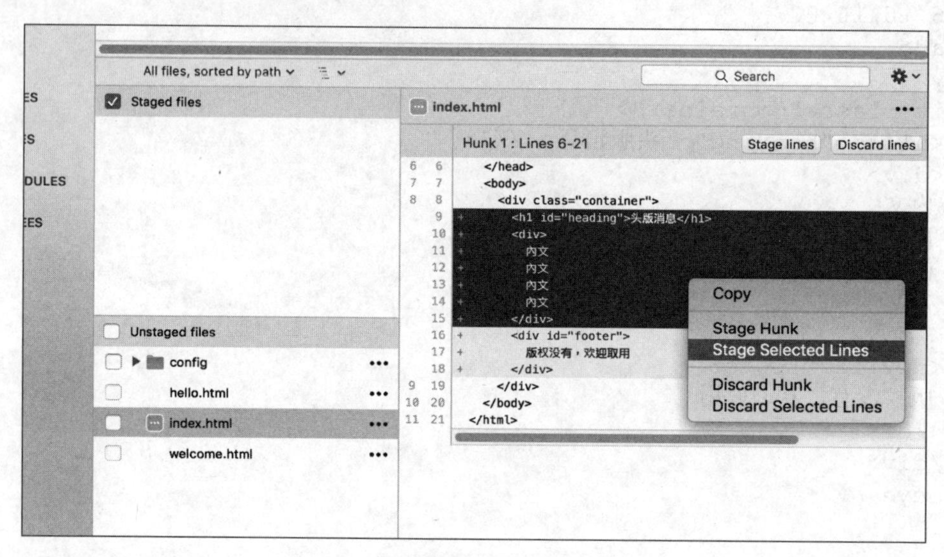

图 5-34

5.17 那个长得很像乱码的SHA-1值是怎样算出来的

SHA-1（Secure Hash Algorithm 1）是一种杂凑算法，计算之后的结果通常会以 40 个十六进制的数字形式呈现。该算法的特点之一，就是只要输入一样的值，就会有一样的输出值；反之，如果输入不同的值，就会有不同的输出值。Git 中所有对象的编号都是靠这种算法产生的。

1. SHA-1值会有“重复”的状况发生吗

首先，前面提到 SHA-1 算法的特性之一，就是相同的输入值会得到相同的结果，所以遇到 SHA-1 值“重复”的时候并不代表就是“重复”，通常只是表示有相同的输入值而已。

而当输入两个不同的值却得到相同的结果时，也就是说，两个内容不同的文件却得到一样的 SHA-1 值，这种情况称为碰撞（Collision）。

实际上，这种情况发生的概率相当于连续中 N 次乐透大奖的概率。具体概率有多低，无法给出一个精准的数字，只能说发生碰撞的机会极为渺茫，就算每秒 Commit 几十万次，在有限的人生中大概也没机会遇到碰撞的情况。

2. 等等，听说Google破解了SHA-1

是的，Google 的确在 2017 年年初就公布了破解 SHA-1 的消息，如图 5-35 所示。

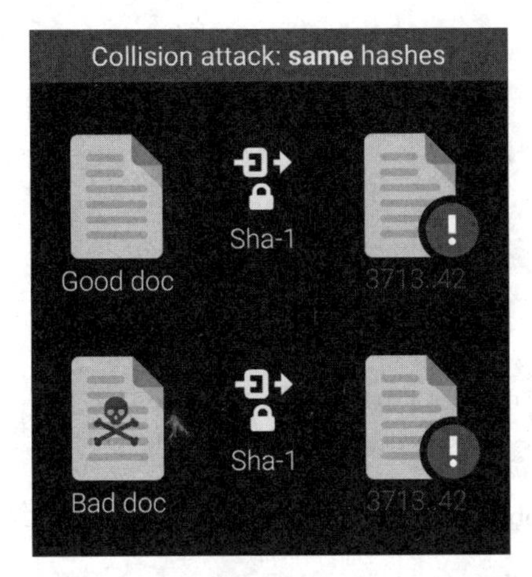

图 5-35

根据 https://shattered.io/ 网站的说明，将两个不同的 PDF 文件（注意，是 PDF 文件而不是文本文件）的内容交给 SHA-1 算法，会得到一样的结果。

不过这其实有一点作弊，因为这里改的是 PDF 文件而不是文本文件。也就是说，的确可以硬改出两个这样的 PDF 文件，但这两个 PDF 文件能不能正常被阅读还不知道。所以如果要改出两个内容不同但 SHA-1 值一样的文本文件，难度将会更高。而且，这件事如果不是由拥有最强运算资源的 Google 来做，别人大概也做不到。

除此之外，对 Git 来说，它也不是只用文件的内容进行计算，还额外加了一些“料”，让碰撞概率更低。

3. 计算公式

在 Git 中，不同种类对象的 SHA-1 值的计算方法会稍微有些不同。例如，Blob 对象的 SHA-1 组成模式如下。

（1）“blob”字样。

（2）一个空白字节。

（3）输入内容的长度。

（4）Null 结束符号。

（5）输入内容。

如果是 Tree 物件，第 1 项则改成“tree”；如果是 Commit 物件，第 1 项则改成“commit”，以此类推。

同时，从上面的组成模式中可以看出，第 1 ～ 5 项都没有与时间或乱数有关的内容，只与要计算的内容有关（Commit 对象及 Tag 对象除外，因为这两个对象的“内容”本身就包括时间）。所以，以 Blob 对象来说，不管在什么时间或设备上，一样的输入值就会有一样的输出内容。下面以一段简单的 Ruby 程序为例，介绍如何计算 Git 中 Blob 对象的 SHA-1 值：

```
# 引入 SHA-1 计算函数库
require "digest/sha1"

# 要计算的内容
content = "Hello, 5xRuby"

# 计算公式
input = "blob #{content.length}\0#{content}"

puts Digest::SHA1.hexdigest(input)
# 得到 "4135fc4add3332e25ab3cd5acabe1bd9ea0450fb"
```

如果使用 Git 内置的 hash-object 命令计算，也可以得到一样的结果：

```
$ printf "Hello, 5xRuby" | git hash-object --stdin
4135fc4add3332e25ab3cd5acabe1bd9ea0450fb
```

5.18 .git目录中有什么？Part 1

> 想要我的财宝吗？想要的话可以全部给你，去找吧！我把所有的财宝都放在那里了。
>
> ——《航海王》哥尔罗杰

对 Git 来说，.git 目录扮演的差不多就是宝藏这样的角色，所有的记录、所有的备份都放在其中了。所以想要真正地学好 Git，建议花一些时间来摸清这个目录中到底藏了什么东西。这样更能理解 Git 的运行原理，操作起来也会更得心应手。

本节及下一节将介绍 Git 内部的运行原理，以及在 .git 目录中还有哪些奇妙的东西。在开始介绍 .git 目录中的东西之前，一定要先知道 Git 中的 4 种对象。在 Git 中，有 4 种很重要的对象，分别是 Blob 对象、Tree 对象、Commit 对象以及 Tag 对象。

接下来将通过实际操作 Git 的命令，详细介绍这些对象的关联性。

1. 创建第一个文件并交由Git控制

首先创建一个 index.html 文件，内容是“hello, 5xRuby”：

```
$ echo "hello, 5xRuby" > index.html
```

前面介绍过，这时，index.html 还不算被加入 Git 中，它只是路过而已，所以当前的状态是 Untracked，就是还没有被 Git 追踪的状态。接下来使用 git add 命令，把它加入 Git 的暂存区（也称下标）：

```
$ git add index.html
```

这时的状态如下：

```
$ git status
On branch master

No commits yet

Changes to be committed:
  (use "git rm --cached <file>..." to unstage)

   new file: index.html
```

index.html 文件已被加入暂存区无误。当把文件加入暂存区后，Git 便会在 .git 目录中生成一个 Blob（Binary large object）对象，并且依照其“规则”摆放到目录中。这个 Blob 对象用来存放 index.html 文件的“内容”。注意，这里说的是“内容”而不是把整个 index.html 文件搬进 .git 目录。

5.17 节介绍过 Git 是怎样计算 Blob 对象的 SHA-1 值的，这里直接使用 git hash-object 命令来计算也可以：

```
$ echo "hello, 5xRuby" | git hash-object --stdin
30ab28d3acb37f96ad61ad8be82c8da46d0a7307
```

经过计算，"hello, 5xRuby" 字符串的内容在 Git 中得到的 SHA-1 值是 30ab28d3acb37 f96ad61 ad8be82c8da46d0a7307。接着 Git 就会在 .git/objects 目录中存放文件。Git 会 用这 40 字的 SHA-1 值的前两个字作为目录，剩余的 38 字是文件名，如图 5-36 所示。

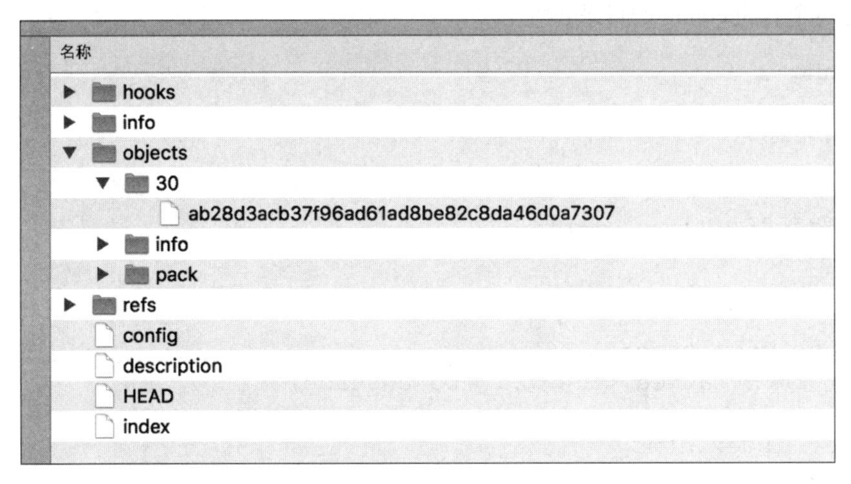

图 5-36

因为文件的内容已经过压缩，所以用一般的文本编辑器是看不出内容的，但可以使用 git cat-file 命令来查看：

```
$ git cat-file -t 30ab28d3acb37f96ad61ad8be82c8da46d0a7307
blob
```

其中，-t 参数表示要查看的 SHA-1 值所代表的对象的形态。根据结果，Git 回报的 SHA-1 值代表的是一种 Blob 对象。如果改用 -p 参数：

```
$ git cat-file -p 30ab28d3acb37f96ad61ad8be82c8da46d0a7307
hello, 5xRuby
```

则可看到 SHA-1 值指向的那个对象的内容，它显示为“hello，5xRuby”，可以确定就是刚才的那个 index.html 文件。至此可知如下信息。

（1）当使用 git add 命令把文件加入暂存区时，Git 会根据这个对象的“内容”计算出 SHA-1 值。

（2）Git 接着会用 SHA-1 值的前 2 个字节作为目录名称，后 38 个字节作为文件名，创建目录及文件并存放在 .git/objects 目录下。

（3）文件的内容则是 Git 使用压缩算法把原本的“内容”压缩之后的结果。

规则

Blob 对象的文件名是由 SHA-1 算法决定的，其内容则是由压缩算法决定的。

提示

在某些操作系统下，一个目录中如果放了非常多的文件，该目录的读取效率就会变得非常低，所以 Git 抽出了前两位数作为目录名称，就是避免让 .git/objects 目录因为文件过多而降低效率。

2. 创建目录

接着创建一个名为 config 的目录。

```
$ mkdir config
```

这时看一下状态：

```
$ git config
On branch master

No commits yet

Changes to be committed:
  (use "git rm --cached <file>..." to unstage)

    new file: index.html
```

会发现 Git 完全没感应到刚刚创建的那个目录。

为什么？想一下刚才的规则，Git 会针对文件的“内容”使用 SHA-1 算法进行计算，然后在 .git/objects 中创建对应的目录及文件。但因为这只是一个空的 config 目录，它根本就没有“内容”可以计算，所以 Git 根本连感应都感应不到。记住，Git 只对“内容”有兴趣，这样一个空的目录对 Git 来说是无感的，所以它也只是路过，甚至连 Untracked 都算不上。即使手动下达这个命令：

```
$ git add config
```

也是没效果的。

> **重要！**
>
> 空的目录无法被加入 Git 中。

3. 创建第二个文件

在上一个步骤中，既然 Git 无法处理 config 目录，所以接下来在这个目录中创建一个文件：

```
$ touch config/database.yml
```

查看一下状态：

```
$ git status
On branch master

No commits yet
Changes to be committed:
  (use "git rm --cached <file>..." to unstage)

    new file:  index.html

Untracked files:
  (use "git add <file>..." to include in what will be committed)

    config/
```

即使只是一个空的文件，它也是有“内容”的，就是“空的内容”，原本无法被 Git 看见的 config 目录，在里面放了一个文件之后就看得见它了（有种“母凭子贵”的感觉）。接着把它加到 Git 中：

```
$ git add config/database.yml
```

根据 Git 的 Blob 对象进行计算：

```
$ cat config/database.yml | git hash-object --stdin
e69de29bb2d1d6434b8b29ae775ad8c2e48c5391
```

根据前面的规则，这时应该在 .git/objects 目录中创建一个 e6 的目录，其中包含 9de29bb2d1d6434b8b29ae775ad8c2e48c5391 文件，如图 5-37 所示。

到这里，相信大家已对 Git 世界中的 Blob 对象有所了解了。

接下来你可能会好奇：Git 只在意文件的“内容”，难道目录完全不重要吗？文件的名称是什么也不重要吗？其实也不是不重要，只是它们不属于 Blob 对象的范围，这是后面要介绍的 Tree 对象要处理的。

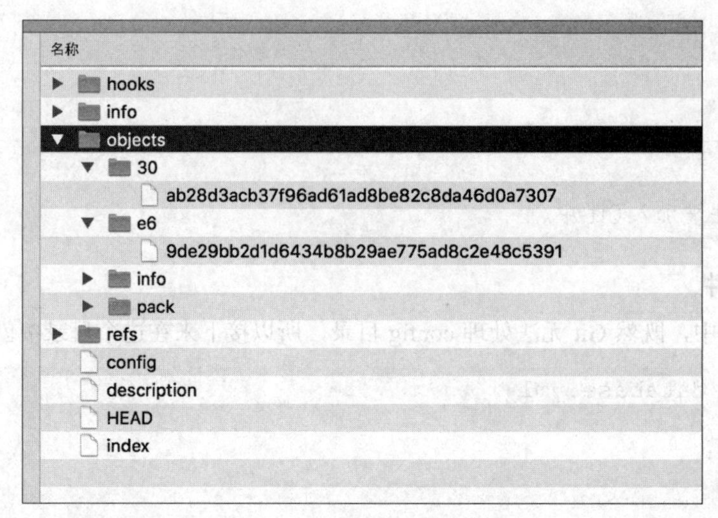

图 5-37

4. 进行Commit

既然文件已加至暂存区，接下来就要进行 Commit，观察一下 .git/objects 目录会有什么变化：

```
$ git commit -m "init commit"
[master (root-commit) 5d47270] init commit
2 files changed, 1 insertion(+)
create mode 100644 config/database.yml
create mode 100644 index.html
```

查看 .git/objects 目录，如图 5-38 所示。

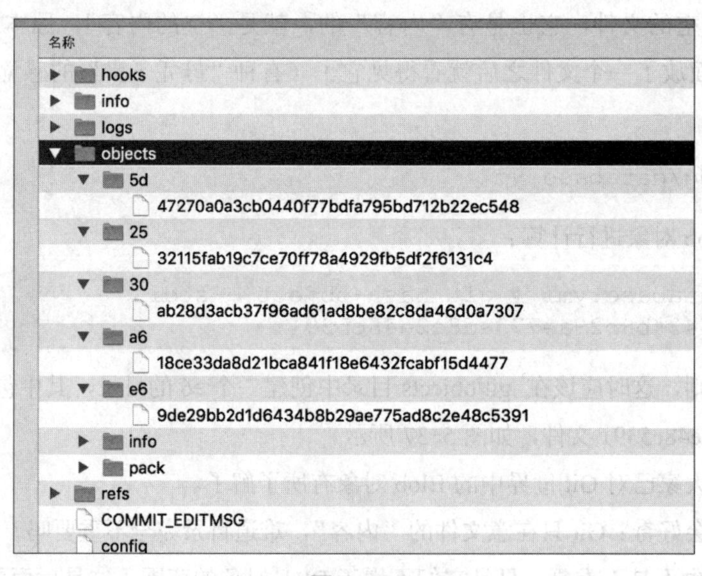

图 5-38

除了原本的 30 与 e6 目录之外，又多出了好几个目录，下面来看看它们都是什么。从 25 目录中的 32115fab19c7ce70ff78a4929fb5df2f6131c4 开始查看：

```
$ git cat-file -t 2532115fab19c7ce70ff78a4929fb5df2f6131c4
tree
```

Git 告诉我们这是一种 Tree 对象。再看这个对象里有什么内容：

```
$ git cat-file -p 2532115fab19c7ce70ff78a4929fb5df2f6131c4
040000 tree a618ce33da8d21bca841f18e6432fcabf15d4477  config
100644 blob 30ab28d3acb37f96ad61ad8be82c8da46d0a7307  index.html
```

从中看到一个 Tree 对象和一个 Blob 对象，而这个 Blob 对象正是 index.html。再看它指向的另一个对象：

```
$ git cat-file -t a618ce33da8d21bca841f18e6432fcabf15d4477
tree
```

这是个 Tree 对象，内容如下：

```
$ git cat-file -p a618ce33da8d21bca841f18e6432fcabf15d4477
100644 blob e69de29bb2d1d6434b8b29ae775ad8c2e48c5391  database.yml
```

在这个 Tree 对象中看到一个 Blob 对象，正是刚刚放在 config 目录中的 database.yml。到这里，大家可能稍微对 Tree 对象有点了解了。用一张图来简单说明，如图 5-39 所示。

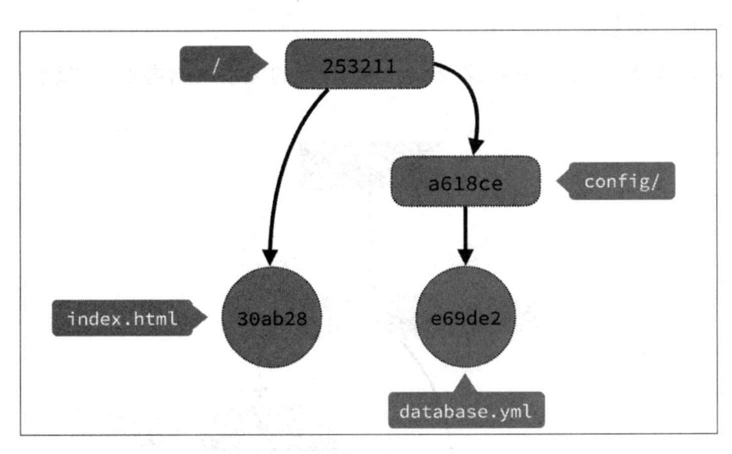

图 5-39

说明如下。

（1）文件在 Git 中会以 Blob 对象的形式存放，如这个示例中的 index.html 和 database.yml。

（2）目录及文件的名称将会以 Tree 对象的形式存放，如 253211 代表的是根目录，而 a618ce 代表的是 config 目录。

（3）Tree 对象的内容会指向某个或某些 Blob 对象，或者其他的 Tree 对象。

大家可能会觉得这有点像目录与子目录的关系，但其实并不是。它有个专有名词——Directed Acyclic Graph（DAG），中文翻译为有向无环图。这些对象之间只有指来指去的关系，并没有阶层或目录、子目录的关系，不管是 Blob 对象还是 Tree 对象，都是平行的。图 5-39 中用类似目录的方式呈现，只是因为这样比较容易想象和理解罢了，事实上它们并没有阶层关系。

介绍完 Tree 对象，刚刚 Commit 完成后多出来的 3 个对象还有一个没有查看：

```
$ git cat-file -t 5d47270a0a3cb0440f77bdfa795bd712b22ec548
commit
```

这就是接下来要介绍的 Commit 对象。看看这个 Commit 对象的内容：

```
$ git cat-file -p 5d47270a0a3cb0440f77bdfa795bd712b22ec548
tree 2532115fab19c7ce70ff78a4929fb5df2f6131c4
author Eddie Kao <eddie@5xruby.tw> 1503442336 +0800
committer Eddie Kao <eddie@5xruby.tw> 1503442336 +0800
init commit
```

这个 Commit 对象包括以下信息。

（1）某个 Tree 对象。还记得 253211 吗？如果往回翻就可以发现，它就是代表根目录的那个 Tree 对象。

（2）本次 Commit 的时间。

（3）作者和进行这次 Commit 的人一般情况下会是同一个人，但偶尔也会有"Code 我写好了，但没办法 Commit，所以请人代发"的情况。

（4）本次 Commit 的信息。

将截至目前提到的 Blob 对象、Tree 对象及 Commit 对象的关系用图再重新整理一下，如图 5-40 所示。

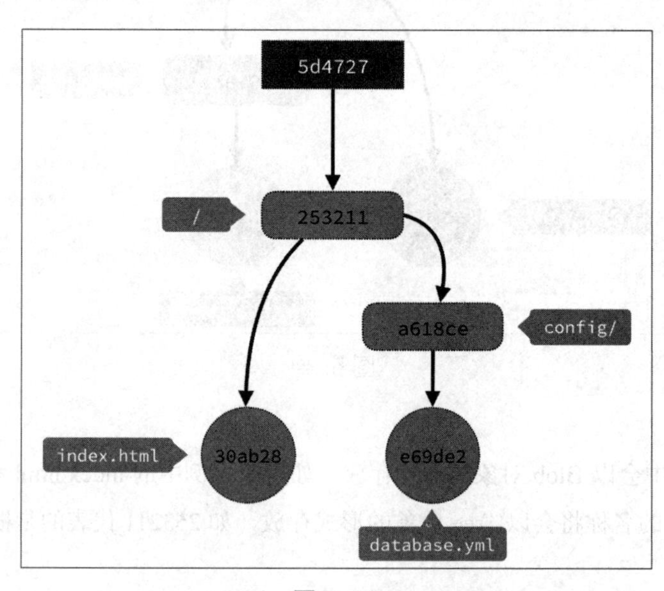

图 5-40

提醒一下，在图 5-40 中，各个对象旁边写着目录或文件名的小提示牌，并不代表"这个物件就是这个文件或目录"，而是"这个对象的内容是来自这个文件的"，放上提示牌只是为了让大家更容易理解各对象之间的关系而已。

参考此图，然后记住以下规则。

（1）Commit 对象会指向某个 Tree 对象。

（2）Tree 对象的内容会指向某个或某些 Blob 对象，或者其他的 Tree 对象。

Git 对象的“四大天王”已经出现三位了，还少一位，也就是 Tag 对象，它将在后面的章节中另做介绍。

5. 分支登场

在 6.3 节关于分支的介绍中提到，Git 中的分支其实就跟一张贴纸一样，它会贴在某个 Commit 上，并且会随着每次的 Commit 不断地移动；同时，在 5.15 节关于 HEAD 的介绍中指出，HEAD 是一个指向某个分支的指标，可以把它看成“当前所在的分支”。综上所述，这时应该会有一个分支（就是 Git 默认的 master 分支），并且 HEAD 会指向当前唯一的 Commit，如图 5-41 所示。

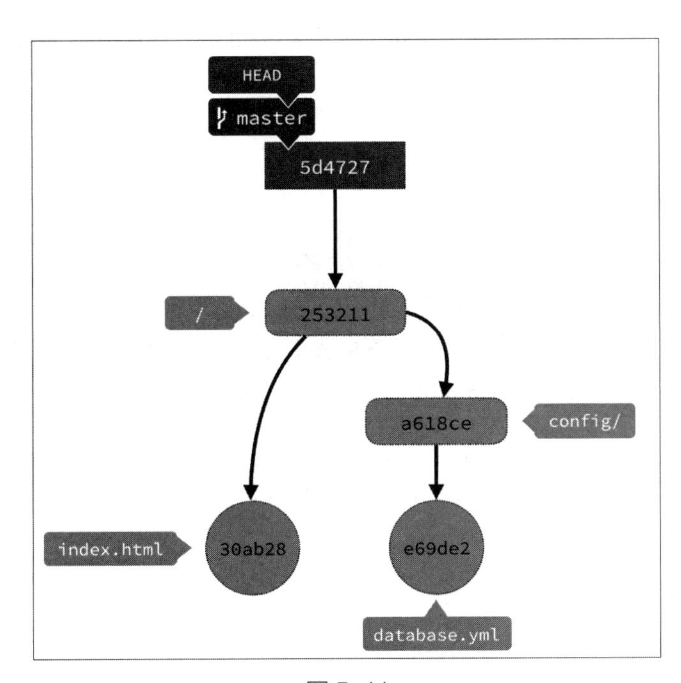

图 5-41

6. 继续前进

做完了一次 Commit，接下来再做一次，看看 .git 目录又会有什么变化。这次先编辑一下 index.html 文件，帮它加一些 HTML 内容：

```
<!DOCTYPE html>
<html>
  <head>
    <meta charset="utf-8">
    <title></title>
  </head>
```

```
  <body>
    <h1>Hello, 5xRuby</h1>
  </body>
</html>
```

这时的状态如下：

```
$ git status
On branch master
Changes not staged for commit:
  (use "git add <file>..." to update what will be committed)
  (use "git checkout -- <file>..." to discard changes in working directory)

    modified:  index.html

no changes added to commit (use "git add" and/or "git commit -a")
```

因为这个文件被改动了，所以处于 modified 状态。不过这时还没有新的对象产生，要把文件加到暂存区才会出现新的 Blob 对象。

```
$ git add index.html
```

使用 git hash-object 命令计算一下：

```
$ cat index.html | git hash-object --stdin
159dba9a492eb6ee354beda28c88652dd7d1c2e2
```

根据前面的规则，这时在 .git/objects 目录下应该会多出一个 15 目录，并且其中有一个名为 9dba9a492eb6ee354beda28c88652dd7d1c2e2 的文件，如图 5-42 所示。

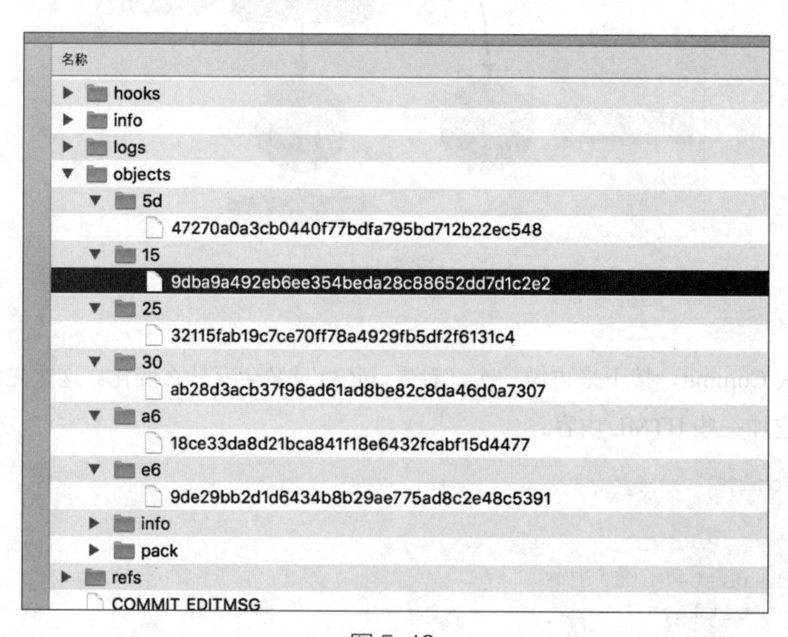

图 5-42

是的，就是这样！当前对象的关系如图 5-43 所示。

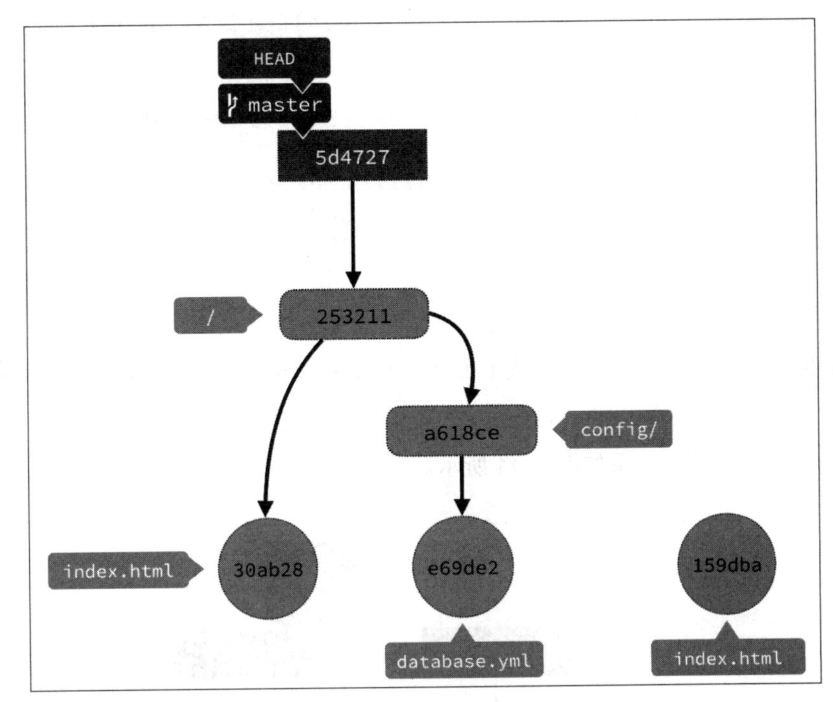

图 5-43

那个 Blob 对象 159dba 目前还没用到。继续 Commit 下去，看看会发生什么事。

```
$ git commit -m "update index.html"
[master 4ddb0b5] update index.html
 1 file changed, 10 insertions(+), 1 deletion(-)
```

如果与 Commit 之前的状态进行比对，会发现这次的 Commit 多出了两个目录，它们的 SHA-1 值分别是 3a648a 和 4ddb0b（这里仅使用 6 码短码表示）。使用 git cat-file 命令查看内容：

```
$ git cat-file -t 3a648a98d322f82a72bff20ed977539c581a181d
tree

$ git cat-file -p 3a648a98d322f82a72bff20ed977539c581a181d
040000 tree a618ce33da8d21bca841f18e6432fcabf15d4477   config
100644 blob 159dba9a492eb6ee354beda28c88652dd7d1c2e2   index.html
```

这个 Tree 对象看起来与上一个 Commit 中代表根目录的那个 Tree 对象相似，只是内容有点不太一样。在这个 Tree 对象中，原本指向 config 目录的 Tree 对象因为没有改动，所以它的指向没有变；反倒是代表 index.html 的那个 Blob 对象因为内容有改动，所以指向新的 Blob 对象了。

接下来查看另一个对象 4ddb0b：

```
$ git cat-file -t 4ddb0b5fce084d36248eb1ce14109162617abd51
commit

$ git cat-file -p 4ddb0b5fce084d36248eb1ce14109162617abd51
tree 3a648a98d322f82a72bff20ed977539c581a181d
parent 5d47270a0a3cb0440f77bdfa795bd712b22ec548 author
Eddie Kao <eddie@5xruby.tw> 1503469899 +0800 committer
Eddie Kao <eddie@5xruby.tw> 1503469899 +0800

update index.html
```

这个 4ddb0b 是一个 Commit 对象，从上面的信息来看，也指向一个 Tree 对象 3a648a，其他信息类似，但这个 Commit 对象比前一个 Commit 对象多了一个 parent 的信息，表示指向“上一次”的 Commit。当前各个对象的关系如图 5-44 所示。

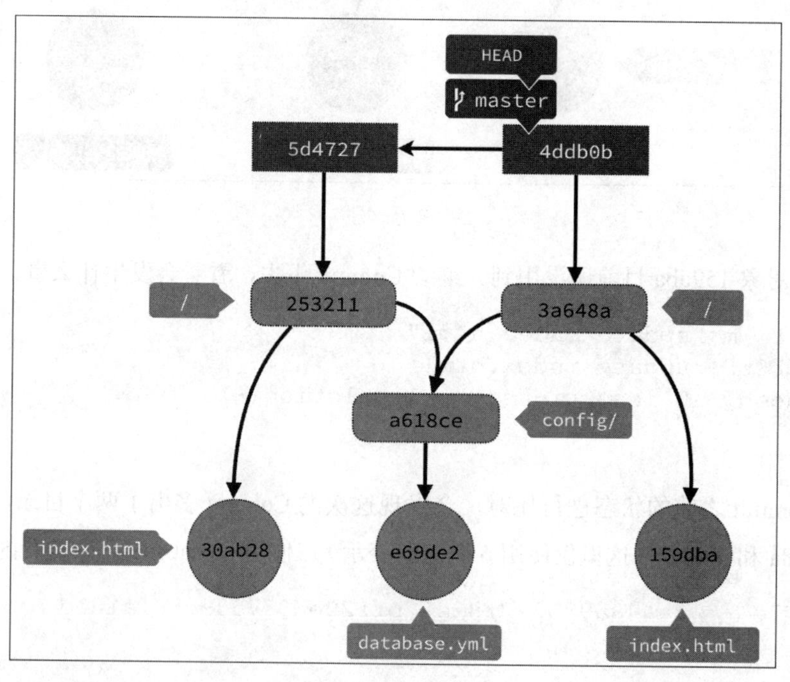

图 5-44

分支与 HEAD 也是随着 Commit 的变化而调整位置。是不是觉得有点复杂？下面在刚才的两条规则上再加三条新的规则。

（1）Commit 对象会指向某个 Tree 对象。

（2）Tree 对象的内容会指向某个或某些 Blob 对象，或者其他的 Tree 对象。

（3）除了第一个 Commit 对象外，所有 Commit 对象都会指向其前一次的 Commit 对象。

接下来再做最后一次 Commit，为这个“认识 Git 四大天王对象”之旅结尾。

7. 继续向前进

这次来做一个有趣的试验，在这个项目的根目录下加一个 README.md 文件，文件内容可以为空：

```
$ touch README.md
```

再把这个文件加入暂存区：

```
$ git add README.md
```

由之前的内容可知，执行 git add 命令后应该会多出一个 Blob 对象，但如果查看 .git/ objects 目录，会发现并没有变多，其原因是这里已经有一个一样内容的 Blob 对象了。

还记得吗？一开始放在 config 目录下的 database.yml 文件也是空的。在 Git 的世界中，只要文件的内容是一样的，它们就是同一个 Blob 对象。这时的对象关系如图 5-45 所示。

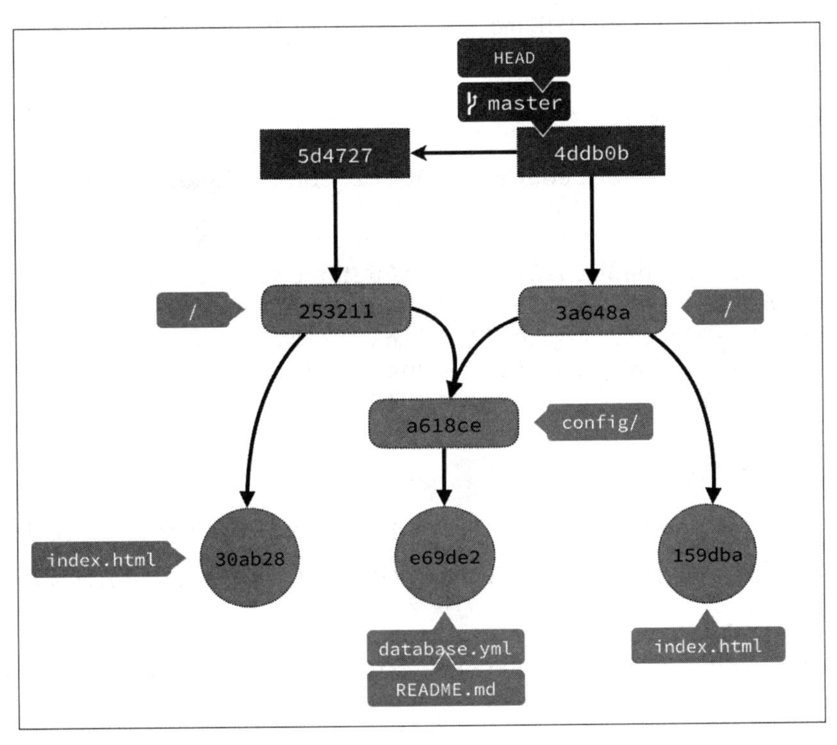

图 5-45

其实图 5-45 与图 5-44 没有太大的区别。继续 Commit：

```
$ git commit -m "add README"
[master 4bf7d4a] add README
 1 file changed, 0 insertions(+), 0 deletions(-)
 create mode 100644 README.md
```

这次的 Commit 多了两个新对象，分别是 0fc2cc 和 4bf7d4。先看第一个对象 0fc2cc：

```
$ git cat-file -t 0fc2cccfb7a20abde62d9cedd577300b8d1de1a7
tree

$ git cat-file -p 0fc2cccfb7a20abde62d9cedd577300b8d1de1a7
100644 blob e69de29bb2d1d6434b8b29ae775ad8c2e48c5391  README.md
040000 tree a618ce33da8d21bca841f18e6432fcabf15d4477  config
100644 blob 159dba9a492eb6ee354beda28c88652dd7d1c2e2  index.html
```

这是一个 Tree 对象，将它与前一次 Commit 的 Tree 对象进行对比：

```
$ git cat-file -p 3a648a98d322f82a72bff20ed977539c581a181d
040000 tree a618ce33da8d21bca841f18e6432fcabf15d4477  config
100644 blob 159dba9a492eb6ee354beda28c88652dd7d1c2e2  index.html
```

可以看出，代表 config 目录的 Tree 对象以及代表 index.html 内容的 Blob 对象这两行都没有变，只是新增了一行代表 README.md 的 Blob 对象。虽然此次的 Commit 并没有产生新的 Blob 对象，但是 Tree 对象还是需要记录 README.md 文件的存在，所以 Tree 对象的“内容”改变了，因此 Git 会做出一个新的 Tree 对象。

再来看看第二个对象 4bf7d4：

```
$ git cat-file -t 4bf7d4adf6e56964ae3c0625bbc54275a02672d7
commit

$ git cat-file -p 4bf7d4adf6e56964ae3c0625bbc54275a02672d7
tree 0fc2cccfb7a20abde62d9cedd577300b8d1de1a7
parent 4ddb0b5fce084d36248eb1ce14109162617abd51 author
Eddie Kao <eddie@5xruby.tw> 1503471804 +0800 committer
Eddie Kao <eddie@5xruby.tw> 1503471804 +0800

add README
```

这个 4bf7d4 是一个 Commit 对象，它指向刚才那个 Tree 对象 0fc2cc，并且也指向前一次的 Commit 对象。到这里，就可以将这 3 次 Commit 涉及的所有对象的关系以有向无环图的形式进行展示，如图 5-46 所示。

这 3 次的 Commit 共产生了 10 个对象（分支不算对象）。除了手动计算，也可以使用 Git 计算：

```
$ git count-objects
10 objects, 40 kilobytes
```

没错，是 10 个。

经过这 3 次的 Commit，相信大家已对 Blob 对象、Tree 对象以及 Commit 对象有了更深入的认识。这样的流程也许会让人觉得有点闷，但通过这个过程，如果能理解并预测下一次的 Commit 大概会出现什么对象，就会更清楚 Git 内部的运行原理。

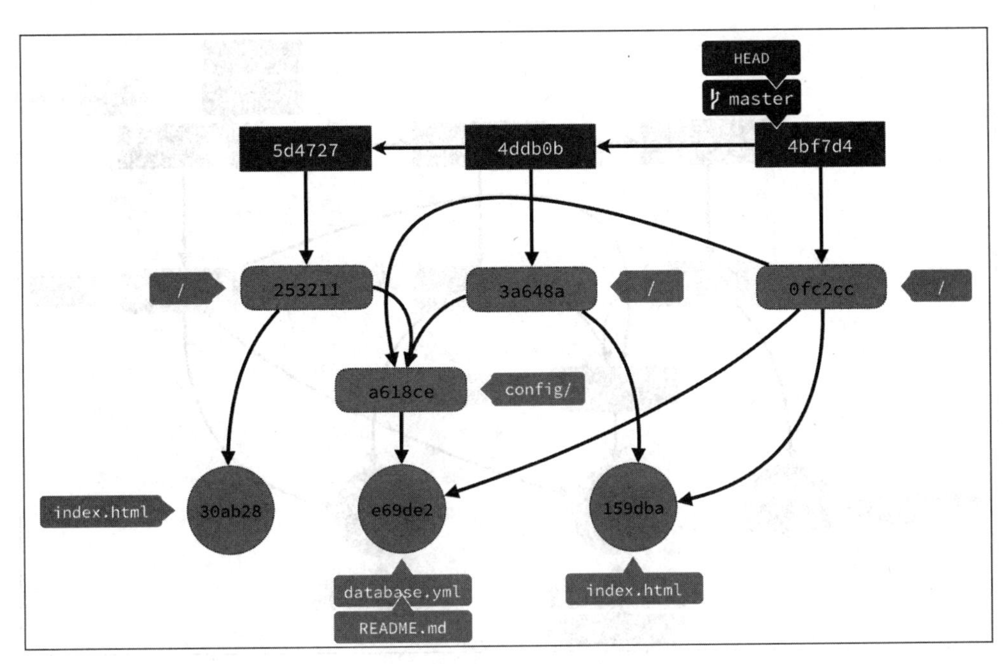

图 5-46

8. 等等，“四大天王”的最后一位还没登场啊

最后一位——Tag 对象，它不会在 Commit 的过程中出现，必须手动地把 Tag 贴在某个 Commit 上，而且还不是一般的轻量 Tag，而是有附注的 Tag（Annotated Tag）。关于 Tag 的介绍，可参阅 8.1 节。

下面在当前的 Commit 上打一个 Tag：

```
$ git tag -a big_treasure -m " 妈，我在这 "
```

这时，.git/objects 目录下多了一个 3b9eab 对象，用同样的方式来查看：

```
$ git cat-file -t 3b9eab6d623496a272f61076a765301bb7af4367
tag

$ git cat-file -p 3b9eab6d623496a272f61076a765301bb7af4367
object 4bf7d4adf6e56964ae3c0625bbc54275a02672d7
type commit
tag big_treasure
tagger Eddie Kao <eddie@5xruby.tw> 1503508397 +0800

妈，我在这
```

可以看出这是一个 Tag 对象，它同样会标记是谁在什么时候做了这个 Tag，并且标在 4bf7d4 这个 Commit 对象上。现在完整的对象关系如图 5-47 所示。

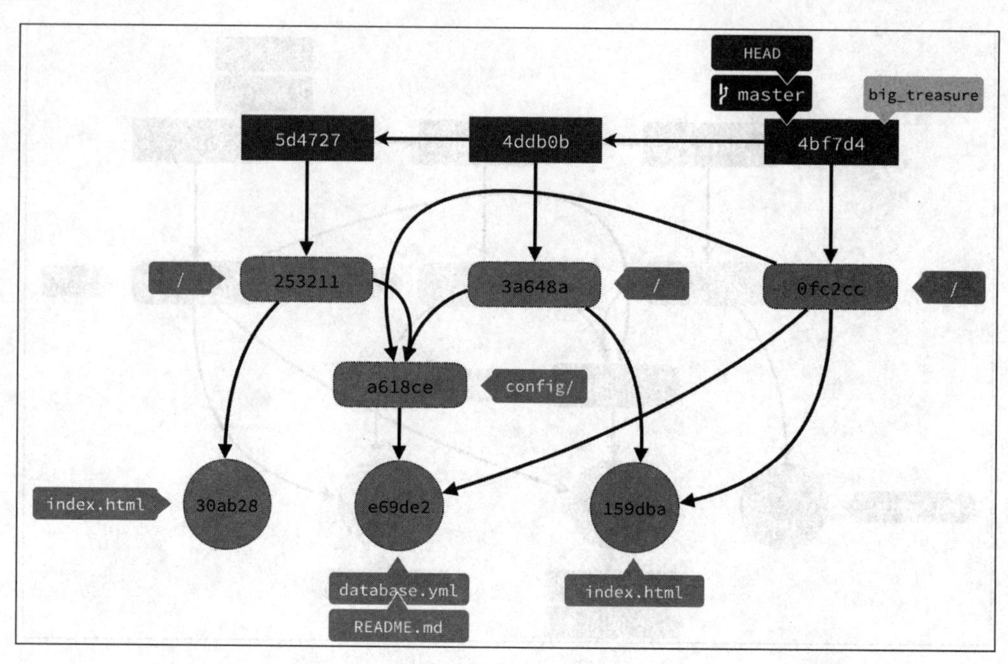

图 5-47

9. 小结

Git 中的 4 种对象的关系如图 5-48 所示。

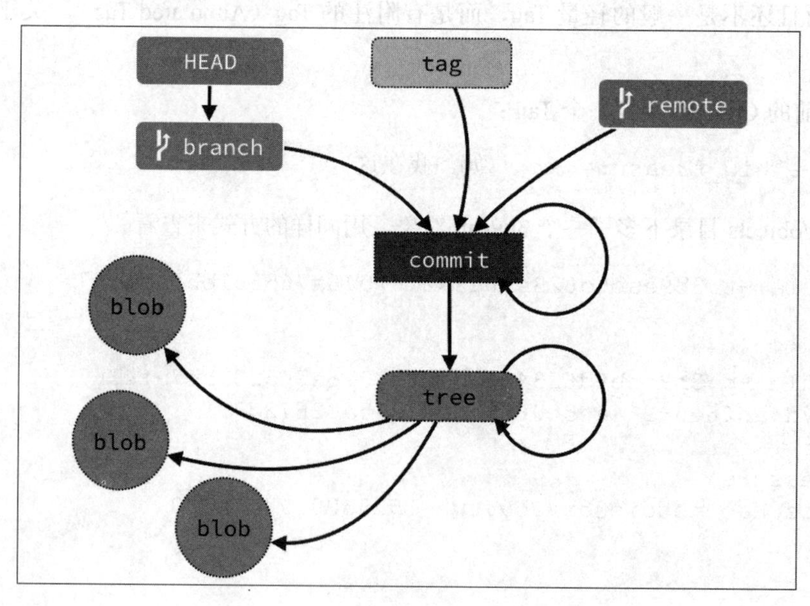

图 5-48

（1）把文件加入 Git 之后，文件的内容会被转成 Blob 对象存储。

（2）目录及文件名会存放在 Tree 对象内，Tree 对象会指向 Blob 对象或者其他的 Tree 对象。

（3）Commit 对象会指向某个 Tree 对象。除了第一个 Commit，其他的 Commit 都会指向前一次的 Commit 对象。

（4）Tag 对象（Annotated Tag）会指向某个 Commit 对象。

（5）分支虽然不属于这 4 种对象之一，但它会指向某个 Commit 对象。

（6）往 Git 服务器上推送之后，在 .git/refs 下就会多出一个 remote 目录，里面放的是远端的分支，基本上与本地的分支类似，同样也会指向某个 Commit 对象。

（7）HEAD 也不属于这 4 种对象之一，它会指向某个分支。

下节将介绍当 Git 在进行 Checkout 时会发生的事。

5.19 .git目录中有什么？Part 2

5.18 节介绍了 .git/objects 目录中的内容，以及 Git 的一些运行原理，接下来讲解当 Git 在 Checkout 时会发生什么事，看看为什么 Git 可以这么快地切换状态。

1. Git在Checkout时的变化

5.18 节做了 3 次 Commit，最后各个对象的关系如图 5-49 所示。

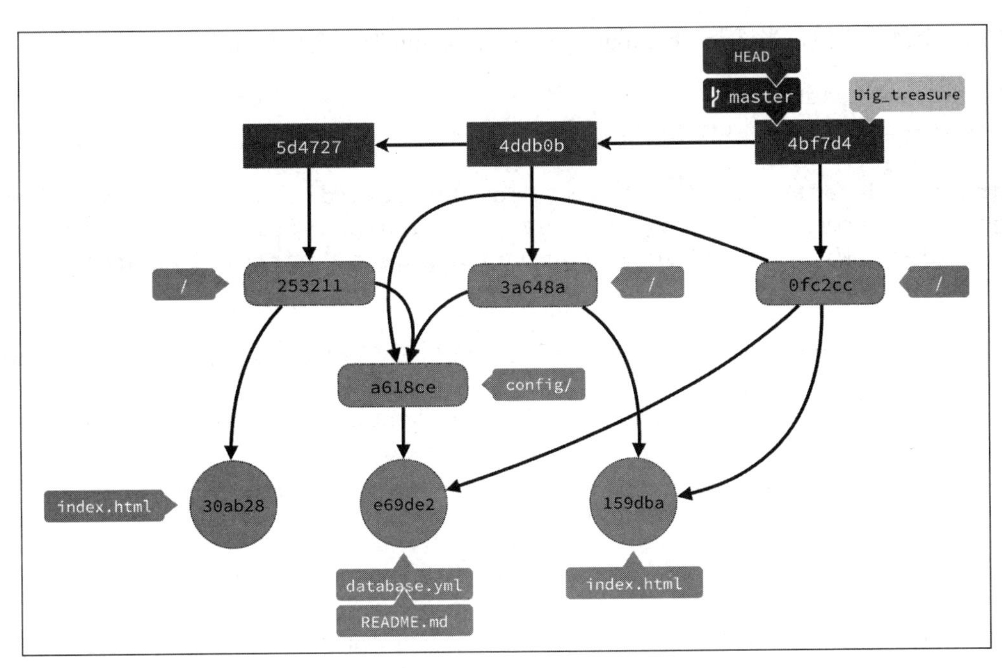

图 5-49

虽然 Git .git/objects 目录中保留了完整的内容，但工作目录中的内容会根据当前的 Commit，一个一个地把所有对象抽出来（就像葡萄一样，从根拎起来，整串葡萄就被抽出来了），所以当前工作目录的内容如图 5-50 所示。

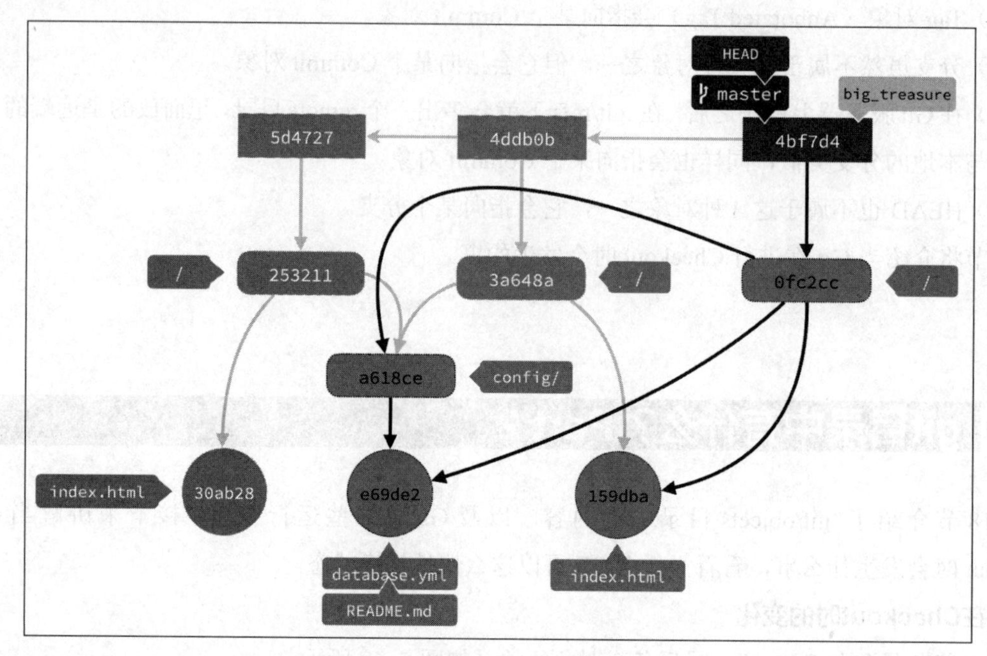

图 5-50

还以这个例子来说，当试着 Checkout 到另一个 Commit 时，会出现如下说明：

```
$ git checkout 4ddb0b5
Note: checking out '4ddb0b5'.

You are in 'detached HEAD' state. You can look around, make experimental
changes and commit them, and you can discard any commits you make
in this state without impacting any branches by performing another
checkout.

If you want to create a new branch to retain commits you create, you
may
do so (now or later) by using -b with the checkout command again.
Example:

  git checkout -b <new-branch-name>

HEAD is now at 4ddb0b5... update index.html
```

因为 4ddb0b5 这个 Commit 没有分支指着，所以会发生 detached HEAD 的状况。关于 detached HEAD，可参阅 9.5 节。

当 Git 切换到这个节点时，这串“葡萄”的样子如图 5-51 所示。

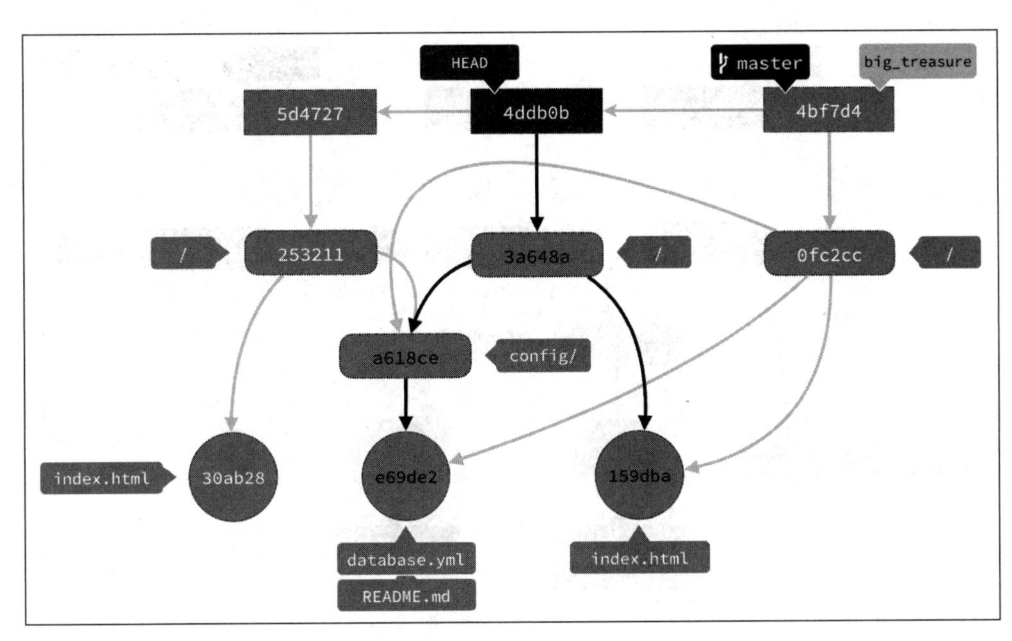

图 5-51

Git 根据这串信息，把原本放在 .git/objects 中以 SHA-1 计算命名的目录及文件，一个一个地复原成原来的样子，所以现在的目录内容是这样的：

```
$ ls -al total 8
drwxr-xr-x 5 eddie staff 170 Aug 24 12:39 .
drwxr-xr-x 8 eddie staff 272 Aug 22 16:23 ..
drwxr-xr-x 13 eddie staff 442 Aug 24 12:39 .git
drwxr-xr-x 3 eddie staff 102 Aug 23 06:22 config
-rw-r--r-- 1 eddie staff 143 Aug 24 12:39 index.html
```

在第 3 次 Commit 才加入的 README.md，因为这串“葡萄”中并没有提到它，自然就不会被拎出来。同理，继续往前切换时，结果如下：

```
$ git checkout 5d47270
Previous HEAD position was 4ddb0b5... update index.html
HEAD is now at 5d47270... init commit
```

现在的状况如图 5-52 所示。

查看目录内容：

```
$ ls -al total 8
drwxr-xr-x 5 eddie staff 170 Aug 24 12:39 .
drwxr-xr-x 8 eddie staff 272 Aug 22 16:23 ..
drwxr-xr-x 13 eddie staff 442 Aug 24 12:39 .git
drwxr-xr-x 3 eddie staff 102 Aug 23 06:22 config
-rw-r--r-- 1 eddie staff 14 Aug 24 12:35 index.html
```

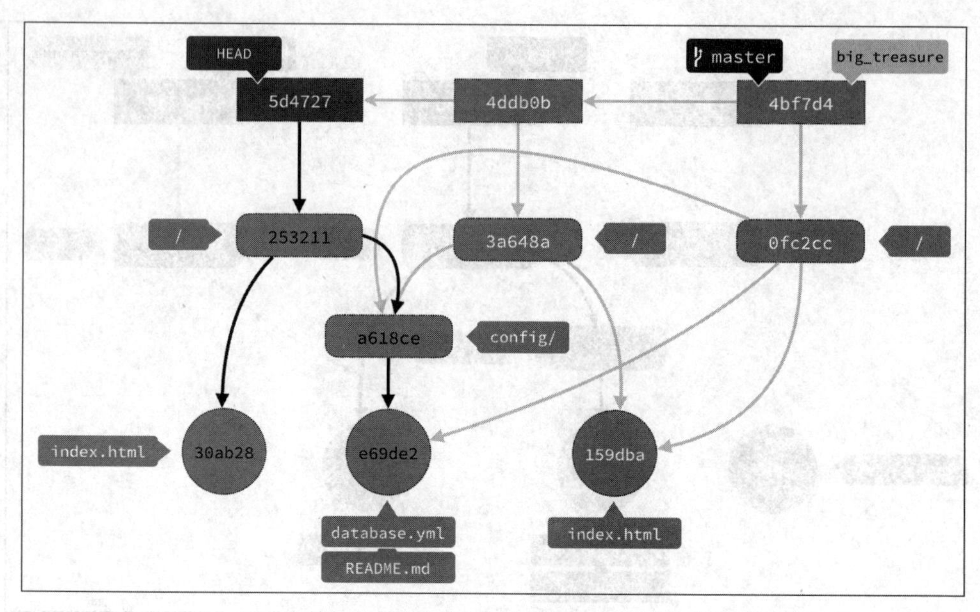

图 5-52

如果能理解“拎葡萄”的概念，就能理解为什么文件与目录会有这样的变化了。

更多关于分支及 Checkout 时发生的事，如 .git/HEAD 的变化、工作目录及暂存区的变化，可参阅 6.3 节的补充。

2. Git不是做差异备份

有些版控系统会备份每次 Commit 之间的“差异”，如这次加了 2 行、下次删了 5 行之类的历史记录，然后通过这些信息，像拼图一样一个一个地把文件还原成它该有的样子。

不过 Git 并不是这样设计的。从前面的流程来看，每次使用 git add 命令把文件加到暂存区时，即使文件的内容只改了一个字，因为算出来的 SHA-1 值不同，所以 Git 也会为它做出一个全新的 Blob 对象，而不是只记录“差异”。而 Git 在切换 Commit 时会像“拎葡萄”一样整串抽出来，不需要一个一个去拼凑历史记录，所以在进行 Checkout 时效率相对较高。有些人也会用快照（Snapshot）来形容“拎葡萄”的概念。

3. 这样是不是很浪费空间

如果 Git 是用这种方式存放文件，就算只改一个字也会做出一个新的对象，那可能就会让人产生疑惑：“这样不是很浪费空间吗？”试想一下，如果有一个 100KB 的文件，因为改了一行代码，就必须再做出一个差不多也是 100KB 的文件出来。虽然 Git 在制作 Blob 对象时会先进行压缩，但这样“只差一点点就要备份整个文件”的做法，看起来的确是有点浪费。

对此，Git 提供了“资源回收机制”。当启用该机制时，Git 会用非常有效率的方式压缩对象及制作下标。下面用一个全新的项目来举例。先使用 git ls- files 命令查询当前文件在 Git 中的样子：

```
$ git ls-files -s
100644 e69de29bb2d1d6434b8b29ae775ad8c2e48c5391 0 config/database.yml
```

```
100644 159dba9a492eb6ee354beda28c88652dd7d1c2e2 0       index.html
```

当前只有两个文件，分别是 index.html 及 config 目录中的 database.yml，而 index.html 的内容如下：

```
<!DOCTYPE html>
<html>
  <head>
    <meta charset="utf-8">
    <title></title>
  </head>
  <body>
    <h1>Hello, 5xRuby</h1>
  </body>
</html>
```

可以看出，这只是一个简单的 HTML 页面，这个文件的大小是 143 bytes。接着对该文件做一些改动。例如：

```
<!DOCTYPE html>
<html>
  <head>
    <meta charset="utf-8">
    <title>5xRuby</title>
  </head>
  <body>
    <h1>Hello, 5xRuby</h1>
  </body>
</html>
```

这里只在 <title></title> 中间加上了 5xRuby 字样。然后进行 Commit：

```
$ git add index.html

$ git commit -m "update index"
[master 23ee05d] update index
 1 file changed, 1 insertion(+), 1 deletion(-)
```

完成 Commit，查看一下当前的状态：

```
$ git ls-files -s
100644 e69de29bb2d1d6434b8b29ae775ad8c2e48c5391 0    config/database.yml
100644 6303bc8384a837e7368692b03cb36cdf16d7f660 0 index.html
```

Git 的确为这几个字节的改动做了一个新的 Blob 对象 6303bc。

```
$ git cat-file -s 6303bc8384a837e7368692b03cb36cdf16d7f660
149
```

这个新的 Blob 对象的大小是 149 bytes，只增加了 5xRuby 6 个字，Git 就为了它做了一个新的

Blob 对象，这就是前面提到的浪费。但当 Git 启用“资源回收机制”后，会把这些文件以非常有效率的方式打包并做好下标。Git 的资源回收机制通常会在它觉得对象太多时自动触发，也可直接执行 git gc 命令手动触发：

```
$ git gc
Counting objects: 11, done.
Delta compression using up to 4 threads.
Compressing objects: 100% (8/8), done.
Writing objects: 100% (11/11), done.
Total 11 (delta 1), reused 0 (delta 0)
```

这个命令会把原本放在 .git/objects 目录下的那些对象全部打包到 .git/objects/pack 目录下，变成这个样子：

```
$ find .git/objects -type f
.git/objects/info/packs
.git/objects/pack/pack-ea00f1558d67a7df25bf9744f3d83a17a7a2bf43.idx
.git/objects/pack/pack-ea00f1558d67a7df25bf9744f3d83a17a7a2bf43.pack
```

Git 中还有一个比较底层的命令 git veryfy-pack，可以用它来查看打包的情况：

```
$ git verify-pack -v .git/objects/pack/pack-ea00f1558d67a7df25bf9744f3d
83a17a7a2bf43.i dx
23ee05d5652c770990e4c65d5a0b8ec34ba4f64f commit 215 151 12
44785d18bb2804a9455d7a2e0d9e9f60df482af7 commit 220 156 163
cd05448adf3ee9b11b3cf846a387d1af754b6191 commit 166 120 319
e69de29bb2d1d6434b8b29ae775ad8c2e48c5391 blob  0 9 439
6303bc8384a837e7368692b03cb36cdf16d7f660 blob   149 110 448
140454ce2b3d2d493653d01fb8d41ab6bcc22f87 tree   71 81 558
a618ce33da8d21bca841f18e6432fcabf15d4477 tree   40 51 639
3a648a98d322f82a72bff20ed977539c581a181d tree   71 82 690
159dba9a492eb6ee354beda28c88652dd7d1c2e2 blob   9 20 772 1
6303bc8384a837e7368692b03cb36cdf16d7f660
2532115fab19c7ce70ff78a4929fb5df2f6131c4 tree   71 81 792
30ab28d3acb37f96ad61ad8be82c8da46d0a7307 blob   14 23 873
non delta: 10 objects
chain length = 1: 1 object
.git/objects/pack/pack-ea00f1558d67a7df25bf9744f3d83a17a7a2bf43.pack: ok
```

在上面的这些信息中，第 1 栏是对象的 SHA-1 值，第 2 栏是对象的形态，第 3 栏则是文件大小。先看下面一行：

```
6303bc8384a837e7368692b03cb36cdf16d7f660 blob   149 110 448
```

这个文件是刚刚改动过的 index.html，文件大小是 149 bytes，再看另一行：

```
159dba9a492eb6ee354beda28c88652dd7d1c2e2 blob 9 20 772 1
6303bc8384a837e7368692b03cb36cdf16d7f660
```

这个文件是改动前的 index.html，但其大小只有 9 bytes。原因是这个文件参照了后面的 6303bc 文件，所以才会这么小。也就是说，虽然在对象状态时是完整的文件（打包前），在 Git 进行资源回收打包时则使用了类似差异备份的方式，有效地缩小了这些对象的体积。

4. Git什么时候会自动触发资源回收机制

（1）当 .git/objects 目录的对象或打包过的 packfile 数量过多时，Git 会自动触发资源回收命令。

（2）当执行 git push 命令把内容推至远端服务器时（如果仔细观察过 Push 命令的信息，就会发现这一点）。

其实，Git 并不是很在意空间的浪费，能够快速、有效率地操作才是 Git 关注的重点。

第6章 使用分支

6.1 使用分支的原因

大家有没有看过《火影忍者》漫画？漫画的主角之一——漩涡鸣人，他著名的忍术是“影分身之术”。分支的概念就有点像“影分身之术”，当做出一个新的分身（分支）后，由这个分身去执行任务或打倒敌人。如果执行失败了，最多就是那个分身消失，再做一个新的分身就行了，本体不会因此受到影响。

在开发的过程中，一路往前 Commit 也没什么问题，但当越来越多的同伴加入到同一个项目中后，就不能这么随意地想 Commit 就 Commit 了。这时分支就派上了用场。例如，想要增加新功能，或者修正 Bug，又或是想试试某些新的做法，都可以另外做一个分支来进行，在做完确认没问题之后再合并回来，不会影响正在运行的产品线。

在多人团队共同开发时，甚至也可以引入 Git Flow 之类的开发程序，让同一个团队的人都用相同的方式进行开发，减少不必要的沟通成本。

在 Git 中使用分支非常方便，成本也很低（原因在 6.10 节会详细说明），所以即使只有自己一个人开发，也推荐使用分支。

6.2 开始使用分支

在 Git 中使用分支很简单，只要使用 git branch 命令即可：

```
$ git branch
* master
```

如果 git branch 后面没有接任何参数，它仅会输出当前在这个项目中有哪些分支。Git 默认会设置一个名为 master 的分支，前面的星号（*）表示现在正在这个分支上。

如果是在 SourceTree 中，则在左侧菜单栏中可以看到 BRANCHES 选项，如图 6-1 所示。

可以看到，当前只有 master 一个分支，其前面的空心小圆圈表示当前正在这个分支上（也就是 HEAD）。

1. 新增分支

要增加一个分支，可在执行 git branch 命令时，在后面加上想要的分支的名称：

```
$ git branch cat
```

这样就新增了一个 cat 分支。再查看一下：

```
$ git branch
  cat
* master
```

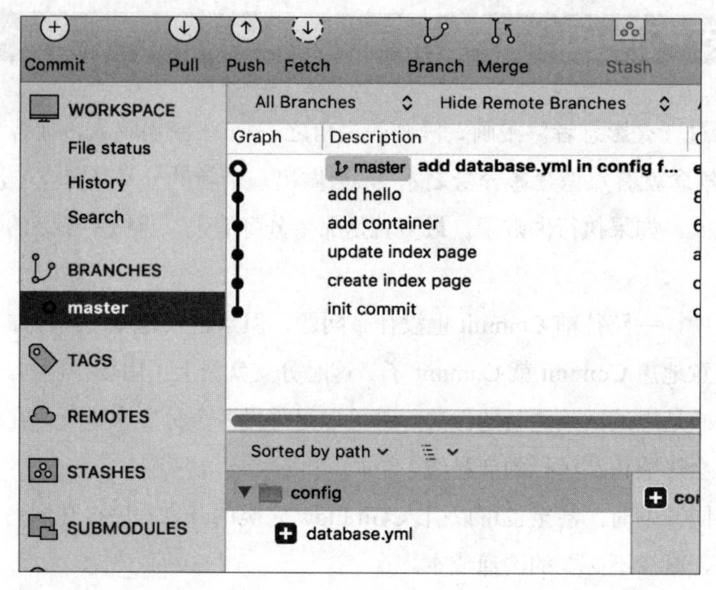

图 6-1

可以看出，的确多了一个分支，但当前分支还是在 master 上。

如果使用 SourceTree 创建分支，可在工具栏中单击 New Branch 按钮，打开图 6-2 所示的对话框。

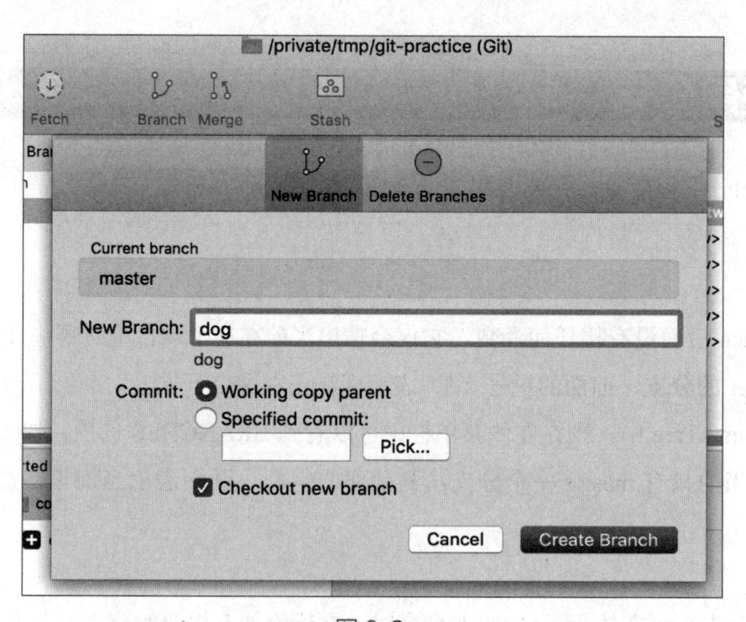

图 6-2

在该对话框中输入新的分支名称，然后单击 Creace Branch 按钮即可。如果选中下方的 Checkout new branch 复选框，就会在创建完分支之后直接切换到该分支。

2. 更改分支名称

如果觉得分支名取得不够响亮，可以随时更改，而且不会影响文件或目录。假设现在的分支有 3 个：

```
$ git branch
cat
dog
* master
```

如果把 cat 分支改成 tiger 分支，使用的是 -m 参数：

```
$ git branch -m cat tiger
```

看一下当前的分支：

```
$ git branch
  tiger
  dog
* master
```

这样就改好了。即使是 master 分支也可以改，如把 master 改成 slave：

```
$ git branch -m master slave
```

看一下当前的分支：

```
$ git branch
  tiger
  dog
* slave
```

如果使用 SourceTree 修改分支名，只需在左侧菜单栏中的分支上右击，选择 Rename 选项，如图 6-3 所示。

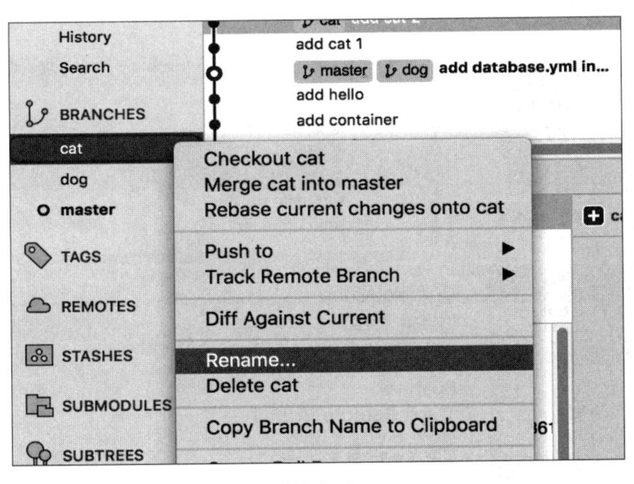

图 6-3

接着输入要改动的分支名称即可。

3. 删除分支

查看一下当前的分支：

```
$ git branch
  cat
  dog
* master
```

当前共有 3 个分支，如果其中的 dog 分支不需要了，可以使用 -d 参数来删除：

```
$ git branch -d dog
Deleted branch dog (was e12d8ef).

$ git branch
  dog
* master
```

这样 dog 分支就不见了。如果要删除的分支还没有被完全合并，Git 会有贴心小提示：

```
$ git branch -d cat
error: The branch 'cat' is not fully merged.
If you are sure you want to delete it, run 'git branch -D cat'.
```

的确，因为 cat 的内容还没有被合并，所以使用 -d 参数无法将其删除。这时只需改用 -D 参数即可将其强制删除：

```
$ git branch -D cat
Deleted branch cat (was b174a5a).
```

使用 -D 参数可以强制把还没有合并的分支删除，但如果删除后悔了怎么办？可参阅 6.7 节。

如果使用 SourceTree，可在左侧菜单栏中的分支名上右击，选择 Delete…（在此以 Delete dog 为例）选项，如图 6-4 所示。

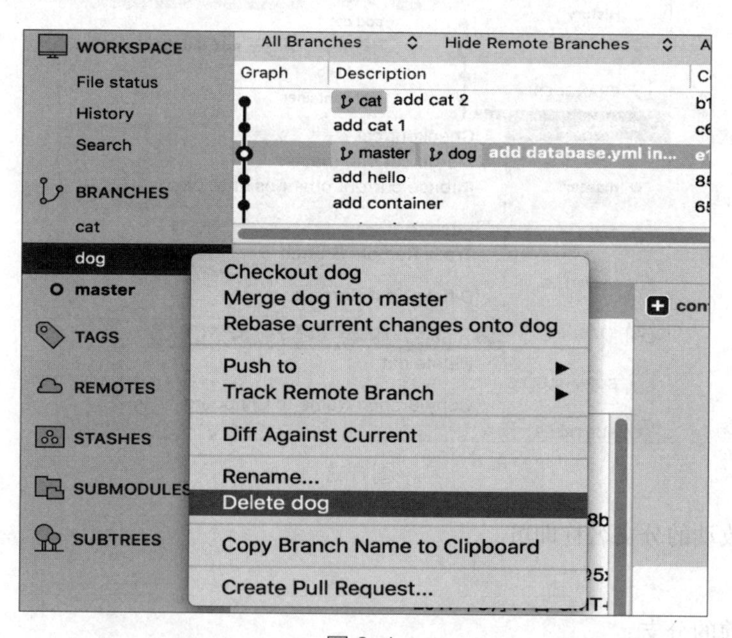

图6-4

在弹出的确认对话框中单击 OK 按钮，就可以把指定的分支删除，如图 6-5 所示。

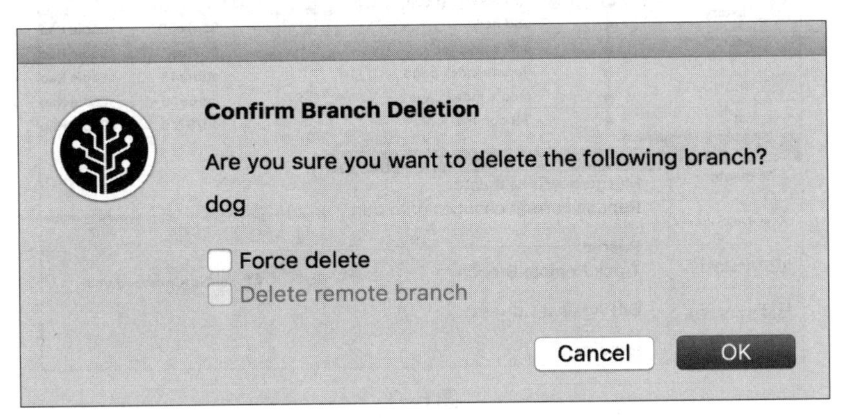

图 6-5

同样，如果该分支还没有被完全合并但仍想将其强制删除，则选中 Force delete 复选框即可。

4. 没有什么分支是不能删的

在 Git 中什么分支都可以删，包括默认的 master 分支（master 只是默认的分支，并没有其他特别之处）。如果非要说哪个分支是不能删的，只有“当前所在的分支”不能删，不过只要先切换到其他分支就可以将其删除。

5. 切换分支

要切换分支，使用的命令在 5.12 节讲过，就是 git checkout：

```
$ git checkout cat
Switched to branch 'cat'
```

看一下当前的分支状态：

```
$ git branch
* cat
  dog
  master
```

可以看到，前面的那个星号已经移到 cat 分支上了。

如果使用 SourceTree，可在左侧菜单栏中的分支名称上右击，选择 Checkout…（在此以 Checkout dog 为例）选项，如图 6-6 所示。

或者直接在分支名上双击也可以切换，如果切换成功，前面的空心小圆圈（也就是 HEAD）就会移到切换的分支上，如图 6-7 所示。

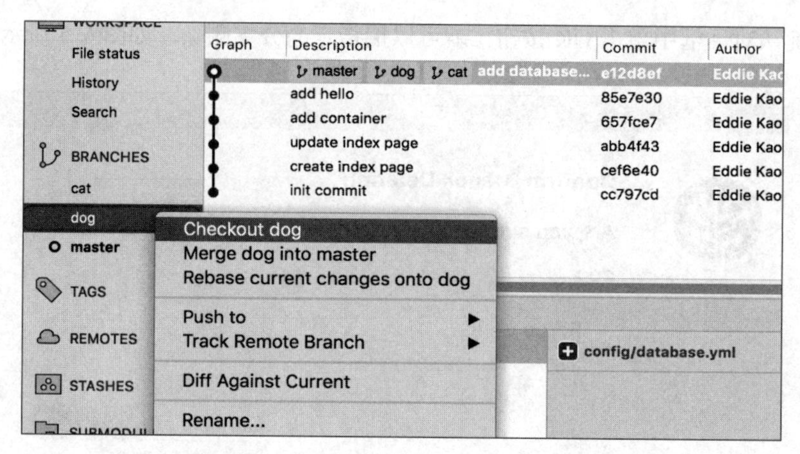

图 6-6

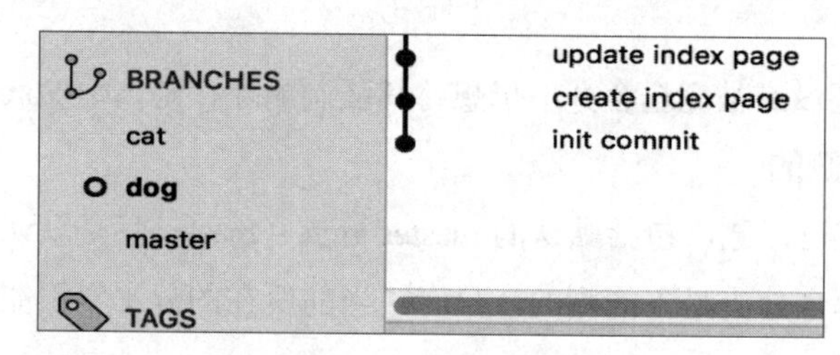

图 6-7

接下来的操作也是先 Add 再 Commit，但不同的是，在 Commit 时就只有目前所在的分支会前进。

6. 切换分支时

例如，切换到 cat 分支，然后加两次 Commit，再分别新增 cat1. html 和 cat2.html 文件：

```
$ git checkout cat
Switched to branch 'cat'

$ touch cat1.html

$ git add cat1.html

$ git commit -m "add cat 1"
[cat c68537b] add cat 1
1 file changed, 0 insertions(+), 0 deletions(-)
create mode 100644 cat1.html

$ touch cat2.html

$ git add cat2.html

$ git commit -m "add cat 2"
[cat b174a5a] add cat 2
1 file changed, 0 insertions(+), 0 deletions(-)
create mode 100644 cat2.html
```

查看一下 Git 记录：

```
$ git log --oneline
b174a5a (HEAD -> cat) add cat 2
c68537b add cat 1
e12d8ef (master, dog) add database.yml in config folder
85e7e30 add hello
657fce7 add container
abb4f43 update index page
cef6e40 create index page
cc797cd init commit
```

可以看出，cat 分支的确比 master 及 dog 分支多前进了两次 Commit。再看一下文件列表：

```
$ ls -al total 16
drwxr-xr-x  9 eddie wheel  306 Aug 17 18:38 .
drwxrwxrwt 72 root  wheel 2448 Aug 17 18:18 ..
drwxr-xr-x 16 eddie wheel  544 Aug 17 18:38 .git
-rw-r--r--  1 eddie wheel    0 Aug 17 18:38 cat1.html
-rw-r--r--  1 eddie wheel    0 Aug 17 18:38 cat2.html
drwxr-xr-x  3 eddie wheel  102 Aug 17 15:06 config
-rw-r--r--  1 eddie wheel    0 Aug 17 15:06 hello.html
-rw-r--r--  1 eddie wheel  161 Aug 17 18:00 index.html
-rw-r--r--  1 eddie wheel   11 Aug 17 14:56 welcome.html
```

在这两次的 Commit 中，共新增了 cat1.html 和 cat2.html 两个文件。这时如果切换回原本的 master 分支：

```
$ git checkout master
Switched to branch 'master'
```

再看一下文件列表：

```
$ ls -al total 16
drwxr-xr-x  7 eddie wheel  238 Aug 17 19:10 .
drwxrwxrwt 72 root  wheel 2448 Aug 17 18:18 ..
drwxr-xr-x 16 eddie wheel  544 Aug 17 19:10 .git
drwxr-xr-x  3 eddie wheel  102 Aug 17 15:06 config
-rw-r--r--  1 eddie wheel    0 Aug 17 15:06 hello.html
-rw-r--r--  1 eddie wheel  161 Aug 17 18:00 index.html
-rw-r--r--  1 eddie wheel   11 Aug 17 14:56 welcome.html
```

咦？刚才那两个文件不见了！别担心，其实它们都还在，只是在不同的分支而已，只要切换回 cat 分支，文件就会出现了。

7. 要切换到哪个分支，首先要有那个分支

如果要切换到某个分支，这个分支必须要先存在，不然会发生错误：

```
$ git checkout sister
error: pathspec 'sister' did not match any file(s) known to git.
```

如果没有这个分支，只要在给 git checkout 分支命名的时候加上 -b 参数就没问题了。如果这个分支本来就存在，Git 就会直接切换过去；如果不存在，Git 就会帮你创建一个，然后再切换过去：

```
$ git checkout -b sister
Switched to a new branch 'sister'
```

这样就搞定了！

6.3 对分支的误解

上节虽然介绍了如何使用分支，但我相信有些读者（即使已经使用 Git 一段时间了）对分支还是有些误解的，本节将介绍关于分支的一些概念。

1. 你认为的分支是什么样的

如果你曾经使用过 Git 的分支，那么想象中的分支会是什么样子？是这样（如图 6-8 所示）？

图 6-8

还是这样（如图 6-9 所示）？

图 6-9

2. 分支是什么

有人可能认为，所谓的“开分支”，就是把文件先复制到另外的目录，然后进行改动，之后再合并，把文件与原本的文件比对之后放回原来的目录……其实，Git 不是这样做的。

3. 分支像贴纸一样

可以把分支想象成一张贴纸，贴在某一个 Commit 上面，如图 6-10 所示。

图 6-10

当做了一次新的 Commit 之后，这个新的 Commit 会指向它的前一个 Commit，如图 6-11 所示。

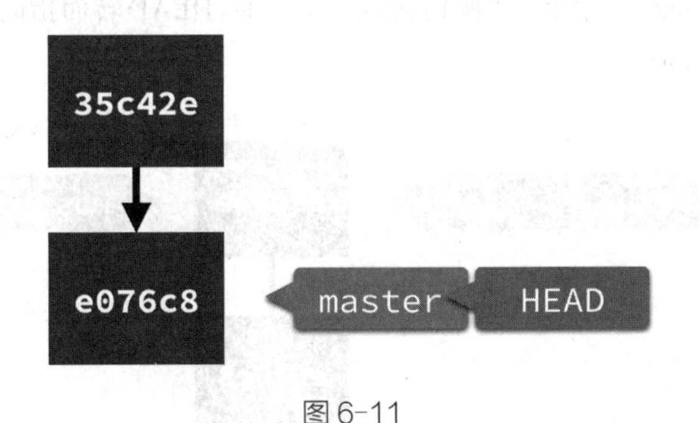

图 6-11

而接下来“当前的分支”，也就是 HEAD 所指的这个分支，会贴到刚刚做的那个 Commit 上，同时 HEAD 也会跟着前进，如图 6-12 所示。

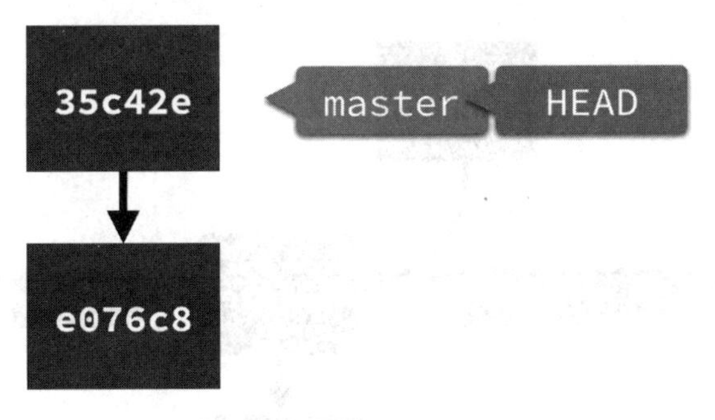

图 6-12

至于什么是 HEAD，可参阅 5.15 节。

这样解释，是不是让你对分支有了一定的认识？ Git 中的分支并不是通过复制目录或文件来进行改动形成的，它就是一个指标、一张贴纸，贴在某个 Commit 上而已。

4. 一个分支不够，就来两个吧

如果一个分支不够说明，那就来两个。通过 git branch cat 命令创建一个新的分支。它就像一张贴纸，与 master 贴在同一个地方，如图 6-13 所示。

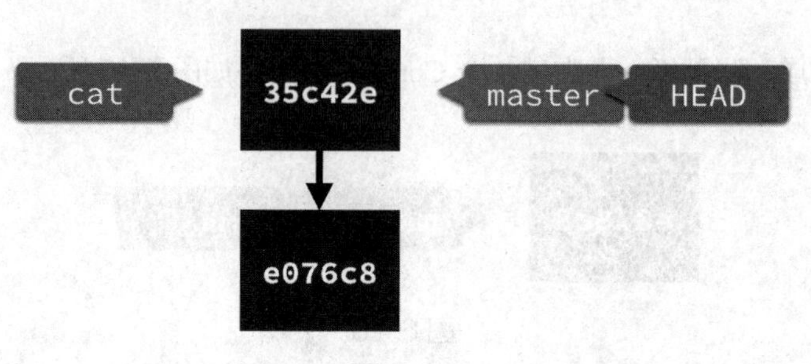

图 6-13

接下来执行 git checkout cat 命令，切换到 cat 分支。此时，HEAD 转而指向 cat 分支，表示它是“当前的分支”，如图 6-14 所示。

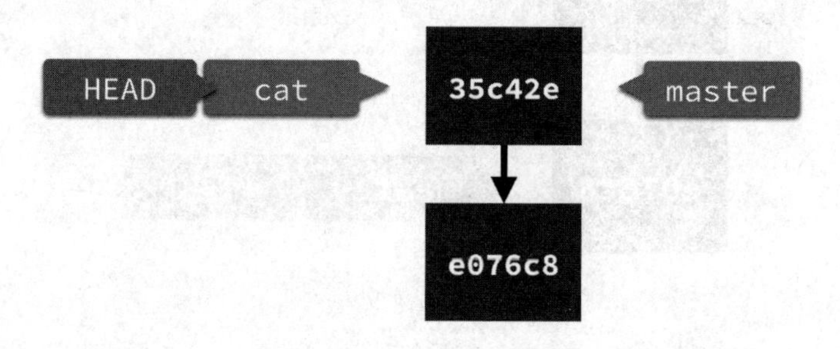

图 6-14

接着进行一次新的 Commit，这个新的 Commit 会指向前一次 Commit，如图 6-15 所示。

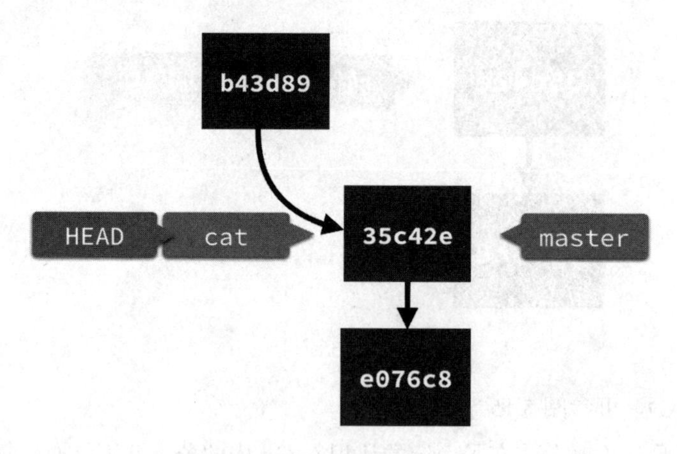

图 6-15

然后，cat 分支上的“贴纸”就会被撕下来，转而贴到最新的那个 Commit 上；当然 HEAD 也是一样，如图 6-16 所示。

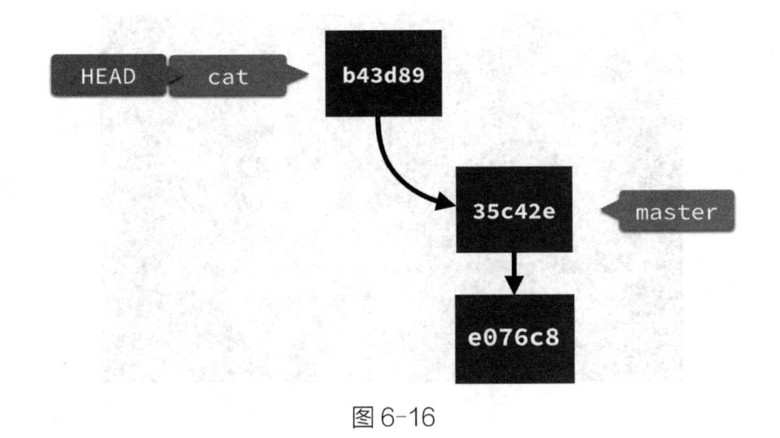

图 6-16

Git 中的分支大概就是这样。

5. 切换分支时发生了什么

6.2 节中提到过，原本在 cat 分支新增的 cat1.html 文件和 cat2.md 文件，当切换到 master 分支之后就不见了，但切换回 cat 分支后就又出现了……Git 在切换分支时到底做了什么？明明前面提到分支不是将目录或文件复制出来，改动后再放回去，那么为什么切换分支会出现这样的效果？

Git 在切换分支时主要做了以下两件事。

（1）更新暂存区和工作目录。

Git 在切换分支时，会用该分支指向的那个 Commit 的内容来“更新”暂存区（Staging Area）及工作目录（Working Directory）。但在切换分支之前所做的改动则会留在工作目录中，不受影响。

这段话有点难理解，先来看看前半段的意思。假设原本正处于 cat 分支，执行下面的命令后，就会由 cat 分支切换到 master 分支：

```
$ git checkout master
```

接下来，Git 会用 master 分支指向的那个 Commit 的内容来更新暂存区及工作目录。因为 master 此时指向的 Commit 并没有 cat1.html 和 cat2.html 这两个文件，所以“更新”之后，不管在暂存区还是在工作目录中都不会有这两个文件。同理，再次切换回 cat 分支时：

```
$ git checkout cat
```

Git 会用 cat 分支指向的那个 Commit 的内容来“更新”暂存区及工作目录，所以这两个文件就又出现了。

等等，什么是“那个 Commit 的内容”？

在 Git 的世界中，每一次的 Commit 都是一个对象，它会指向某一个 Tree 对象（目录），而这些 Tree 对象会指向其他的 Tree 对象（子目录）或 Blob 对象（文件）。这种结构有点像葡萄，如图 6-17 所示。只要伸手把源头的 Commit 对象拎起来，整串内容都可以被拿出来。关于这些 Git 对象的详细说明，可参阅 5.18 节。

图 6-17

（2）变更 HEAD 的位置。

除了更新暂存区及工作目录的内容外，HEAD 也会指向刚刚切换过去的那个分支，也就是说，.git/HEAD 文件会一起被改动。关于 HEAD 的介绍，可参阅 5.15 节。

6. 如果将文件改动了一半就切换分支会发生什么

假设现在还在 cat 分支，在切换到 master 分支之前，新增了一个 cat3.html 文件，同时也改动了 index.html 文件的内容，这时的状态如下：

```
$ git status
On branch cat
Changes not staged for commit:
  (use "git add <file>..." to update what will be committed)
  (use "git checkout -- <file>..." to discard changes in working
directory)

    modified: index.html

Untracked files:
  (use "git add <file>..." to include in what will be committed)

    cat3.html

no changes added to commit (use "git add" and/or "git commit -a")
```

当前 index.html 是 modified 状态，而 cat3.html 是 Untracked 状态。如果这时就直接切换到 master 分支，也就是还没 Commit 就切换分支，会发生什么事？

前文提到过，“Git 在切换分支时，会用该分支指向的那个 Commit 的内容来‘更新’暂存区（Staging Area）及工作目录（Working Directory）。但在切换分支之前所做的改动则会留在工作目录中，不受影响”。其中“在切换分支之前所做的改动则会留在工作目录中，不受影响”说的就是这件事。直接操作看看：

```
$ git checkout master
```

```
M       index.html
Switched to branch 'master'
```

查看一下文件列表：

```
$ ls -al
total 16
drwxr-xr-x   8 eddie wheel  272 Aug 18 03:50 .
drwxrwxrwt  84 root  wheel 2856 Aug 18 03:03 ..
drwxr-xr-x  16 eddie wheel  544 Aug 18 03:50 .git
-rw-r--r--   1 eddie wheel    0 Aug 18 03:48 cat3.html
drwxr-xr-x   3 eddie wheel  102 Aug 17 15:06 config
-rw-r--r--   1 eddie wheel    0 Aug 18 03:27 hello.html
-rw-r--r--   1 eddie wheel  174 Aug 18 03:27 index.html
-rw-r--r--   1 eddie wheel   11 Aug 17 14:56 welcome.html
```

可以看到，刚刚新增的 cat3.html 文件还在。再看一下 Git 的状态：

```
$ git status
On branch master
Changes not staged for commit:
  (use "git add <file>..." to update what will be committed)
  (use "git checkout -- <file>..." to discard changes in working directory)

    modified:  index.html
Untracked files:
  (use "git add <file>..." to include in what will be committed)

    cat3.html

no changes added to commit (use "git add" and/or "git commit -a")
```

可以看到，Git 的状态与刚刚在 cat 分支时的状态是一样的，也就是说，切换分支并不会影响已经在工作目录中的那些改动。

7. 小结

上面这些内容跟你原来想象或认知的分支是一样的吗？分支在 Git 中的使用频率非常高，甚至可以说是大家使用 Git 的主要原因之一，所以一定要建立关于分支的正确观念。这样不管是在终端机界面使用命令，还是使用图形界面工具，在操作分支时都不会轻易出现问题了。

6.4 合并分支

在前面的例子中，从 master 分支开了一个 cat 分支，并且做了两次 Commit，现在大概是这个样子，如图 6-18 所示。

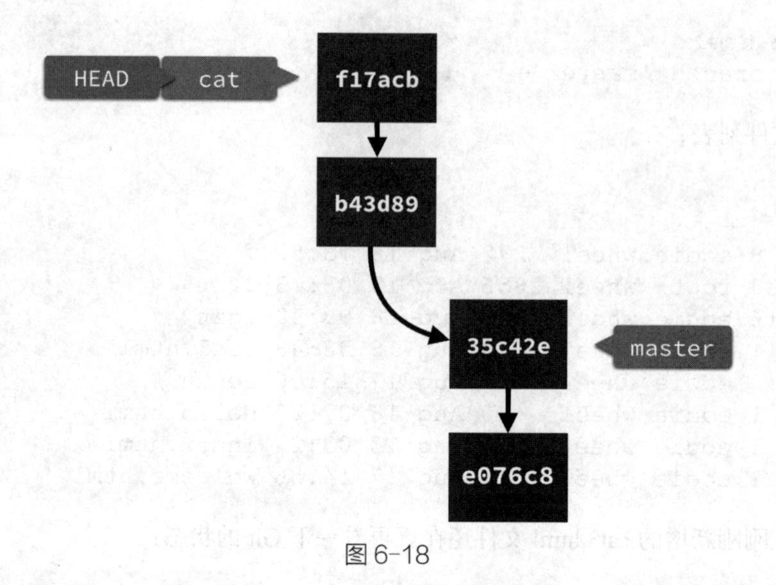

图6-18

任务执行得差不多了，就要准备合并回来了。如果想要用 master 分支来合并 cat 分支，就要先切换回 master 分支：

```
$ git checkout master
Switched to branch 'master'
```

接下来，使用 git merge 命令合并分支：

```
$ git merge cat
Updating 35c42e..f17acb
Fast-forward
 cat1.html | 0
 cat2.html | 0
 2 files changed, 0 insertions(+), 0 deletions(-)
 create mode 100644 cat1.html
 create mode 100644 cat2.html
```

查看一下文件列表：

```
$ ls -al total 16
drwxr-xr-x  9 eddie wheel 306 Aug 18 05:14 .
drwxrwxrwt 84 root wheel 2856 Aug 18 04:29 ..
drwxr-xr-x 16 eddie wheel 544 Aug 18 05:15 .git
-rw-r--r--  1 eddie wheel   0 Aug 18 05:14 cat1.html
-rw-r--r--  1 eddie wheel   0 Aug 18 05:14 cat2.html
drwxr-xr-x  3 eddie wheel 102 Aug 17 15:06 config
-rw-r--r--  1 eddie wheel   0 Aug 18 03:27 hello.html
-rw-r--r--  1 eddie wheel 161 Aug 18 04:24 index.html
-rw-r--r--  1 eddie wheel  11 Aug 17 14:56 welcome.html
```

因为 master 现在已经合并了 cat 分支，所以在 cat 分支新增的 cat1.html 文件和 cat2.html 文件在 master 分支也出现了。

在 SourceTree 中查看一下当前的状况：

从左侧菜单栏中的 BRANCHES 菜单中可以看出，现在正处于 master 分支；同时从右边的 Commit 记录中可以看出，cat 分支现在领先 master 分支两个 Commit，如图 6-19 所示。

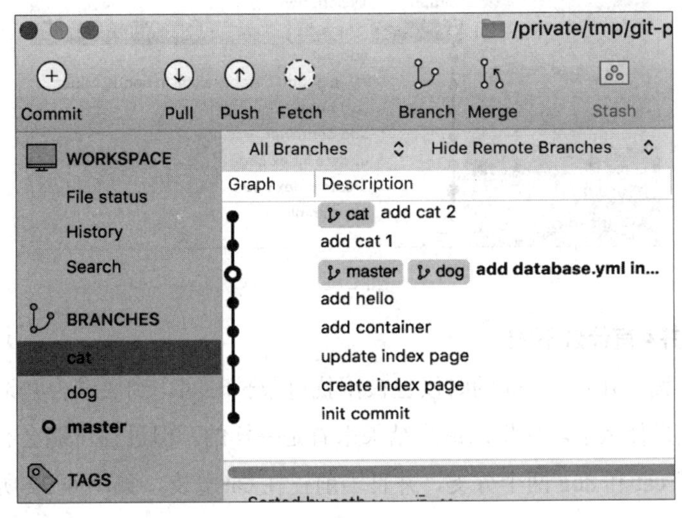

图 6-19

如果要合并 cat 分支，在该分支上右击，选择 Merge cat into master 选项，如图 6-20 所示。

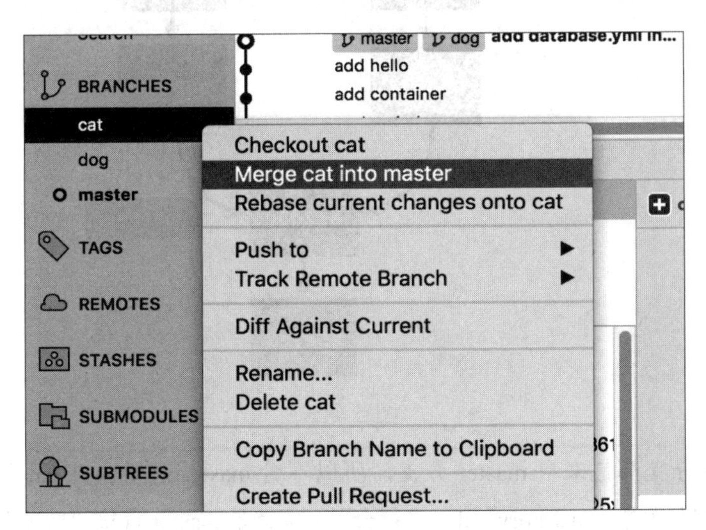

图 6-20

在弹出的对话框中单击 OK 按钮，即可完成合并。再看一下右边的 Commit 记录，如图 6-21 所示。

本来落后两个 Commit 的 master 分支，在合并之后，其进度已经跟上 cat 分支，和它处在同一个 Commit 上了。

至于已经合并的分支要不要留下来，可参阅 6.6 节。

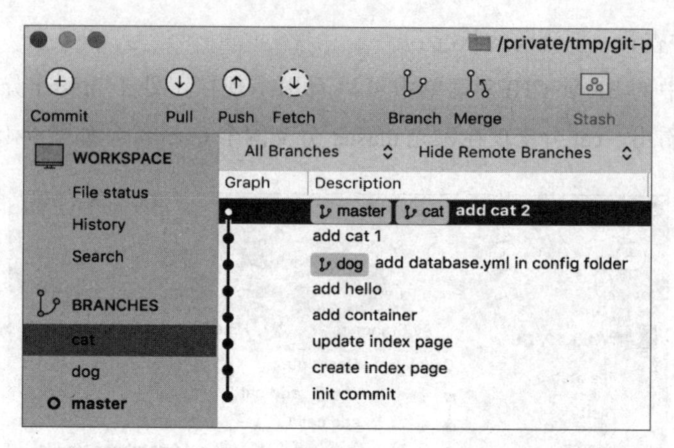

图 6-21

1. A合并B，与B合并A有什么不同

对于这个问题，我一开始学 Git 的时候也被困扰过很长时间。到底谁合并谁有那么重要吗？这就要看你关注的重点是什么了。如果以最终结果来看是一样的，但过程可能会有些区别。在此假设从 master 分支创建了 cat 和 dog 两个分支，并且当前正在 cat 分支，如图 6-22 所示。

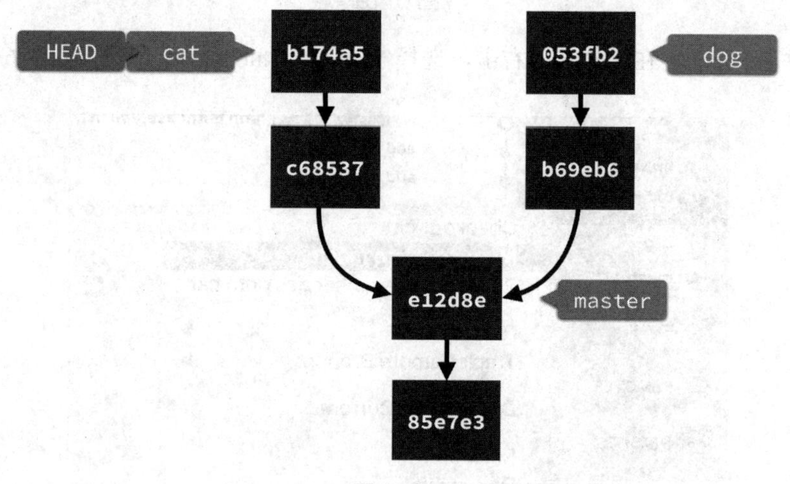

图 6-22

cat 分支与 dog 分支都是来自 master 分支，所以不管 master 是要合并 cat 分支还是 dog 分支，Git 都会直接使用快转模式（Fast Forward）进行合并，也就是 master 直接"收割"cat 或 dog 的成果。

但如果是 cat 与 dog 这两个分支要互相合并就不一样了，虽然它们有同样的来源，但要合并就不会这么顺利了。在这种情况下，Git 会生成一个额外的 Commit 来处理这件事。一般的 Commit 只会指向某一个 Commit，但这个 Commit 会指向两个 Commit，明确地标记是来自哪两个分支。

来看看会怎么演变。假设想用 cat 分支来合并 dog 分支，可用如下命令：

```
$ git merge dog
Merge made by the 'recursive' strategy.
```

```
dog1.html | 0
dog2.html | 0
2 files changed, 0 insertions(+), 0 deletions(-)
create mode 100644 dog1.html
create mode 100644 dog2.html
```

执行这个命令时会弹出一个 Vim 编辑器窗口，如果忘记了 Vim 怎样操作，可回顾一下 3.2 节的内容。为了进行这次合并，Git 做出了这个额外的 Commit 对象，这个 Commit 会分别指向 cat 分支和 dog 分支，HEAD 随着 cat 分支往前，而 dog 分支停留在原地，如图 6-23 所示。

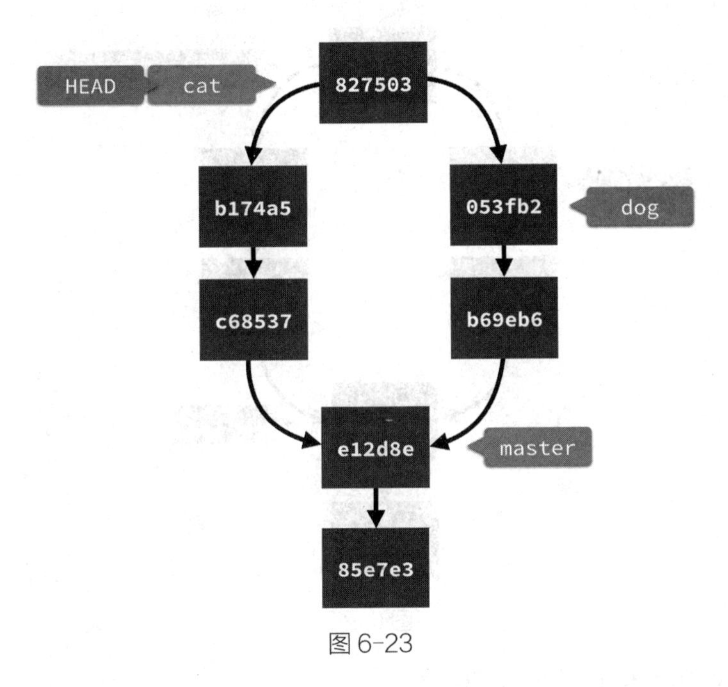

图 6-23

如果使用 SourceTree 来看，如图 6-24 所示。

Commit　Pull　Push　Fetch　Branch　Merge　Stash

WORKSPACE: File status, History, Search
BRANCHES: cat, dog, master
TAGS
REMOTES

All Branches　Hide Remote Branches　Ancestor Order

Description	Commit
cat Merge branch 'dog' into cat	827503b
dog add dog 2	053fb21
add dog 1	b69eb62
add cat 2	b174a5a
add cat 1	c68537b
master add database.yml in config fol...	e12d8ef
add hello	85e7e30
add container	657fce7
update index page	abb4f43
create index page	cef6e40
init commit	cc797cd

图 6-24

如果改由 dog 分支来合并 cat 分支，则使用如下命令：

```
$ git merge cat
Merge made by the 'recursive' strategy.
 cat1.html | 0
 cat2.html | 0
 2 files changed, 0 insertions(+), 0 deletions(-)
 create mode 100644 cat1.html create mode 100644 cat2.html
```

程序上与刚才几乎是一样的。这时的状态如图 6-25 所示。

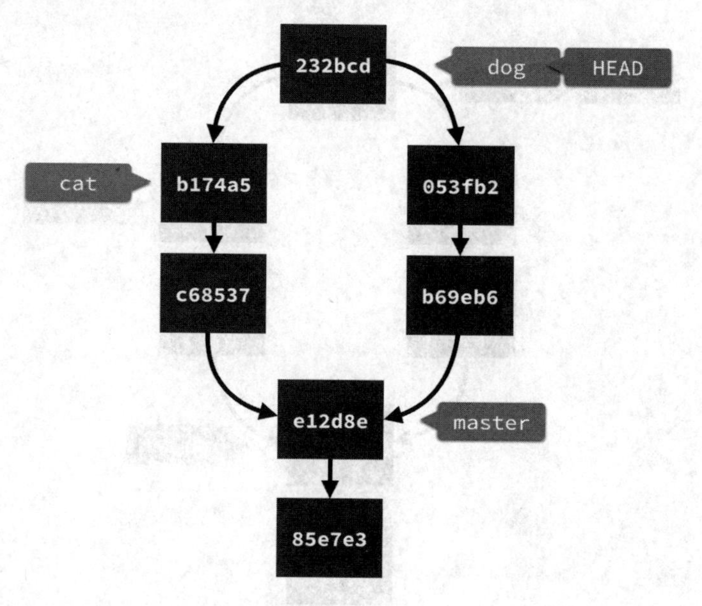

图6-25

如果使用 SourceTree 来看，如图 6-26 所示。

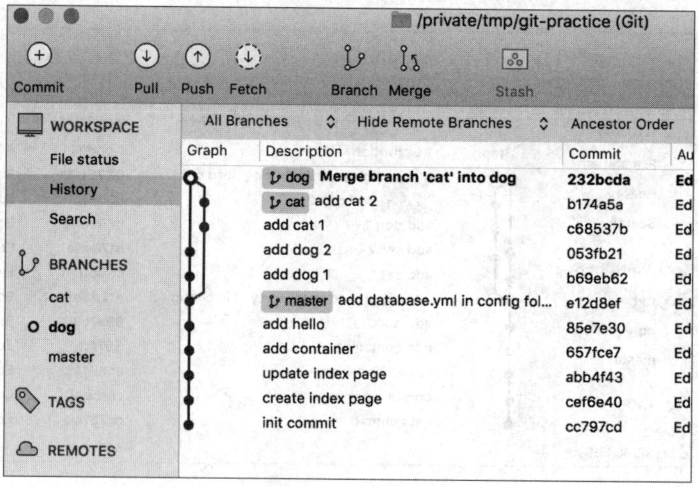

图6-26

2. 哪里不一样

其实就结果来看，不管是谁合并谁，这两个分支的文件最后都得到了。如果只看 SourceTree 的界面，则会认为不同的合并方式有谁在前面、谁在后面的差别。但事实上并不是这样，那只是因为软件没办法画出来“平行”的效果而已。

事实上不管是谁合并谁，这两个分支上的 Commit 都是对等的。如果非要说哪里不一样，就是 cat 分支合并 dog 分支时，cat 分支会往前移动，反之亦然。不过前面提到过，分支就像贴纸一样，删除或改名都不会影响现在已经存在的 Commit。

不一样的地方还有一处，就是这个为了合并而生成的额外的 Commit 对象，里面会记录两个“老爸”，谁合并谁就会有“谁在前面”的区别，不过这就有点太过细节了。

图 6-27 所示的是 cat 分支合并 dog 分支，所以 cat 分支 b174a5a95a 在前面。

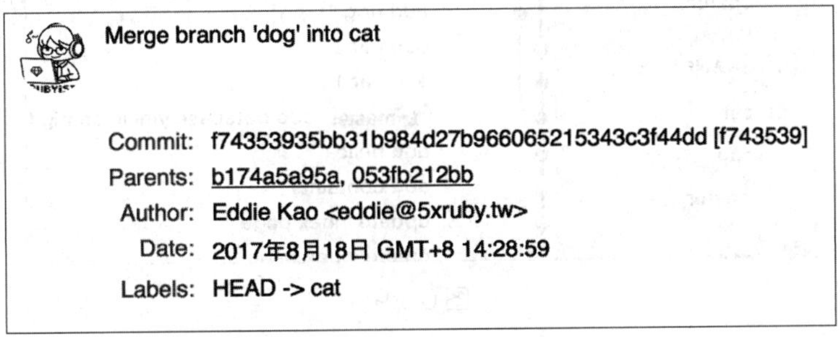

Merge branch 'dog' into cat

Commit: f74353935bb31b984d27b966065215343c3f44dd [f743539]
Parents: b174a5a95a, 053fb212bb
Author: Eddie Kao <eddie@5xruby.tw>
Date: 2017年8月18日 GMT+8 14:28:59
Labels: HEAD -> cat

图 6-27

图 6-28 所示的是 dog 分支合并 cat 分支，所以 dog 分支 053fb212bb 在前面。

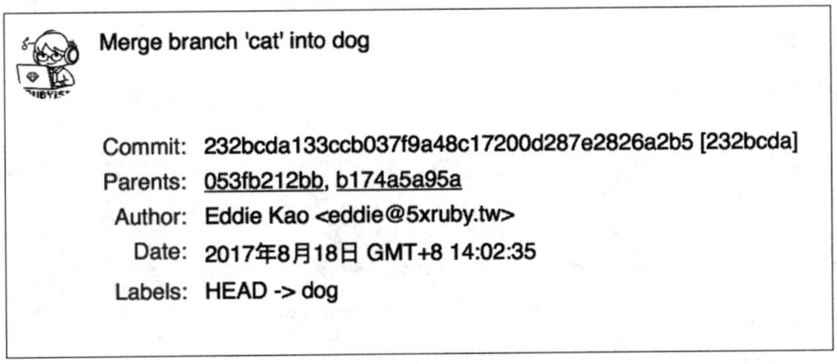

Merge branch 'cat' into dog

Commit: 232bcda133ccb037f9a48c17200d287e2826a2b5 [232bcda]
Parents: 053fb212bb, b174a5a95a
Author: Eddie Kao <eddie@5xruby.tw>
Date: 2017年8月18日 GMT+8 14:02:35
Labels: HEAD -> dog

图 6-28

这很重要吗？国外曾经有一个名为 Ruby（后来改名为 PolyConf）的研究会，是由 Ruby 和 Python 合办的，那为什么 Ruby 要放前面？ Python 的人可能会想为什么不叫 PyRu ？这大概就跟 A 合并 B 与 B 合并 A 的区别差不多。

6.5 为什么我的分支没有“小耳朵”

我看别人的合并都会有“小耳朵”，为什么我的没有？

这里的“小耳朵”是指在合并的时候产生的线图，如图 6-29 所示。

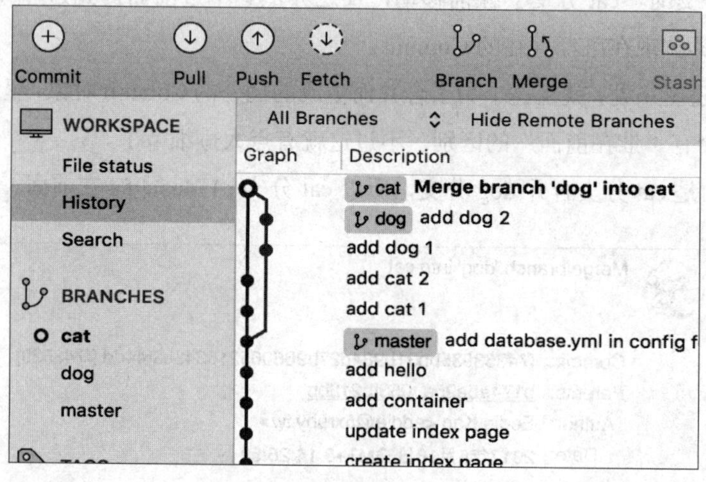

图 6-29

1. 不是每次的合并都这么复杂

以图 6-29 中的例子来说，其实有这个线图也是不得已的，cat 分支与 dog 分支虽是“同根生”，但后来已各自“长大、分家”了，所以最后要合并时，Git 就会做出一个额外的 Commit，以记录分支是来自哪两个 Commit。

再看看图 6-30 所示的例子。

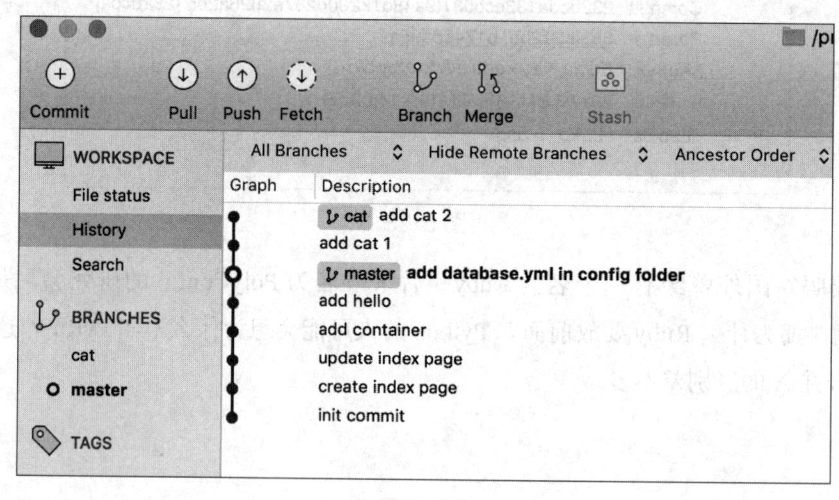

图 6-30

cat 分支是从 master 分支分出去的，当前领先 master 两次 Commit。如果这时回到 master 并且合并 cat 分支，Git 会发现“其实你是从我这边出去的，除了这两个新的 Commit 以外的东西我都有了”，所以 Git 就会自动选用“快转模式”（Fast Forward）来进行合并：

```
$ git merge b174a5a
Updating e12d8ef..b174a5a
Fast-forward
 cat1.html | 0
 cat2.html | 0
 2 files changed, 0 insertions(+), 0 deletions(-)
 create mode 100644 cat1.html
 create mode 100644 cat2.html
```

注意到上面这段代码中也有 Fast-forward 字样了吗？这个所谓的“快转模式”，其实就是把 master 这张贴纸撕下来，然后往前贴到 cat 分支所指的 Commit 上而已，如图 6-31 所示。

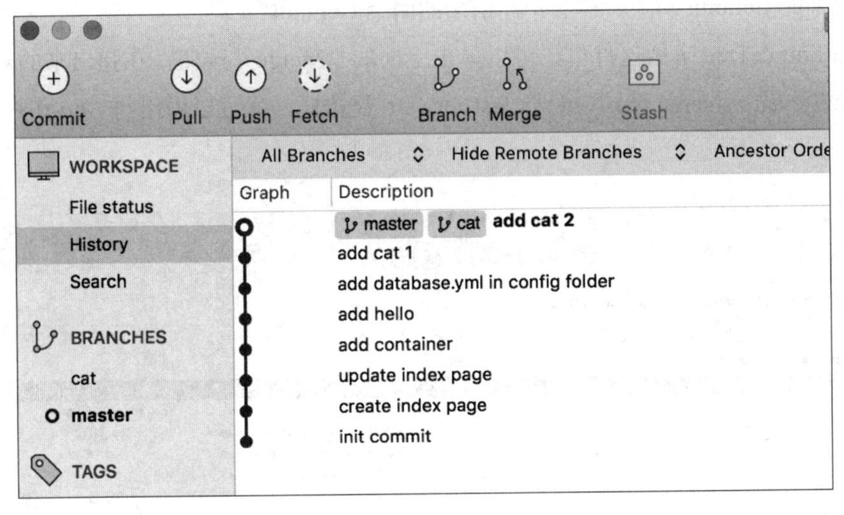

图 6-31

这种快转模式的合并不会有额外的线图（也就是“小耳朵”）出现。

2. 就是想要线图怎么办

如果一定要加线图也是可以的，只要在合并时加上 --no-ff 参数：

```
$ git merge cat --no-ff
Merge made by the 'recursive' strategy.
 cat1.html | 0
 cat2.html | 0
 2 files changed, 0 insertions(+), 0 deletions(-)
 create mode 100644 cat1.html
 create mode 100644 cat2.html
```

--no-ff 参数是指不要使用快转模式合并，这样就会额外做出一个 Commit 对象，如图 6-32 所示。

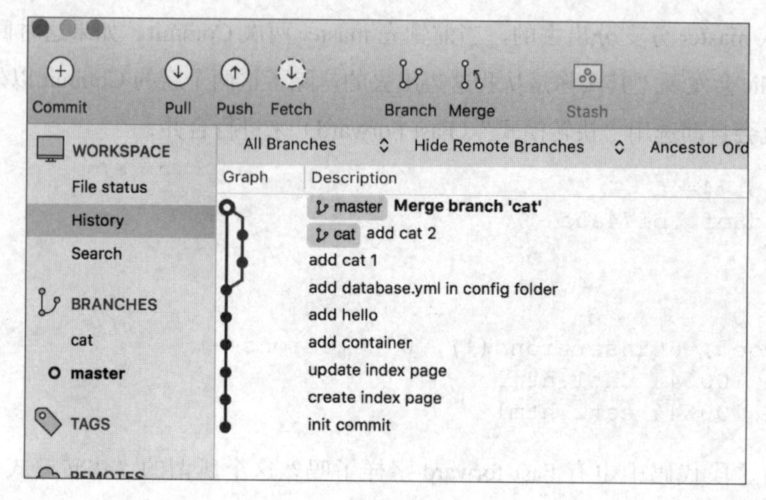

图 6-32

这个做出来的 Commit 对象一样会指向前面的两个 Commit。

如果使用 SourceTree 来做这件事，可以单击上面的“Merge”按钮，在弹出来的对话框中选中 Create a commit even if merge resolved via fast-forward 复选框，就可以做出与 --no-ff 一样的效果了，如图 6-33 所示。

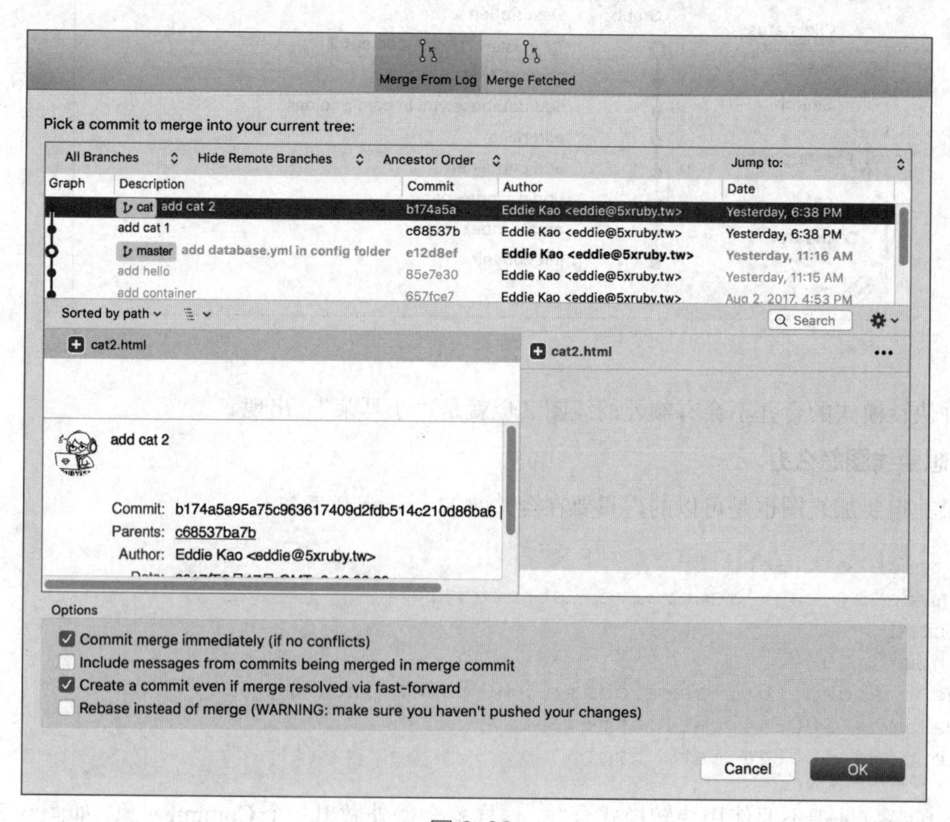

图 6-33

3. “小耳朵”的存在有必要吗

那这个“小耳朵”到底必要吗？它的存在到底有意义吗？非快转模式合并的好处是可以完整保留分支的样子，但如果不是很介意这一点的话，也就没有必要非要做出“小耳朵”了。

6.6 合并过的分支要保留吗

答案是：都可以，看自己的需要。

首先，你需要知道什么是“分支”，可以参阅 6.10 节。

基本上，分支就是一个只有 40 字节的文件而已。这个分支，也就是这 40 个字节，会标记出它当前指向哪一个 Commit。不管是上节提到的快转模式（Fast Forward）还是非快转模式，只要该分支被合并过，就代表“这些内容本来只有你有，现在我也有了”。

既然合并后，原本没有的内容都有了，而分支本身又像一张贴纸一样“地位低微”，那么它也就没有利用价值了。所以，合并过的分支想删就删吧。删除分支就只是把一张贴纸撕下来而已，原来被这张贴纸贴着的东西并不会因此而不见。

当然，没有被合并过的分支就是另一回事了。回到原来的问题——合并过的分支要留着吗？都可以，如果想要删掉，或者已经和这个分支建立“感情”了，想留着做纪念也可以。

6.7 不小心把还没合并的分支删除了，救得回来吗

1. 恢复已被删除的还没合并过的分支

6.6 节提到，合并过的分支想留就留、想删就删，Git 的分支并不是复制文件到某个目录，所以不会因为删掉分支文件就不见了。

但如果删除的是还未合并的分支就不一样了。先想象一下这个画面，如图 6-34 所示。

cat 分支是从 master 分支出去的，当前领先 master 分支两次 Commit，而且还没有合并过。这时如果试着删掉 cat 分支，它会提醒：“这个分支还没全部合并哦”。

```
$ git branch -d cat
error: The branch 'cat' is not fully merged.
If you are sure you want to delete it, run 'git branch -D cat'.
```

虽然 Git 这么贴心地提醒了，但这里仍然把它删除了：

```
$ git branch -D cat
Deleted branch cat (was b174a5a).
```

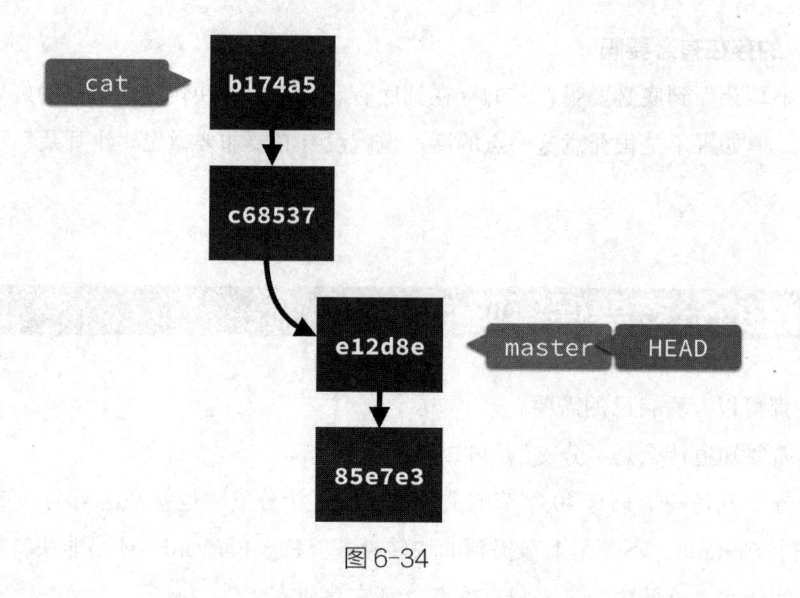

图 6-34

首先记一下这条信息“Deleted branch cat (was b174a5a).”，下面可能会用到它。这时的关联图如图 6-35 所示。

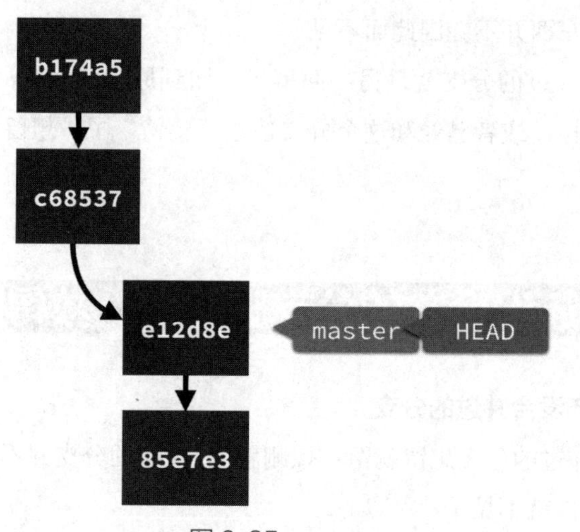

图 6-35

上面不是已经删除 cat 分支了吗，怎么还在？这里再次跟大家说明一下分支的概念：分支只是一个指向某个 Commit 的指标，删除这个指标并不会使那些 Commit 消失。

所以，删掉分支后那些 Commit 还在，只是因为你不知道或没有记下那些 Commit 的 SHA-1 值，所以不容易再拿来利用。原本领先 master 分支的那两个 Commit 现在就像空气一样，虽然看不到，但它们是存在的。既然存在，那就把它们“接回来”吧：

```
$ git branch new_cat b174a5a
```

这个命令是“请帮我创建一个叫作 new_cat 的分支，让它指向 b174a5a 这个 Commit”，也就是再拿一张新的贴纸贴回去。看一下现在的分支：

```
$ git branch
* master
  new_cat
```

切换过去试试看：

```
$ git checkout new_cat
Switched to branch 'new_cat'
```

确认一下文件列表：

```
$ ls -al total 16
drwxr-xr-x  9 eddie wheel  306 Aug 19 04:14 .
drwxrwxrwt 95 root  wheel 3230 Aug 19 04:06 ..
drwxr-xr-x 16 eddie wheel  544 Aug 19 04:14 .git
-rw-r--r--  1 eddie wheel    0 Aug 19 04:14 cat1.html
-rw-r--r--  1 eddie wheel    0 Aug 19 04:14 cat2.html
drwxr-xr-x  3 eddie wheel  102 Aug 17 15:06 config
-rw-r--r--  1 eddie wheel    0 Aug 18 03:27 hello.html
-rw-r--r--  1 eddie wheel  161 Aug 18 04:24 index.html
-rw-r--r--  1 eddie wheel   11 Aug 17 14:56 welcome.html
```

cat1.html 和 cat2.html 都回来了！

使用 SourceTree 也可以做这件事，单击工具栏中的 Branch 按钮后，打开图 6-36 所示的对话框。

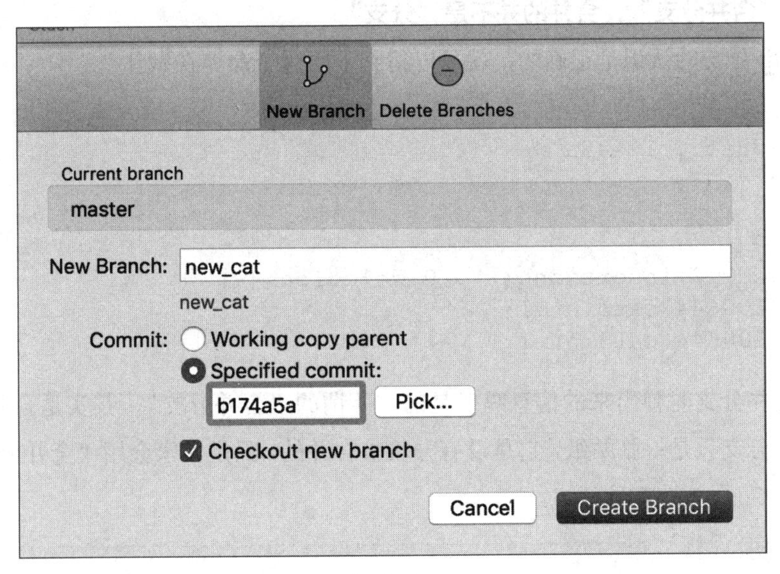

图 6-36

在“New Branch”文本框中输入“new_cat”或任何你喜欢的名称，在 Commit 区域选中 Specified commit 单选按钮，并输入原本的 cat 分支指向的 Commit 的 SHA-1 值 b174a5a，单击

Create Branch 按钮，效果如图 6-37 所示。

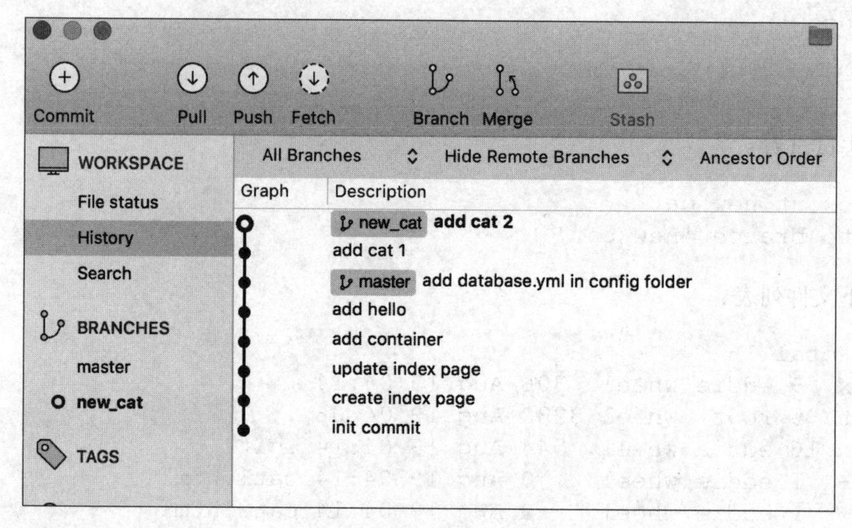

图 6-37

原本被删除的 cat 分支，就以 new_cat 的名称恢复了！

2. 还没有把刚刚删除的那个cat分支的SHA-1值记下来怎么办？查得到吗

可以用 git reflog 命令去查找，Reflog 默认会保留 30 天，所以 30 天内还找得到。Reflog 的使用方式可参阅 5.14 节的内容。

3. 其实所谓的“合并分支”，合并的并不是“分支”

如果你对 Git 分支的认识是正确的，就可以猜到下面这个命令在做什么：

```
$ git merge b174a5a
Updating e12d8ef..b174a5a
Fast-forward
cat1.html | 0
cat2.html | 0
2 files changed, 0 insertions(+), 0 deletions(-)
create mode 100644 cat1.html
create mode 100644 cat2.html
```

这不是在合并分支时弹出来的信息吗？是的，所谓的“合并分支”，其实是合并“分支指向的那个 Commit”。分支只是一张贴纸，它是没有办法被合并的，只是大家会用“合并分支”这个说法，毕竟它比“合并 Commit”容易理解。

> **重要观念！**
>
> 分支只是一个指向某个 Commit 的指向标。

6.8 另一种合并方式（使用Rebase）

1. 使用Rebase合并分支

前面介绍了使用 git merge 命令来合并分支，接下来介绍另一种合并分支的方式。假设现在的状态如图 6-38 所示。

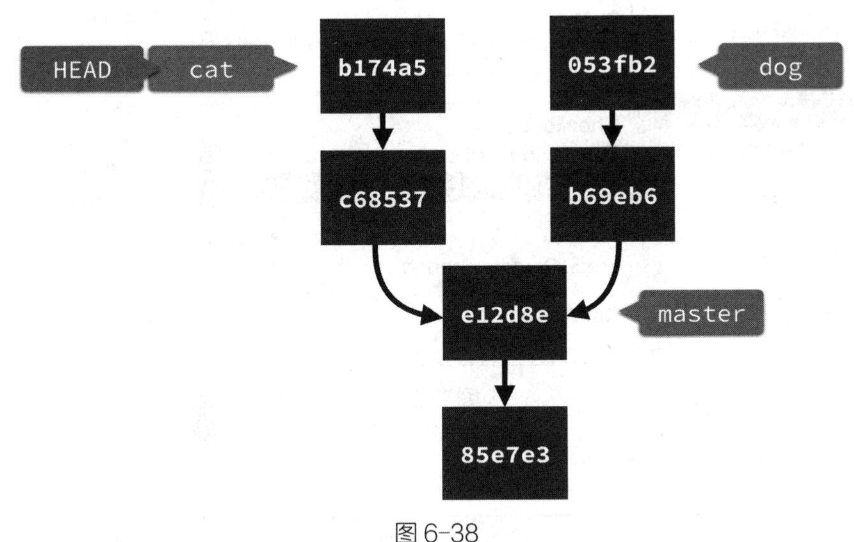

图 6-38

有 cat、dog 及 master 这 3 个分支，并且切换至 cat 分支上。这时如果执行以下命令：

```
$ git merge dog
```

则会产生一个额外的 Commit 来接合两边的分支，这就是 6.4 节曾经介绍过的合并方式。

在 Git 中还有一个命令叫作 git rebase，也可以用来做与 git merge 命令类似的事情。从字面上来看，rebase 是“re”加上“base”，其中文含义大致是重新定义分支的参考基准。

所谓“base”，就是指“这个分支是从哪里生成的”。以上面这个例子来说，cat 与 dog 两个分支的 base 都是 master。接着使用 git rebase 命令来“组合”cat 和 dog 这两个分支：

```
$ git rebase dog
```

用通俗的话来说，上述命令的含义大致就是“我（即 cat 分支）现在要重新定义我的参考基准，并且将使用 dog 分支作为我新的参考基准”。这个命令执行的信息如下：

```
$ git rebase dog
First, rewinding head to replay your work on top of it... Applying: add
cat 1
Applying: add cat 2
```

如果要使用 SourceTree 来进行 Rebase，可在左侧菜单栏中找到想要 Rebase 的对象，在其上右击并选择 Rebase current changes onto dog 选项，如图 6-39 所示。

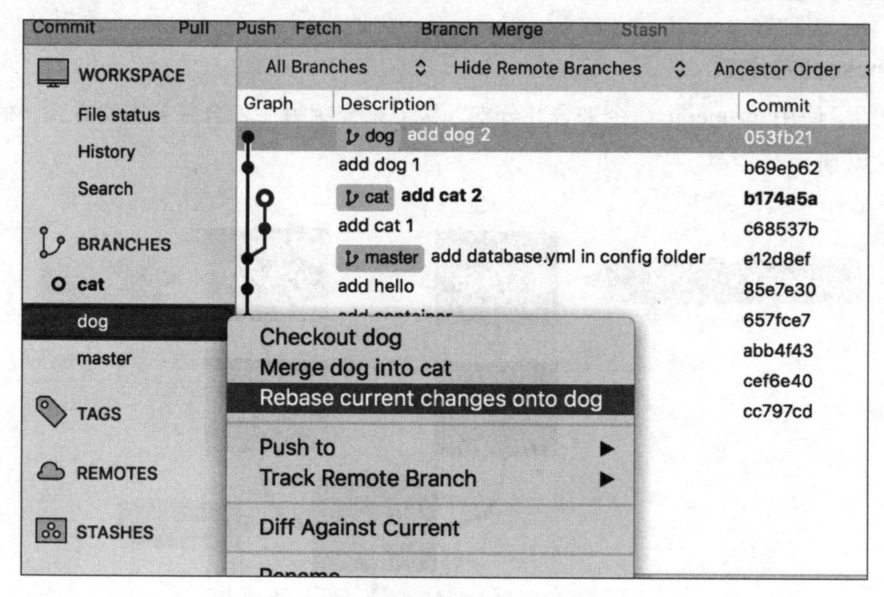

图 6-39

弹出确认对话框，如图 6-40 所示。

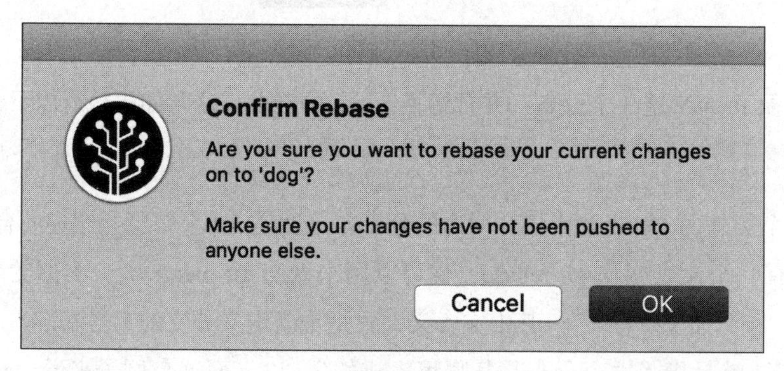

图 6-40

在该对话框中可以看到“Make sure your changes have not been pushed to anyone else.”的贴心小提示，因为 Rebase 命令等于是改动历史，不应该随便对已经推出去的内容进行 Rebase，否则很容易给其他人造成困扰。关于这方面的“困扰”，可参阅第 7 章的介绍。

不管怎样，单击 OK 按钮即可完成。完成后，cat 分支将会接到 dog 分支上，如图 6-41 所示。

如果使用 SourceTree 查看历史记录，其界面如图 6-42 所示。

Rebase 合并方式和一般的合并方式的一个很明显的区别，就是使用 Rebase 方式合并分支，Git 不会做出一个专门用来合并的 Commit。

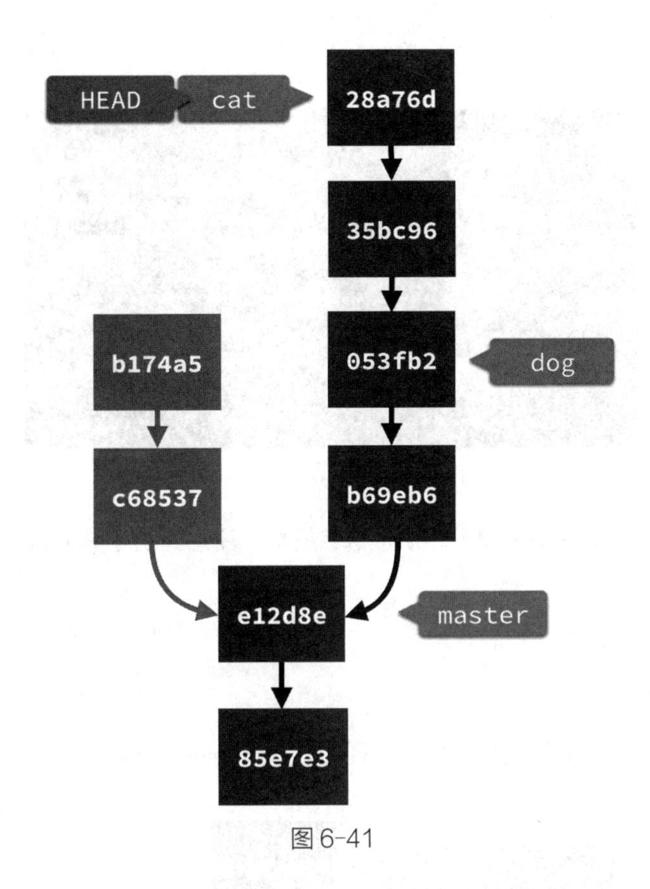

图 6-41

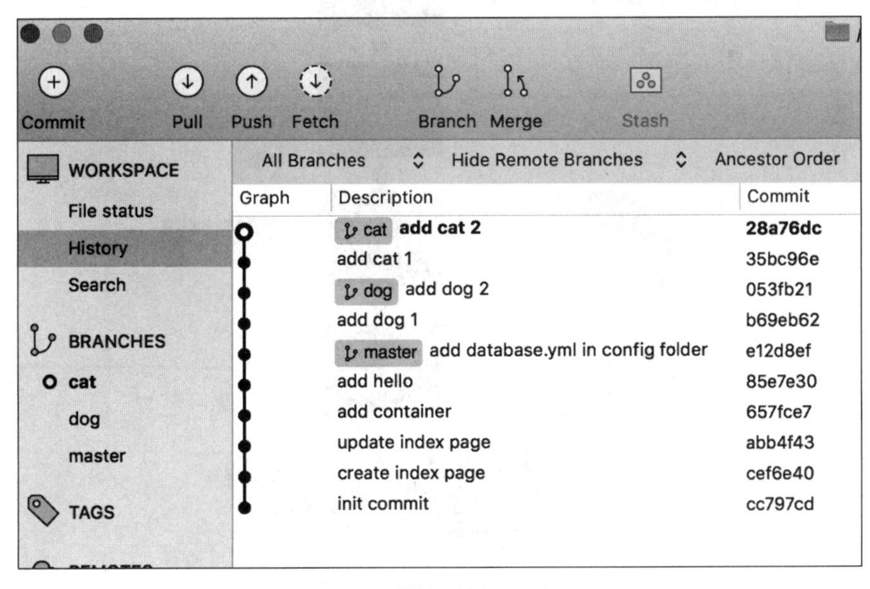

图 6-42

2. 是剪下、贴上吗

从结果来看，感觉像是把 cat 分支剪下来，然后贴在 dog 分支上一样，类似于种植时的“嫁接”，如图 6-43 所示。

图 6-43

但其实不太一样，Rebase 不是剪下、贴上这么简单。注意到刚才 Rebase 时的那段信息了吗？

```
$ git rebase dog
First, rewinding head to replay your work on top of it...
Applying: add cat 1
Applying: add cat 2
```

以这个例子来说，Rebase 的过程大概是这样的，如图 6-44 所示。

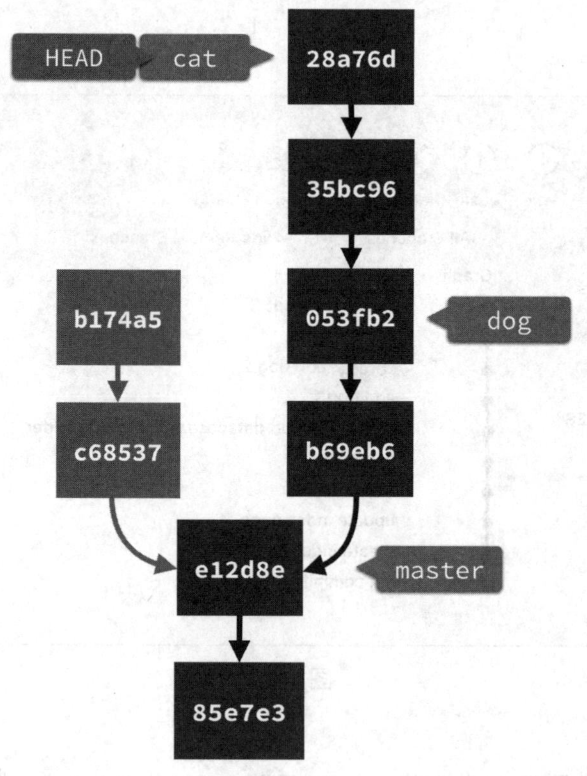

图 6-44

（1）先将 c68537 这个 Commit 接到 053fb2 这个 Commit 上。因为 c68537 的上一层 Commit 原本是 e12d8e，现在要接到 053fb2 上，所以需要重新计算这个 Commit 的 SHA-1 值，重新做出一个新的 Commit 对象 35bc96。

（2）再拿 b174a5 这个 Commit 接到刚刚做出来的 Commit 对象 35bc96 上。同理，因为 b174a5 这个 Commit 要接到新的 Commit 上，所以它会重新计算 SHA-1 值，得到一个新的 Commit 对象 28a76d。

（3）最后，原本的 cat 是指向 b174a5 这个 Commit 的，现在转而指向最后做出来的那个新的 Commit 对象 28a76d。

（4）HEAD 还是继续指向 cat 分支。

所以，在 Rebase 的过程中会看到两个“Applying”字样，意思就是在“重新计算”。

3. 那原本的Commit去哪儿了

在图 6-44 中，原本的那两个 Commit（灰色），即 c68537 和 b174a5 的去向是哪里？

它们还是在 Git 的空间中占有一席之地，只是因为已经没有分支指着它们了，所以如果没有特别去记这两个 Commit 的 SHA-1 值，它们就会慢慢被边缘化。

但它们并没有马上被删除，只是默默地待在那里，直到有一天被 Git 的资源回收车拉走。关于 Git 的资源回收机制，可参阅 9.4 节。

4. 谁Rebase谁有区别吗

仅从最后的文件来说并没有什么区别，但就历史记录来说则有区别，谁 Rebase 谁，会造成历史记录的先后顺序不同。图 6-45 所示的是 cat 分支 Rebase dog 分支。

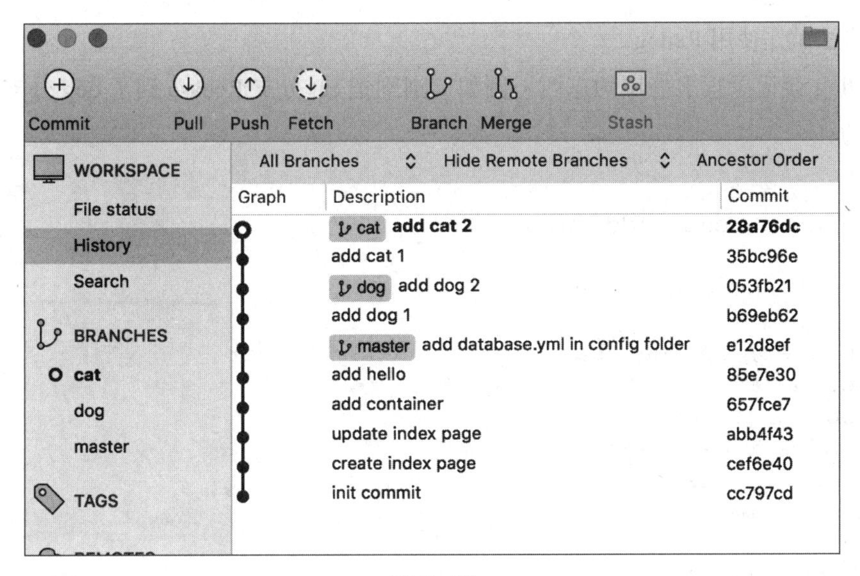

图 6-45

图 6-46 所示的是 dog 分支 Rebase cat 分支。

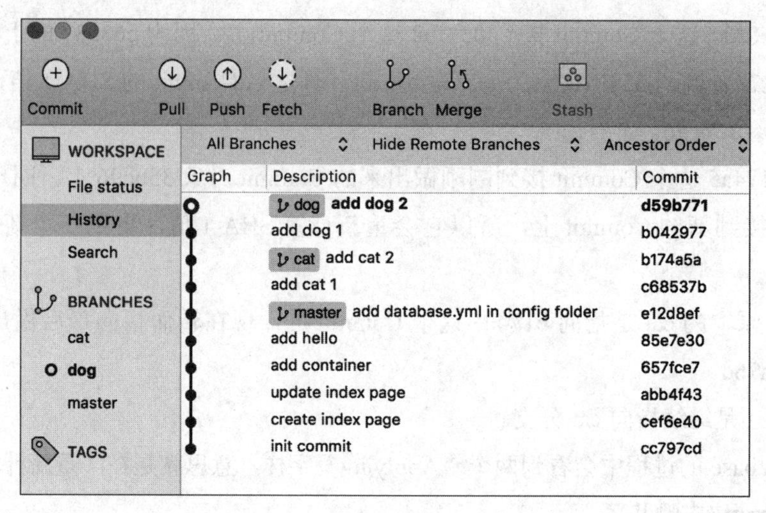

图 6-46

这些 Commit 的历史记录先后顺序明显不同。

5. 怎样取消Rebase

如果是一般的合并，只要 git reset HEAD^ --hard 一行命令，删除这个合并的 Commit 后，这些分支就会退回合并前的状态。但是，从上面的结果可知，Rebase 并没有做出那个合并专用的 Commit，而是整个都串在一起了，与一般的 Commit 差不多。所以这时如果执行 git reset HEAD^ --hard 命令，只会删除最后一个 Commit，但并不会回到 Rebase 前的状态。

要想取消 Rebase，可使用以下三种方式。

（1）使用 Reflog。

第一个方法就是使用 Reflog。

其实 Reflog 会记录很多好用的东西。例如，刚刚把 cat 分支 Rebase 到了 dog 分支上，其状态就会是这样的：

```
$ git log --oneline
28a76dc (HEAD -> cat) add cat 2
35bc96e add cat 1
053fb21 (dog) add dog 2
b69eb62 add dog 1
e12d8ef (master) add database.yml in config folder
85e7e30 add hello
657fce7 add container
abb4f43 update index page
cef6e40 create index page
cc797cd init commit
```

查看一下现在的 Reflog：

```
$ git reflog
28a76dc (HEAD -> cat) HEAD@{0}: rebase finished: returning to refs/heads/cat
```

```
28a76dc (HEAD -> cat) HEAD@{1}: rebase: add cat 2
35bc96e HEAD@{2}: rebase: add cat 1
053fb21 (dog) HEAD@{3}: rebase: checkout dog
b174a5a HEAD@{4}: checkout: moving from master to cat
e12d8ef (master) HEAD@{5}: checkout: moving from new_cat to master
b174a5a HEAD@{6}: checkout: moving from master to new_cat
e12d8ef (master) HEAD@{7}: checkout: moving from new_cat to master
b174a5a HEAD@{8}: checkout: moving from master to new_cat
...[ 略 ]...
```

看得出来最新的几次记录都是在做 Rebase，不过有这么一行：

```
b174a5a HEAD@{4}: checkout: moving from master to cat
```

这应该是开始做 Rebase 前的最后动作，所以就是这个 Commit 了！下面使用 Reset 命令硬切回去：

```
$ git reset b174a5a --hard
HEAD is now at b174a5a add cat 2
```

这样一来，就会回到 Rebase 前的状态了。

（2）使用 ORIG_HEAD。

在 Git 中有另一个特别的记录点——ORIG_HEAD。ORIG_HEAD 会记录“危险操作”之前 HEAD 的位置。例如，分支合并或 Reset 之类的都算是所谓的“危险操作”。通过这个记录点来取消这次 Rebase 相对来说更简单：

```
$ git rebase dog
First, rewinding head to replay your work on top of it...
Applying: add cat 1
Applying: add cat 2
```

成功重新计算两个 Commit 并接到 dog 分支上后，可使用这个命令轻松地回到 Rebase 前的状态：

```
$ git reset ORIG_HEAD --hard
HEAD is now at b174a5a add cat 2
```

这样一切又都回来了！

（3）使用 Rebase 的时机。

综上所述，使用 Rebase 合并分支的好处就是，它不像一般的合并可能会产生额外的合并专用的 Commit，而且历史记录的顺序可以依照谁 Rebase 谁而定；但缺点是它不如一般的合并那么直观，一不小心就可能会出错而且还不知道怎样 Reset 回来，或者发生冲突时会停在一半，对不熟悉 Rebase 的人来说是个困扰。关于发生冲突，6.9 节将会详细介绍。

对于那些还没有推（Push）出去但感觉有点乱（或太琐碎）的 Commit，通常会先使用 Rebase 分支来整理，完成后再推出去。但如同前面提到的，Rebase 等于改动了历史记录，改动已经推出去的历史记录可能会给其他人带来困扰，所以对于已经推出去的内容，如果没有必要，则尽量不要使用 Rebase。

6.9 合并发生冲突了怎么办

1. 发生冲突

Git 可以检查出简单的冲突，所以并不是改到同一个文件就一定会发生冲突，但改到同一行就会出现冲突。假设在 cat 分支改动了 index.html 文件的内容：

```
<!DOCTYPE html>
<html>
   <head>
     <meta charset="utf-8">
     <title> 首页 </title>
   </head>
   <body>
     <div class="container">
       <div> 我是 Cat</div>
     </div>
   </body>
</html>
```

然后在 dog 分支也改动了 index.html 文件的内容：

```
<!DOCTYPE html>
<html>
   <head>
     <meta charset="utf-8">
     <title> 首页 </title>
   </head>
   <body>
     <div class="container">
       <div> 我是 Dog</div>
     </div>
   </body>
</html>
```

这时进行合并，不管是一般的合并还是使用 Rebase 进行合并，都会出现冲突。下面先使用一般的合并：

```
$ git merge dog
Auto-merging index.html
CONFLICT (content): Merge conflict in index.html
Automatic merge failed; fix conflicts and then commit the result.
```

这时 Git 发现那个 index.html 文件出现问题了。我们先看一下当前的状态：

```
$ git status
On branch cat
You have unmerged paths.
  (fix conflicts and run "git commit")
```

```
  (use "git merge --abort" to abort the merge)

Changes to be committed:

  new file:   dog1.html
  new file:   dog2.html

Unmerged paths:
  (use "git add <file>..." to mark resolution)

both modified: index.html
```

这里有两点需要说明。

（1）对 cat 分支来说，dog1.html 和 dog2.html 都是新加入的文件，但已被放到暂存区。

（2）因为 index.html 文件的两边都被改动了，所以 Git 把它标记成 both modified 状态。

使用 SourceTree 查看，如图 6-47 所示。

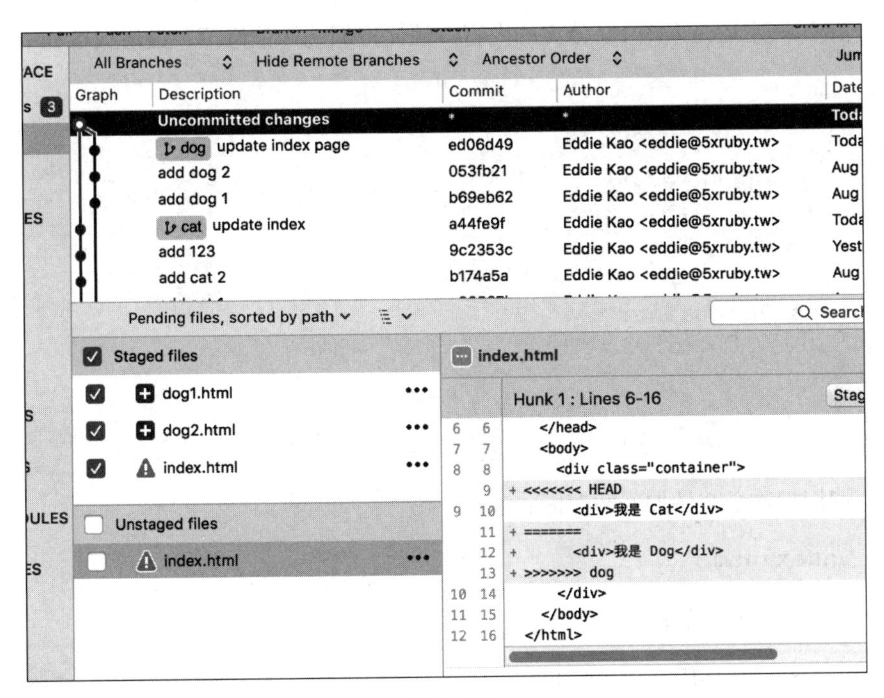

图 6-47

可以看到那个有冲突的文件用惊叹号标记出来了。

2. 解决问题

查看 index.html 文件的内容：

```
<!DOCTYPE html>
<html>
  <head>
```

```
    <meta charset="utf-8">
    <title> 首页 </title>
  </head>
  <body>
    <div class="container">
<<<<<<< HEAD
      <div> 我是 Cat</div>
=======
      <div> 我是 Dog</div>
>>>>>>> dog
    </div>
  </body>
</html>
```

Git 把有冲突的段落标记出来了，上面是 HEAD，也就是当前所在的 cat 分支，中间是分隔线，下面是 dog 分支的内容。

这个问题看来是沟通不良造成的。要解决问题，就要把两边的人请过来讨论一下，看看到底该用谁的 code。最后决定还是采纳 cat 分支的内容，顺便把那些标记修掉。最后内容如下：

```
<!DOCTYPE html>
<html>
  <head>
    <meta charset="utf-8">
    <title> 首页 </title>
  </head>
  <body>
    <div class="container">
      <div> 我是 Cat</div>
    </div>
  </body>
</html>
```

改完后，切记把这个文件加回暂存区：

```
$ git add index.html
```

然后就可以 Commit 并完成这一回合了：

```
$ git commit -m "conflict fixed"
[cat a28a93c] conflict fixed
```

3. 如果是使用Rebase合并造成的冲突该怎么办

不管是一般的合并还是使用 Rebase 进行的合并，并不会因为合并方式的不同就不会冲突。但在使用 Rebase 合并的过程中如果发生冲突，还是与一般的合并不太一样。例如：

```
$ git rebase dog
First, rewinding head to replay your work on top of it...
Applying: add cat 1
```

```
Applying: add cat 2
Applying: add 123
Applying: update index
Using index info to reconstruct a base tree...
M       index.html
Falling back to patching base and 3-way merge...
Auto-merging index.html
CONFLICT (content): Merge conflict in index.html
error: Failed to merge in the changes.
Patch failed at 0004 update index
The copy of the patch that failed is found in: .git/rebase-apply/patch

When you have resolved this problem, run "git rebase --continue".
If you prefer to skip this patch, run "git rebase --skip" instead.
To check out the original branch and stop rebasing, run "git rebase
--abort".
```

这时其实是合并到一半被卡住了，从 SourceTree 中可以看得更清楚，如图 6-48 所示。

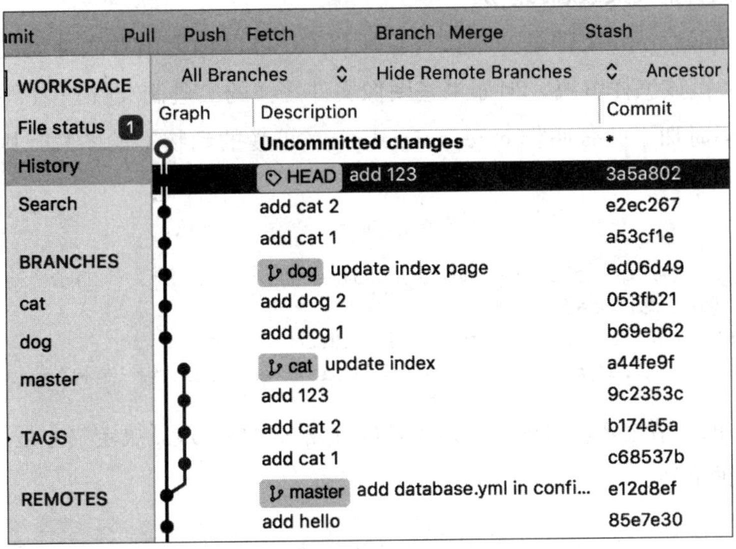

图 6-48

HEAD 现在并没有指着任何一个分支，它现在有点像是在改动历史记录时卡在某个时空缝隙中了（也就是卡在 3a5a802 这个 Commit 中了）。看一下当前的状态：

```
$ git status
rebase in progress; onto ed06d49
You are currently rebasing branch 'cat' on 'ed06d49'.
  (fix conflicts and then run "git rebase --continue")
  (use "git rebase --skip" to skip this patch)
  (use "git rebase --abort" to check out the original branch)

Unmerged paths:
```

```
  (use "git reset HEAD <file>..." to unstage)
  (use "git add <file>..." to mark resolution)

    both    modified: index.html

no changes added to commit (use "git add" and/or "git commit -a")
```

可以看到其中包含 rebase in progress 信息，而且那个 index.html 文件被标记成了 both modified 状态。与上面提到的方法一样，把与 index.html 文件有冲突的内容修正完成后加回暂存区：

```
$ git add index.html
```

继续完成刚刚中断的 Rebase：

```
$ git rebase --continue
Applying: update index
```

至此，就完成了 Rebase。

4. 如果不是文本文件的冲突该怎么解决

因为上面的 index.html 文件是文本文件，所以 Git 可以标记出发生冲突的点在哪里，用肉眼就能看得出来大概该怎样解决，但如果是图像文件之类的二进制文件该怎么办？例如，在 cat 分支和 dog 分支同时加了一张叫作 cute_animal.jpg（可爱的动物）的图片，则合并时出现冲突的信息为：

```
$ git merge dog
warning: Cannot merge binary files: cute_animal.jpg (HEAD vs. dog)
Auto-merging cute_animal.jpg
CONFLICT (add/add): Merge conflict in cute_animal.jpg
Automatic merge failed; fix conflicts and then commit the result.
```

这时要把两边的人请过来，讨论到底谁才是最可爱的动物。最后决定猫才是最可爱的动物，所以决定用 cat 分支的文件：

```
$ git checkout --ours cute_animal.jpg
```

如果要用 dog 分支，则使用 --theirs 参数：

```
$ git checkout --theirs cute_animal.jpg
```

决定之后，像前面一样将内容加到暂存区，准备 Commit，然后结束这一回合。

如果使用 SourceTree，可在那个有冲突的文件上右击，选择 Resolve Conflicts → Resolve Using 'Mine' 选项，等同于使用 --ours 参数，如图 6-49 所示。

如果选择 Resolve Using 'Theirs' 选项，则等同于使用 --theirs 参数。

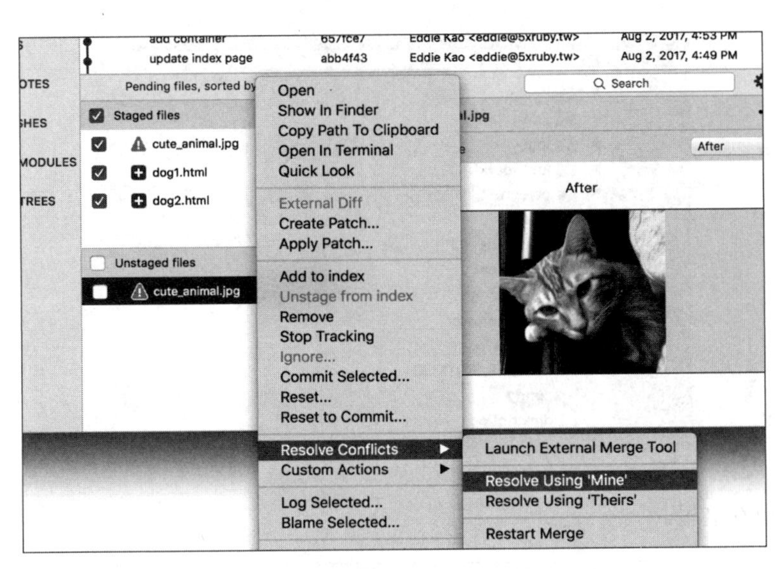

图 6-49

6.10 为什么都说在Git中开分支“很便宜”

所谓的分支，其实就是一个只有 40 个字节的文件而已，它藏在 .git 目录中。下面把它“挖”出来给大家看看。先看一下现在有哪些分支：

```
$ git branch
  cat
  dog
* master
```

当前共有 cat、dog 及 master 3 个分支，如图 6-50 所示。

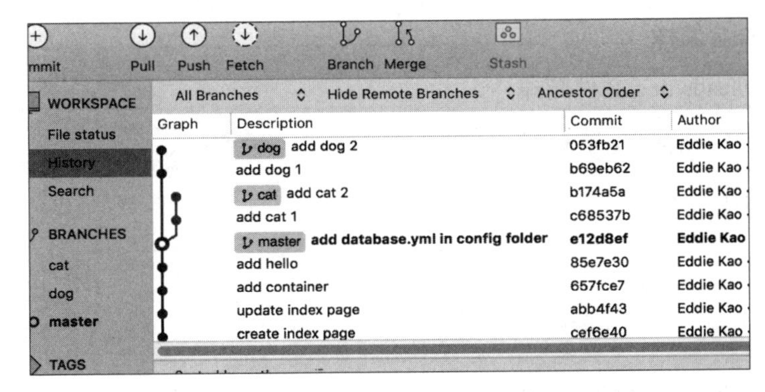

图 6-50

打开 .git 目录，其中有一个 refs 目录，再往下有一个 heads 子目录，如图 6-51 所示。

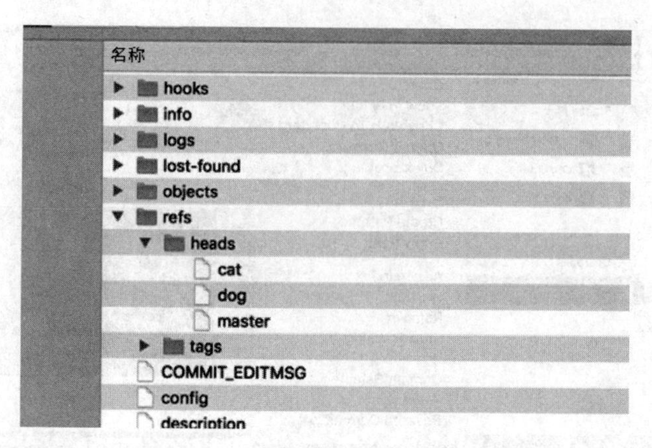

图 6-51

分支其实就放在这里。

> **小提示**
>
> 以小数点开头的目录与文件通常被操作系统默认标记为隐藏文档，所以可能需要进行设置才能看到。

查看一下这些文件的内容：

```
$ cat .git/refs/heads/master
e12d8ef0e8b9deae8bf115c5ce51dbc2e09c8904

$ cat .git/refs/heads/cat
dd8d48000140bcc66ed0aa5630b6072d5956d32e

$ cat .git/refs/heads/dog
919df8e360cf2482ff42dd0566f615263fa17214
```

这些数字好像在哪里看过？再比对一下上面 SourceTree 的画面，会发现其实这 3 个文件的内容就是某个 Commit 的 SHA-1 值而已！

如果把这些文件删掉会怎样

下面把 .git/refs/heads/dog 文件删掉：

```
$ rm .git/refs/heads/dog
```

这时的分支列表如下所示：

```
$ git branch
  cat
* master
```

那个 dog 分支不见了。是的，不用怀疑，在 Git 中分支就是这样。不信的话，可以把 .git/refs/heads/cat 文件改名为 bird：

```
$ mv .git/refs/heads/cat .git/refs/heads/bird
```

再回来看分支列表：

```
$ git branch
  bird
* master
```

原来的 cat 分支变成 bird 分支了。

综上所述，分支就是一个只有 40 个字节（某个 Commit 的 SHA-1 值）的文件，所以在 Git 中开一个分支能有多“贵”呢？

6.11 Git如何知道现在是在哪一个分支

当执行 git branch 命令时，可以看到当前所有的分支列表：

```
$ git branch
cat
dog
* master
```

可以看出，当前共有 3 个分支，前面那个“*”号表示当前处于 master 分支。那 Git 是在哪里记录该信息的呢？

在 .git 目录中藏了很多有趣的内容，具体内容可参阅 5.18 节和 5.19 节。其中有一个名为 HEAD 的文件，如图 6-52 所示。

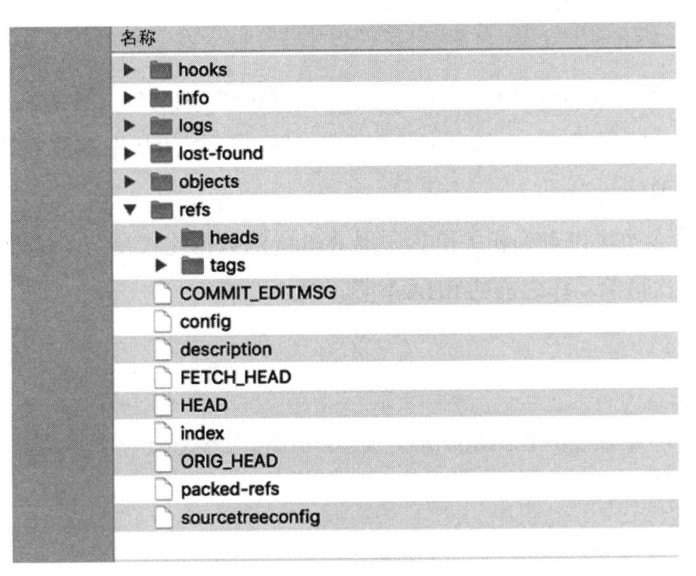

图 6-52

看看里面有什么：

```
$ cat .git/HEAD
ref: refs/heads/master
```

还记得 refs/heads/master 文件的内容吗？如果忘了，可参阅 6.10 节。

其实 HEAD 的内容很简单，它只是记录着当前指向的分支。下面试着切换分支看看：

```
$ git checkout cat
Switched to branch 'cat'
```

然后再看一次 HEAD 文件的内容：

```
$ cat .git/HEAD
ref: refs/heads/cat
```

在切换分支时，HEAD 的内容也会跟着变化。

6.12 HEAD也有缩写

自 Git 1.8.5 之后的版本，在使用 Git 时，可以用 @ 来代替 HEAD。例如，原本的命令是这样的：

```
$ git reset HEAD^
```

可以用 @ 来替代 HEAD：

```
$ git reset @^
```

但这样是否比原来使用 HEAD 更清楚，就“仁者见仁，智者见智”了。

ORIG_HEAD是什么

在 .git 目录中，除了 HEAD 文件之外，还有一个 ORIG_HEAD 文件。在做一些比较“危险”的操作（如 Merge、Rebase 或 Reset 等）时，Git 就会把 HEAD 的状态存放在该文件中，让你随时可以跳回危险动作之前的状态。

虽然 git reflog 命令也可以查到相关信息，但 Reflog 的数据比较复杂，这个 ORIG_ HEAD 可以更方便地找到最近一次危险动作之前的 SHA-1 值。例如：

```
$ git log --oneline
b174a5a (HEAD -> cat) add cat 2
c68537b add cat 1
e12d8ef (master) add database.yml in config folder
85e7e30 add hello
657fce7 add container
abb4f43 update index page
```

```
cef6e40 create index page
cc797cd init commit
```

现在故意使用 hard 模式执行 Reset 命令，倒退一步：

```
$ git reset HEAD^ --hard
HEAD is now at c68537b add cat 1
```

查看一下 ORIG_HEAD 的内容：

```
$ cat .git/ORIG_HEAD b174a5a95a75c963617409d2fdb514c210d86ba6
```

它记录的内容正是执行 Reset 命令前的 SHA-1 值 b174a5a。所以如果想要取消刚才的 Reset，直接使用 Reset 命令到 ORIG_HEAD，就能退回 Reset 之前的状态了。

```
$ git reset ORIG_HEAD --hard
HEAD is now at b174a5a add cat 2
```

再来试一下合并，首先切换到 master 分支：

```
$ git co master
Switched to branch 'master'
```

接着准备合并 cat 分支：

```
$ git merge cat
Updating e12d8ef..b174a5a
Fast-forward
 cat1.html | 0
 cat2.html | 0
 2 files changed, 0 insertions(+), 0 deletions(-)
 create mode 100644 cat1.html
 create mode 100644 cat2.html
```

下面使用快转模式（Fast Forward）进行合并。这时的状态应该如图 6-53 所示。

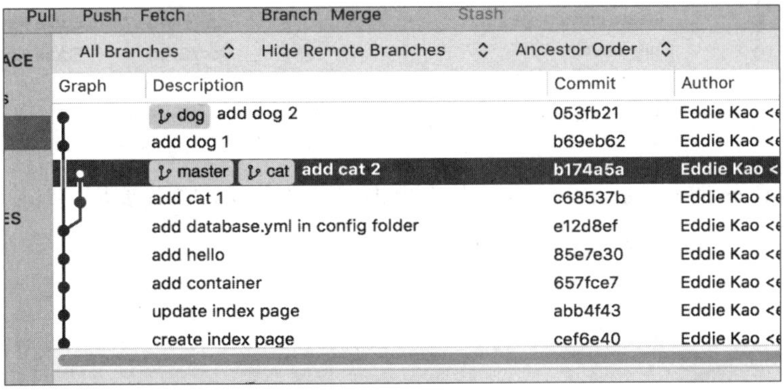

图 6-53

看一下现在的 ORIG_HEAD 的内容：

```
$ cat .git/ORIG_HEAD
e12d8ef0e8b9deae8bf115c5ce51dbc2e09c8904
```

可以看出，它正指向合并前的那个 Commit，所以如果想取消这次的合并，可以使用如下命令：

```
$ git reset ORIG_HEAD --hard
HEAD is now at e12d8ef add database.yml in config folder
```

刚才的合并就被取消了。这个技巧用在取消 Rebase 合并时相当方便，详情可参阅 6.8 节。

6.13 可以从过去的某个Commit再创建一个新的分支吗

大家一定都有过“如果我在年轻时做了另一种选择，现在一定会不一样”的想法。人生中很多事情不能重来，但是在 Git 中是可以做到的。

1. 回到过去，重新开始

假设现在的历史记录如图 6-54 所示。

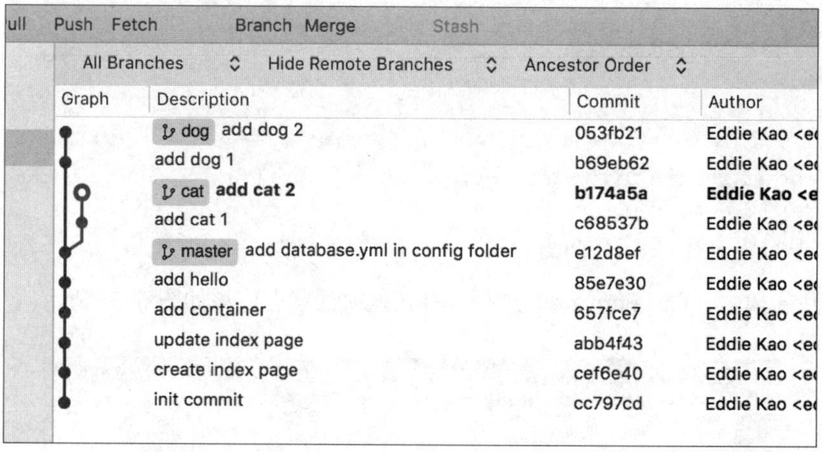

ull Push Fetch Branch Merge Stash

All Branches Hide Remote Branches Ancestor Order

Graph	Description	Commit	Author
	dog add dog 2	053fb21	Eddie Kao <e
	add dog 1	b69eb62	Eddie Kao <e
	cat **add cat 2**	**b174a5a**	**Eddie Kao <e**
	add cat 1	c68537b	Eddie Kao <e
	master add database.yml in config folder	e12d8ef	Eddie Kao <e
	add hello	85e7e30	Eddie Kao <e
	add container	657fce7	Eddie Kao <e
	update index page	abb4f43	Eddie Kao <e
	create index page	cef6e40	Eddie Kao <e
	init commit	cc797cd	Eddie Kao <e

图 6-54

要从 add container 的 Commit（657fce7）中再做出新的分支，首先要回到那个 Commit 的状态，这时使用的是 git checkout 命令：

```
$ git checkout 657fce7
Note: checking out '657fce7'.

You are in 'detached HEAD' state. You can look around, make experimental
changes and commit them, and you can discard any commits you make
in this state without impacting any branches by performing another
```

```
checkout.

If you want to create a new branch to retain commits you create, you
may do so (now or later) by using -b with the checkout command again.
Example:

git checkout -b <new-branch-name>

HEAD is now at 657fce7... add container
```

从这段信息中可以看出，当前正处于 detached HEAD 状态（可参阅 9.5 节的说明）。可以从现在这个 Commit 开出新的分支。使用 Checkout 命令的 -b 参数直接创建分支并自动切换过去：

```
$ git checkout -b bird
Switched to a new branch 'bird'
```

这样就开好一个 bird 分支了。现在的状况如图 6-55 所示。

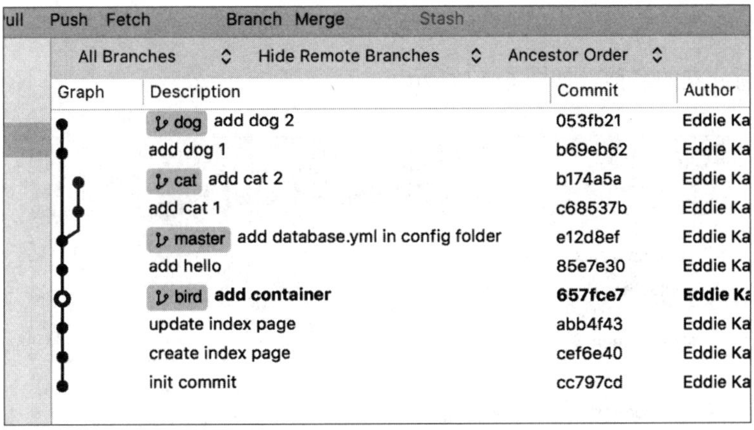

图 6-55

咦？不是开分支了吗，怎么没有“树枝”的样子？别忘了，分支只是一个像贴纸一样的东西，详情可参阅 6.3 节。开好分支后，就可以从这个分支继续 Commit 了。

2. 一行搞定

如果不想先飞过去再开分支，也可以直接一行搞定：

```
$ git branch bird 657fce7
```

意思就是“请帮我在 657fce7 这个 Commit 上开一个 bird 分支”，其实更应该说“请帮我在 657fce7 这个 Commit 上贴一张 bird 分支的贴纸”。此外，使用 Checkout 命令配合 -b 参数，也可以实现开分支的效果，而且还会直接切换过去。

```
$ git checkout -b bird 657fce7
Switched to a new branch 'bird'
```

3. 使用SourceTree

使用 SourceTree 在指定的地方开分支很方便，首先在想开分支的 Commit 上右击，选择 Branch 选项，如图 6-56 所示。

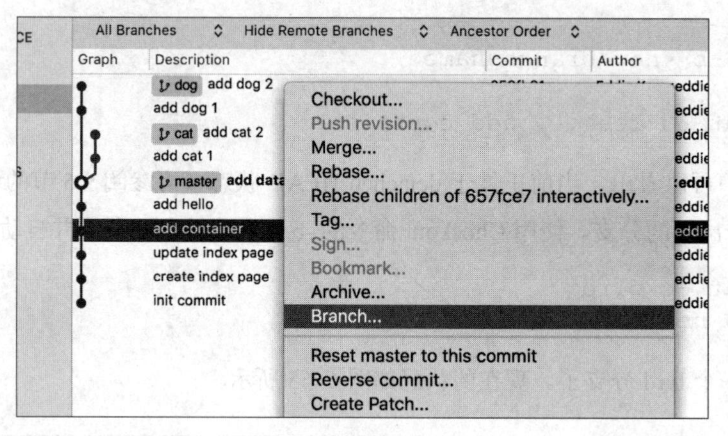

图 6-56

然后填写好新分支的名称，如图 6-57 所示。

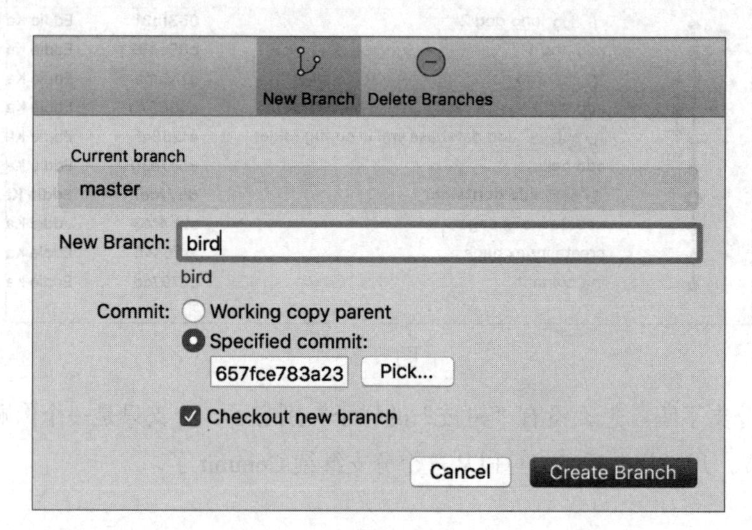

图 6-57

最后单击右下角的 Create Branch 按钮即可完成。

第7章

修改历史记录

7.1 修改历史信息

要修改历史信息，在 5.6 节讲过可使用 --amend 参数来修改最后一次 Commit 的信息，但这仅限于最后一次，如果要改动其他更早的信息，就得使用其他方法了。

前面介绍过的 git rebase 指令有一种强大的互动模式，接下来的几节内容都是介绍怎样使用这种模式来改动过去的历史记录。首先看一下当前的状况：

```
$ git log --oneline
27f6ed6 (HEAD -> master) add dog 2
2bab3e7 add dog 1
ca40fc9 add 2 cats
1de2076 add cat 2 cd82f29 add cat 1
382a2a5 add database settings
bb0c9c2 init commit
```

1. 启动互动模式

下面使用 Rebase 指令整理一下：

```
$ git rebase -i bb0c9c2
```

-i 参数是指要进入 Rebase 指令的“互动模式”，而后面的 bb0c9c2 是指这次 Rebase 指令的应用范围为“从现在到 bb0c9c2 这个 Commit”，也就是最开始的那个 Commit。这个指令会弹出一个 Vim 编辑器：

```
pick 382a2a5 add database settings
pick cd82f29 add cat 1
pick 1de2076 add cat 2
pick ca40fc9 add 2 cats
pick 2bab3e7 add dog 1
pick 27f6ed6 add dog 2

# Rebase bb0c9c2..27f6ed6 onto bb0c9c2 (6 commands)
#
# Commands:
# p, pick = use commit
# r, reword = use commit, but edit the commit message
# e, edit = use commit, but stop for amending
# s, squash = use commit, but meld into previous commit
# f, fixup = like "squash", but discard this commit's log message
# x, exec = run command (the rest of the line) using shell
# d, drop = remove commit
#
# These lines can be re-ordered; they are executed from top to bottom.
#
# If you remove a line here THAT COMMIT WILL BE LOST.
#
```

```
# However, if you remove everything, the rebase will be aborted.
#
# Note that empty commits are commented out
```

这里需注意以下两点。

（1）上面的顺序与 git log 指令的结果是相反的，但在 SourceTree 界面中是一样的。

（2）上面的 pick 是指“保留这次的 Commit，不做改动”，其他指令稍后会介绍。

这里把以下两行内容：

```
pick cd82f29 add cat 1
pick 1de2076 add cat 2
```

前面的 pick 改成 reword（也可以只用 r）：

```
reword cd82f29 add cat 1
reword 1de2076 add cat 2
```

表示要改动这两次 Commit 的信息。存档并离开之后，会立即弹出另一个 Vim 编辑器画面，如图 7-1 所示。

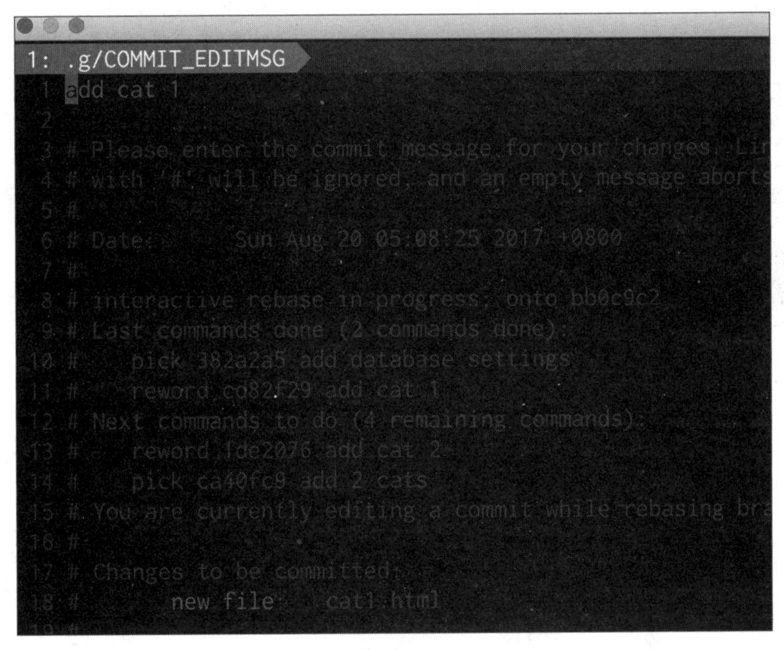

图 7-1

还记得刚刚说要对那两次的 Commit 信息进行改动吗？这就是第一次的 reword。把内容改成 add cat "kitty"，然后存档、离开，又会弹出第二个 Vim 编辑器画面，如图 7-2 所示。

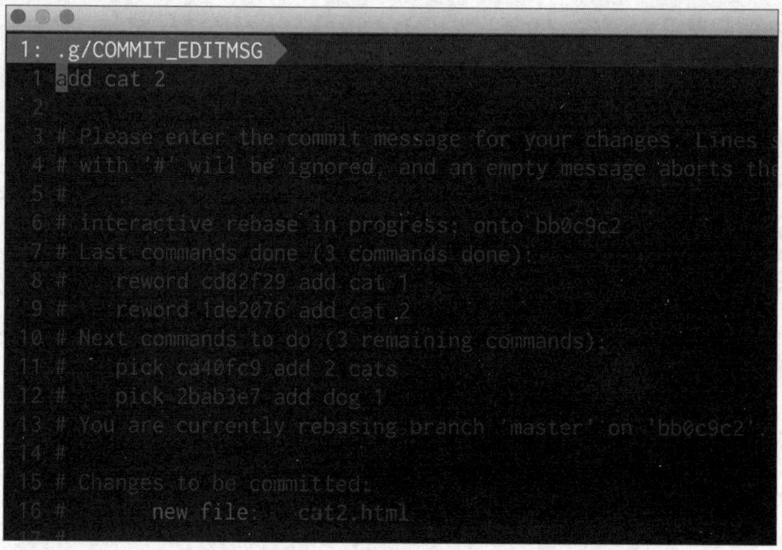

图 7-2

这是第二次的 reword。下面把内容改成 add cat "sherly"，存档、离开之后，Git 就会完成剩下的工作：

```
$ git rebase -i bb0c9c2
[detached HEAD 76271f2] add cat "kitty"
 Date: Sun Aug 20 05:08:25 2017 +0800
 1 file changed, 0 insertions(+), 0 deletions(-)
 create mode 100644 cat1.html
[detached HEAD 7121ac2] add cat "sherly"
 1 file changed, 0 insertions(+), 0 deletions(-)
 create mode 100644 cat2.html
Successfully rebased and updated refs/heads/master.
```

这时用 SourceTree 查看一下历史记录，如图 7-3 所示。

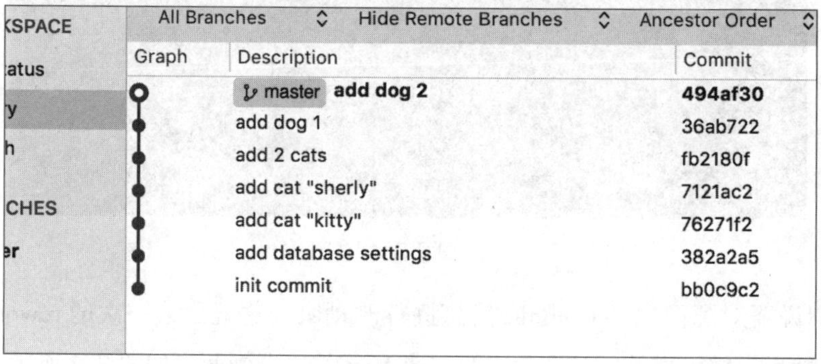

图 7-3

至此，就把两次记录修改了。

2. 只是改了信息，不会影响什么吧

看起来好像只是改了信息，只涉及单纯的文字变动，其实没有那么简单。如果仔细看，就会发现那两次 Commit 的 SHA-1 值都变了，原本是 cd82f29 和 1de2076，现在变成了 76271f2 和 7121ac2，这两次的 Commit 已经是全新的 Commit 对象了。

6.8 节也介绍过，进行 Rebase 时，Commit 对象并不是剪切、粘贴而已，因为要接的前一个 Commit 不同（其实时间也不同），所以会重新计算并做出一个新的 Commit 对象。

这里也是一样，看起来只是改字，但因为 Commit 对象的信息也会影响 SHA-1 的计算，所以 Git 会做出新的 Commit 对象来替代原来的 Commit 对象。

不止这样，在刚才这个例子中，因为这两个 Commit 对象被换掉了，在它之后的 Commit 因为前面的历史信息被改了，所以后面整串的 Commit 全部都重做新的 Commit 对象来替代旧的 Commit 对象。

看过动漫《哆啦 A 梦》的人应该都知道，当改变了历史之后，可能会创造出新的“平行时空”出来，就跟上面这个概念类似。

3. 如果想取消这次的Rebase

在 6.8 节和 6.11 节中都介绍过关于 ORIG_HEAD 的知识，如果想要取消这次的 Rebase，只需这样做：

```
$ git reset ORIG_HEAD --hard
```

就会回到之前的 Rebase。

4. 使用SourceTree

使用 SourceTree 来改动历史信息会比使用指令更简单，只要选择想要改动的范围，在指定的 Commit 上右击，在弹出的快捷菜单中选择 Rebase children of bb0c9c2 interactively 选项（每个人的专案的 SHA-1 数字不同，可根据个人的情况进行选择），如图 7-4 所示。

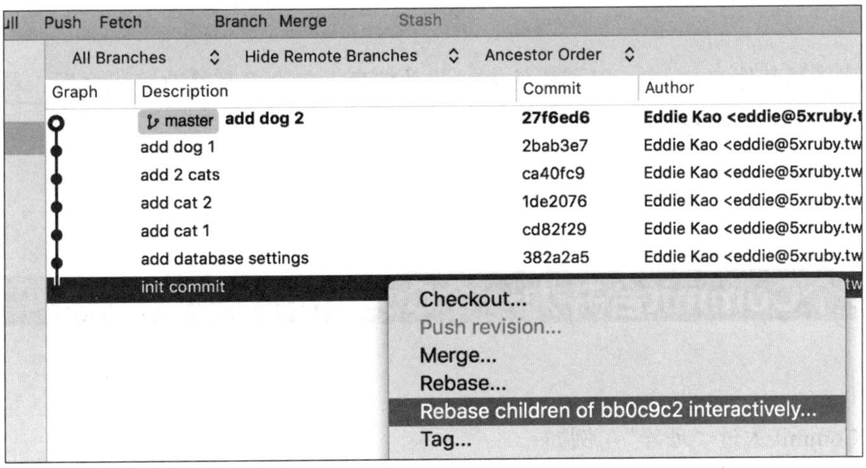

Graph	Description	Commit	Author
	master add dog 2	27f6ed6	Eddie Kao <eddie@5xruby.t
	add dog 1	2bab3e7	Eddie Kao <eddie@5xruby.tw
	add 2 cats	ca40fc9	Eddie Kao <eddie@5xruby.tw
	add cat 2	1de2076	Eddie Kao <eddie@5xruby.tw
	add cat 1	cd82f29	Eddie Kao <eddie@5xruby.tw
	add database settings	382a2a5	Eddie Kao <eddie@5xruby.tw
	init commit		

Checkout...
Push revision...
Merge...
Rebase...
Rebase children of bb0c9c2 interactively...
Tag...

图 7-4

接着找到想要改动信息的 Commit 并右击，在弹出的快捷菜单中选择 Edit message 选项，如图 7-5 所示。

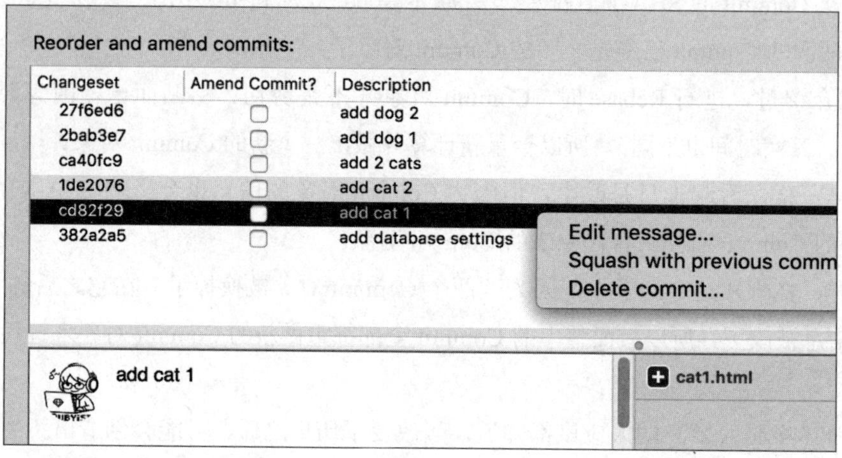

图 7-5

修改内容，如图 7-6 所示。

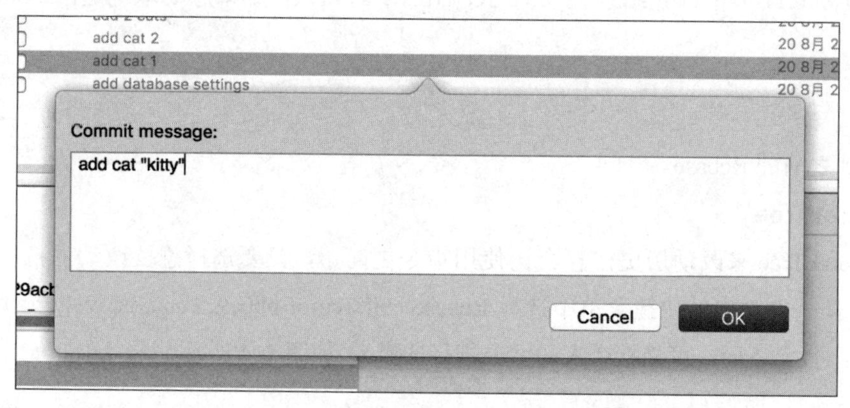

图 7-6

可以继续选择其他 Commit，以同样的方法改动信息。待全部都修改完成之后，单击右下角的 OK 按钮，即可开始进行 Rebase。

7.2 把多个Commit合并为一个Commit

1. 使用Git

有时候 Commit 太过“琐碎”，例如：

```
$ git log -oneline
27f6ed6 (HEAD -> master) add dog 2
2bab3e7 add dog 1
ca40fc9 add 2 cats
1de2076 add cat 2
cd82f29 add cat 1
382a2a5 add database settings
bb0c9c2 init commit
```

cd82f29 和 1de2076 两个 Commit 上各加了一个文件（分别是 cat1.html 和 cat2.html ），2bab3e7 和 27f6ed6 也各加了一个文件。如果把这几个 Commit 合并为一个，就会让 Commit 看起来更简洁。可以使用互动模式的 Rebase 来处理：

```
$ git rebase -i bb0c9c2
```

再次出现 Vim 编辑器窗口，内容如下：

```
pick 382a2a5 add database settings
pick cd82f29 add cat 1
pick 1de2076 add cat 2
pick ca40fc9 add 2 cats
pick 2bab3e7 add dog 1
pick 27f6ed6 add dog 2

# Rebase bb0c9c2..27f6ed6 onto bb0c9c2 (6 commands)
#
# Commands:
# ...[ 略 ]...
```

这里使用 squash 指令，把上面的内容改为：

```
pick 382a2a5 add database settings
pick cd82f29 add cat 1
squash 1de2076 add cat 2
squash ca40fc9 add 2 cats
pick 2bab3e7 add dog 1
squash 27f6ed6 add dog 2
```

> **注意！**
> 在互动模式的记录中，由上而下是从最旧到最新，与 git log 指令所呈现的结果是相反的。

上面的改动表示接下来会发生下面这些事。

（1）最后一行的 27f6ed6 会与前一个 Commit 2bab3e7 合并，也就是 add dog 1 会和 add dog 2 合并在一起。

（2）倒数第三行的 ca40fc9 会与前一个 Commit 1de2076 合并，但因为 1de2076 又会和上一行的 Commit cd82f29 合并，所以与 cat 有关的 3 个 Commit 会合并成一个。

存档并离开 Vim 编辑器后，它会开始进行 Rebase，而在 Squash 的过程中，还会弹出 Vim 编辑器，如图 7-7 所示。

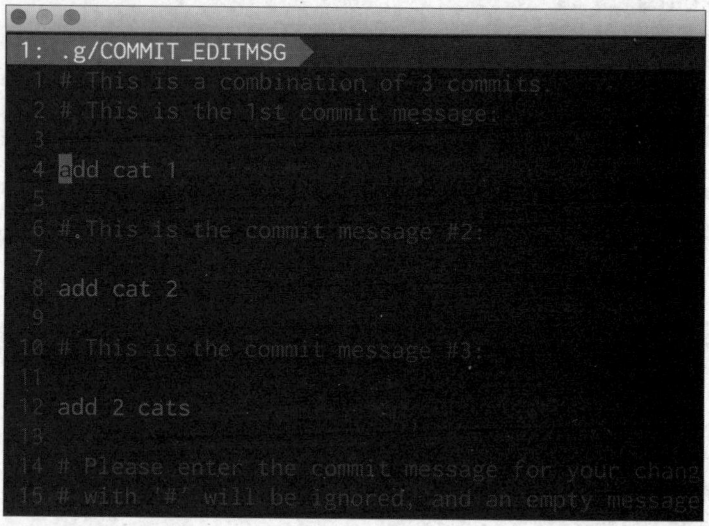

```
1: .g/COMMIT_EDITMSG
 1 # This is a combination of 3 commits.
 2 # This is the 1st commit message:
 3
 4 add cat 1
 5
 6 # This is the commit message #2:
 7
 8 add cat 2
 9
10 # This is the commit message #3:
11
12 add 2 cats
13
14 # Please enter the commit message for your chang
15 # with '#' will be ignored, and an empty message
```

图 7-7

下面把信息改成 add all cats，如图 7-8 所示。

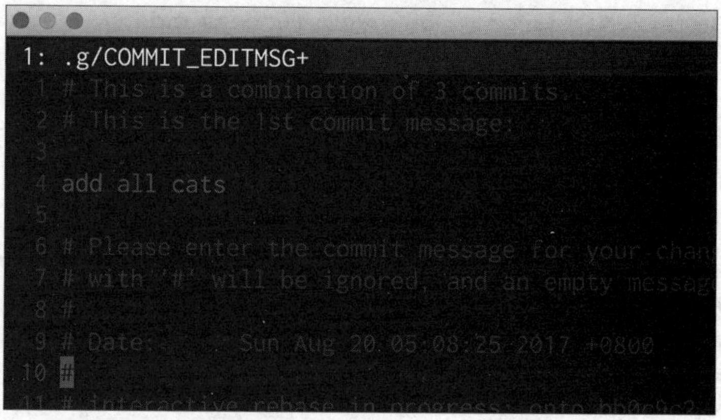

```
1: .g/COMMIT_EDITMSG+
 1 # This is a combination of 3 commits.
 2 # This is the 1st commit message:
 3
 4 add all cats
 5
 6 # Please enter the commit message for your chan
 7 # with '#' will be ignored, and an empty messag
 8 #
 9 # Date:      Sun Aug 20 05:08:25 2017 +0800
10 #
11 # interactive rebase in progress; onto bb0c9c2
```

图 7-8

同样地，在 Squash 中也会再编辑一次 Commit 信息，这里把它改成了 add all dogs。

整个 Rebase 的信息如下：

```
$ git rebase -i bb0c9c2
[detached HEAD fb79104] add all cats
 Date: Sun Aug 20 05:08:25 2017 +0800
 4 files changed, 0 insertions(+), 0 deletions(-)
 create mode 100644 cat1.html
 create mode 100644 cat2.html
 create mode 100644 cat3.html
```

```
 create mode 100644 cat4.html
[detached HEAD 803eeac] add all dogs
 Date: Sun Aug 20 05:09:53 2017 +0800
 2 files changed, 0 insertions(+), 0 deletions(-)
 create mode 100644 dog1.html
 create mode 100644 dog2.html
Successfully rebased and updated refs/heads/master.
```

这时的历史记录如图 7-9 所示。

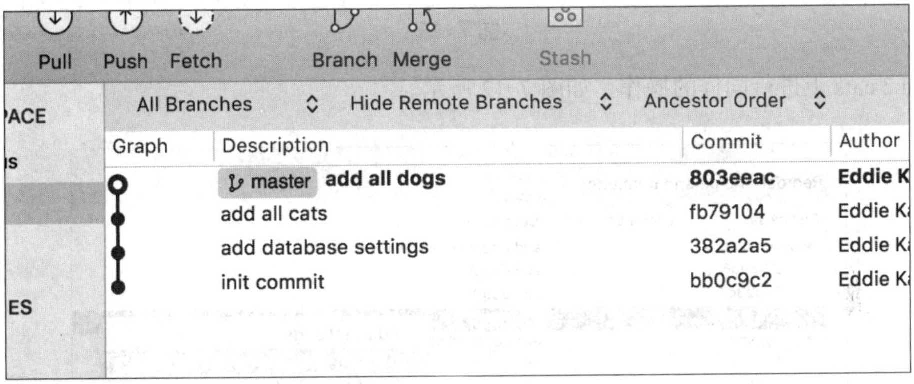

Graph	Description	Commit	Author
	master add all dogs	803eeac	Eddie K
	add all cats	fb79104	Eddie K
	add database settings	382a2a5	Eddie K
	init commit	bb0c9c2	Eddie K

图 7-9

这样，就把刚才那些分支全部整理成两个 Commit 了。

2. 使用SourceTree

使用 SourceTree，在历史记录中的 Commit 上右击，选择 Rebase children of SHA-1 interactively 选项，进入互动模式。这时，先在 add dog 2 这个 Commit 上右击，选择 Squash with previous commit 选项，如图 7-10 所示。

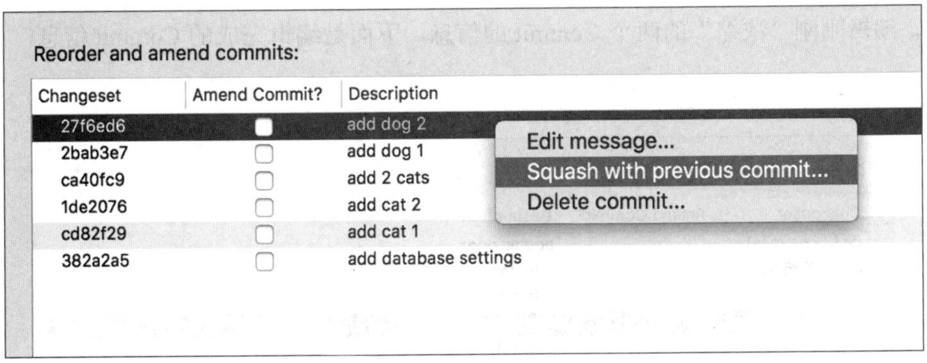

Reorder and amend commits:

Changeset	Amend Commit?	Description
27f6ed6		add dog 2
2bab3e7		add dog 1
ca40fc9		add 2 cats
1de2076		add cat 2
cd82f29		add cat 1
382a2a5		add database settings

Edit message...
Squash with previous commit...
Delete commit...

图 7-10

在 add cat 2 上进行同样的操作，如图 7-11 所示。

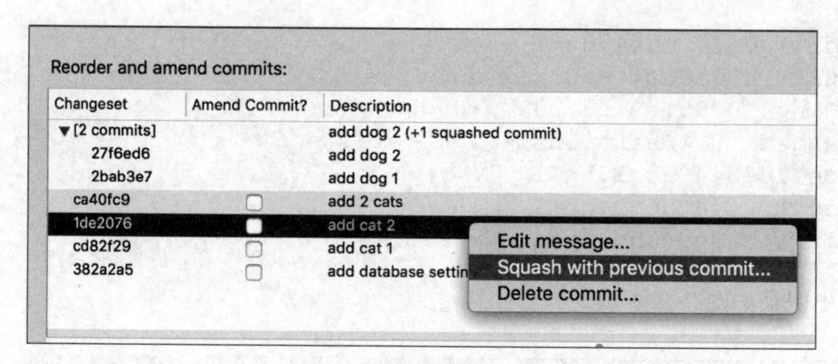

图 7-11

在 add 2 cats 上进行同样的操作，如图 7-12 所示。

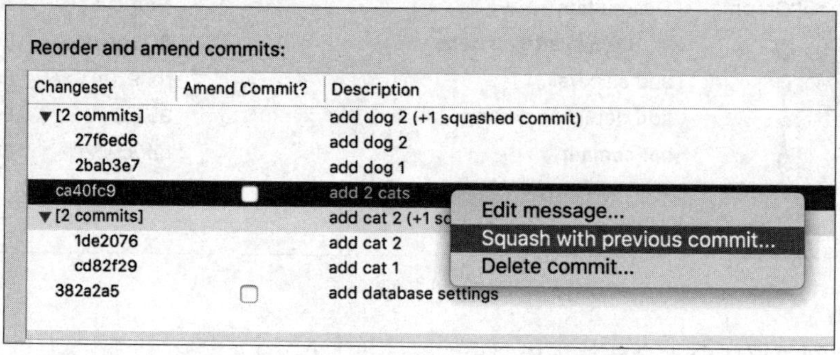

Reorder and amend commits:

Changeset	Amend Commit?	Description
▼[2 commits]		add dog 2 (+1 squashed commit)
27f6ed6		add dog 2
2bab3e7		add dog 1
ca40fc9	☐	add 2 cats
▼[2 commits]		add cat 2 (+1 sq
1de2076		add cat 2
cd82f29		add cat 1
382a2a5	☐	add database settings

Edit message...
Squash with previous commit...
Delete commit...

图 7-12

注意！

因为是要合并 3 个 Commit，如果上面这两个步骤反过来，就无法顺利地进行 Squash。这时只要按 Cmd + Z 组合键，就可以回到上一步。

接着，编辑刚刚“浓缩”的两个 Commit 的信息，下面是编辑完成的 Commit 信息，如图 7-13 所示。

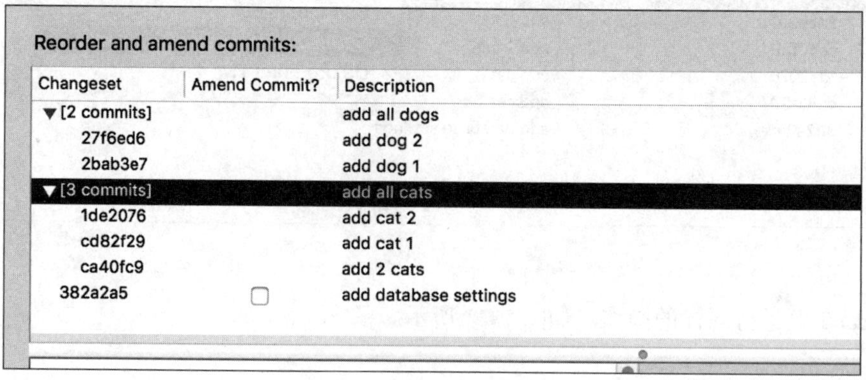

Reorder and amend commits:

Changeset	Amend Commit?	Description
▼[2 commits]		add all dogs
27f6ed6		add dog 2
2bab3e7		add dog 1
▼[3 commits]		add all cats
1de2076		add cat 2
cd82f29		add cat 1
ca40fc9		add 2 cats
382a2a5	☐	add database settings

图 7-13

全部完成之后，单击右下角的 OK 按钮即可开始进行 Rebase，这样就可以把多个 Commit 合并成一个了。

7.3 把一个Commit拆解成多个Commit

1. 使用Git

与上一节介绍的情况相反，有时觉得单次 Commit 的文件太多了，可能会想把它拆解得更细。同样也可使用互动模式的 Rebase 来操作。下面是当前的历史记录：

```
$ git log --oneline
27f6ed6 (HEAD -> master) add dog 2
2bab3e7 add dog 1
ca40fc9 add 2 cats
1de2076 add cat 2
cd82f29 add cat 1
382a2a5 add database settings
bb0c9c2 init commit
```

ca40fc9 这个 Commi 一口气增加了两个文件。这里想把它拆解成两个 Commit，即每个 Commit 只有一个文件即可。开头跟 7.4 节一样：

```
$ git rebase -i bb0c9c2
```

同样弹出一个 Vim 编辑器。这次把要拆解的那个 Commit 的 pick 改成 edit：

```
pick 382a2a5 add database settings
pick cd82f29 add cat 1
pick 1de2076 add cat 2
edit ca40fc9 add 2 cats
pick 2bab3e7 add dog 1
pick 27f6ed6 add dog 2
```

Rebase 在执行到 ca40fc9 这个 Commit 时就会停下来：

```
$ git rebase -i bb0c9c2
Stopped at ca40fc9... add 2 cats
You can amend the commit now, with

  git commit --amend

Once you are satisfied with your changes, run

  git rebase -continue
```

查看当前的状态，如图 7-14 所示。

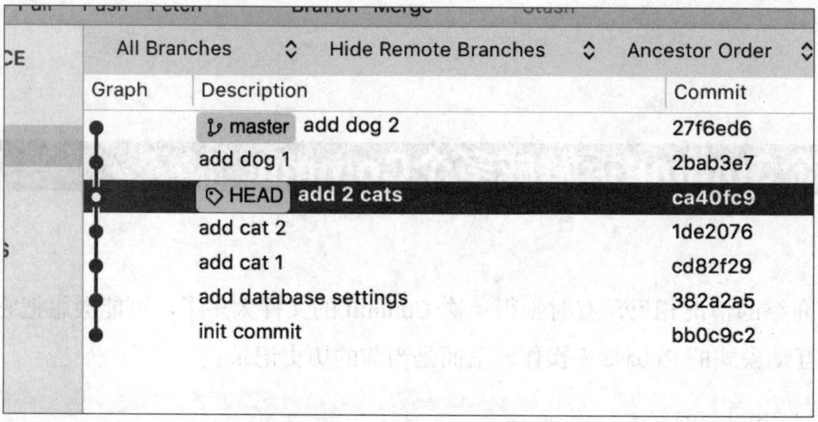

图 7-14

这时，因为要把当前这个 Commit 拆解成两个 Commit，所以要使用 Reset 指令：

```
$ git reset HEAD^
```

如果忘记了，可以参阅 5.13 节，看一下当前的状态：

```
$ git status
interactive rebase in progress; onto bb0c9c2
Last commands done (4 commands done):
   pick 1de2076 add cat 2
   edit ca40fc9 add 2 cats
  (see more in file .git/rebase-merge/done)
Next commands to do (2 remaining commands):
   pick 2bab3e7 add dog 1
   pick 27f6ed6 add dog 2
  (use "git rebase --edit-todo" to view and edit)
You are currently editing a commit while rebasing branch 'master' on 'bb0c9c2'.
  (use "git commit --amend" to amend the current commit)
  (use "git rebase --continue" once you are satisfied with your changes)

Untracked files:
  (use "git add <file>..." to include in what will be committed)

    cat3.html
    cat4.html

nothing added to commit but untracked files present (use "git add" to track)
```

可以看到，cat3.html 和 cat4.html 都被拆解出来放在工作目录中，且处于 Untracked 状态。还记得怎么 Commit 文件吗？就是用 add + commit 二段式指令：

```
$ git add cat3.html
```

把文件加到暂存区，接下来进行 Commit：

```
$ git commit -m "add cat 3"
[detached HEAD 8e79d0e] add cat 3
 1 file changed, 0 insertions(+), 0 deletions(-)
 create mode 100644 cat3.html
```

对另一个文件进行同样的操作：

```
$ git add cat4.html
$ git commit -m "add cat 4"
[detached HEAD 06ee3f6] add cat 4
 1 file changed, 0 insertions(+), 0 deletions(-)
 create mode 100644 cat4.html
```

同样，如果忘记了怎么 Commit 文件，可参阅 5.2 节。这样就把刚刚那个 Commit 拆解成两个 Commit 了。但现在还处于 Rebase 状态，所以要让 Rebase 继续执行：

```
$ git rebase --continue
Successfully rebased and updated refs/heads/master.
```

查看当前的历史记录，如图 7-15 所示。

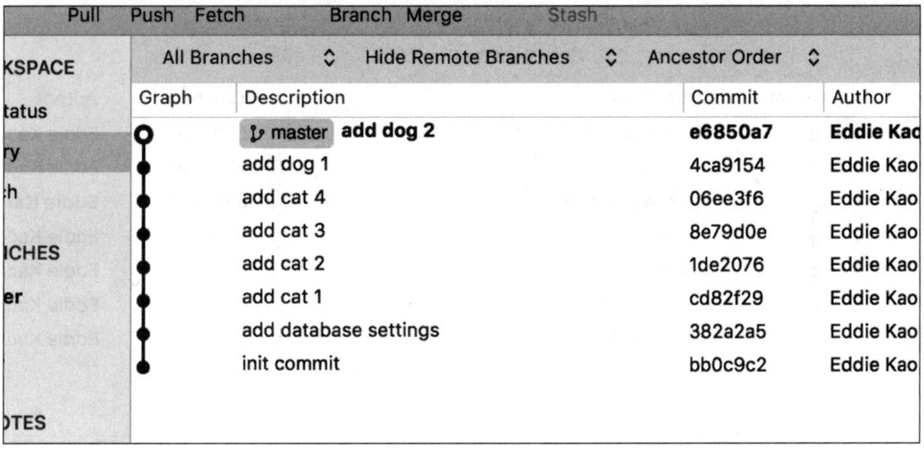

Graph	Description	Commit	Author
	master add dog 2	e6850a7	Eddie Kao
	add dog 1	4ca9154	Eddie Kao
	add cat 4	06ee3f6	Eddie Kao
	add cat 3	8e79d0e	Eddie Kao
	add cat 2	1de2076	Eddie Kao
	add cat 1	cd82f29	Eddie Kao
	add database settings	382a2a5	Eddie Kao
	init commit	bb0c9c2	Eddie Kao

图 7-15

原来的 add 2 cats 已经被拆解成 add cat 3 和 add cat 4 了，而且都只有一个文件。

2. 使用SourceTree

如果使用 SourceTree，就没有方便的操作界面了。首先打开互动模式的 Rebase 窗口，然后选中要拆解的 Commit 复选框，如图 7-16 所示。

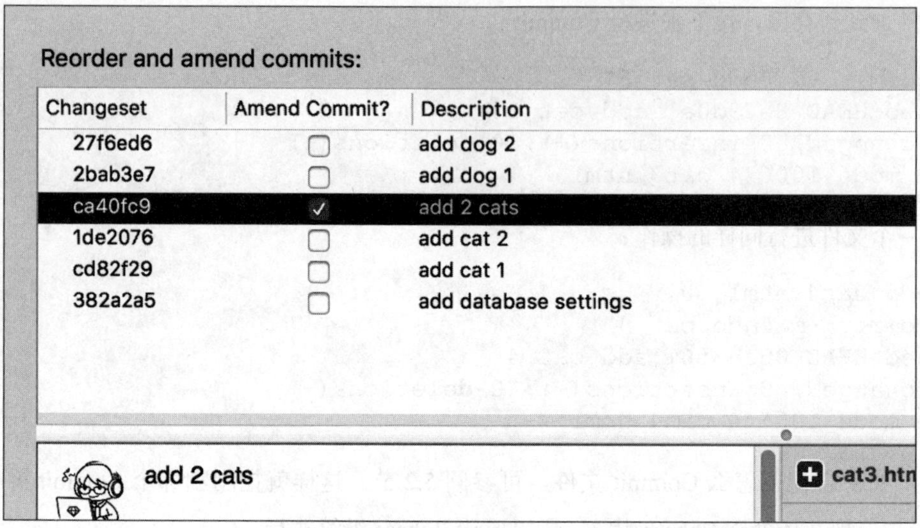

图 7-16

单击右下角的 OK 按钮，就会开始执行 Rebase 指令，其页面如图 7-17 所示。

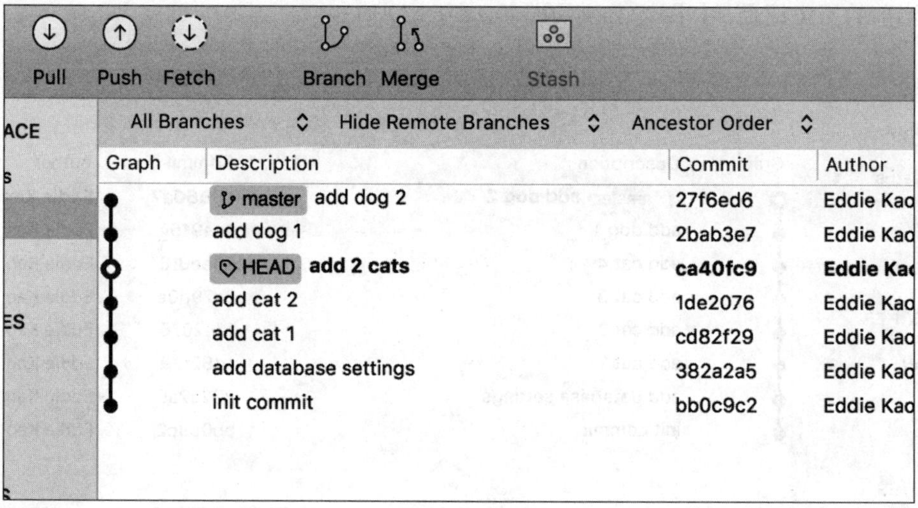

图 7-17

HEAD 的确停在 add 2 cats 这个 Commit 上。但是 SourceTree 似乎没有提供可以拆解 Commit 的界面，所以还是要打开终端机进行操作。

如果做完了，在 SourceTree 菜单栏中选择 Action → Continue Rebase 选项，就可以继续完成剩下的 Rebase 指令，如图 7-18 所示。

这与使用 git rebase → continue 指令是一样的效果。

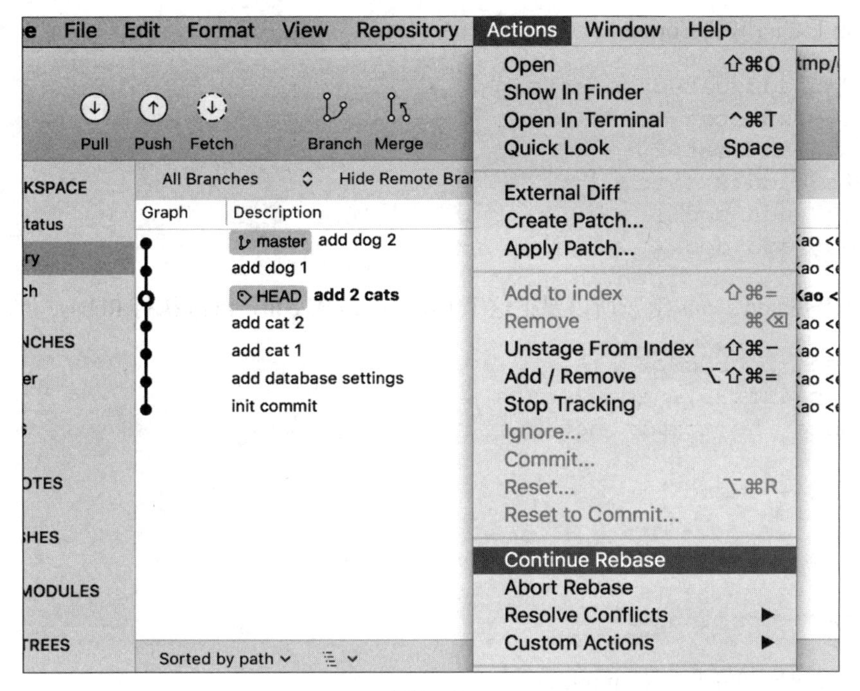

图 7-18

7.4 想要在某些Commit之间再加新的Commit

有时可能需要在某些 Commit 之间再增加一些其他的 Commit。假设当前的历史记录如下：

```
$ git log --oneline
27f6ed6 (HEAD -> master) add dog 2
2bab3e7 add dog 1
ca40fc9 add 2 cats
1de2076 add cat 2
cd82f29 add cat 1
382a2a5 add database settings
bb0c9c2 init commit
```

在 ca40fc9（add 2 cats） 和 2bab3e7（add dog 1） 这两个 Commit 之间，如要再增加两个 Commit，其处理技巧与 7.3 节类似，都是先停在某个 Commit 上，然后再进行后续的操作。所以开头是一样的：

```
$ git rebase -i bb0c9c2
```

再次提醒大家，处于 Rebase 状态的 Commit 列表与平常看到的记录是相反的，所以如果想在某两个 Commit 之间再增加 Commit，要注意停下来的那个点是不是正确的点。例如，要加在 add 2 cats 和 add dog 1 之间增加 Commit：

```
pick 382a2a5 add database settings
pick cd82f29 add cat 1
pick 1de2076 add cat 2
edit ca40fc9 add 2 cats
pick 2bab3e7 add dog 1
pick 27f6ed6 add dog 2
```

注意，是停在 add 2 cats 上，所以要把这个 Commit 改成 edit，继续执行 Rebase：

```
$ git rebase -i bb0c9c2
Stopped at ca40fc9... add 2 cats
You can amend the commit now, with

  git commit --amend

Once you are satisfied with your changes, run

  git rebase -continue
```

接下来，很快地加好两个 Commit：

```
$ touch bird1.html

$ git add bird1.html

$ git commit -m "add bird 1"
[detached HEAD 549bd92] add bird 1
 1 file changed, 0 insertions(+), 0 deletions(-)
 create mode 100644 bird1.html

$ touch bird2.html

$ git add bird2.html

$ git commit -m "add bird 2"
[detached HEAD e13837e] add bird 2
 1 file changed, 0 insertions(+), 0 deletions(-)
 create mode 100644 bird2.html
```

有读者可能会注意到，在 Rebase 的过程中经常出现“detached HEAD”字样，如果忘记它是什么意思，可以参阅 6.12 节的内容。

加好两个 Commit 之后，继续刚才中断的 Rebase：

```
$ git rebase --continue
Successfully rebased and updated refs/heads/master.
```

这样，就在指定的位置中间增加了新的 Commit，如图 7-19 所示。

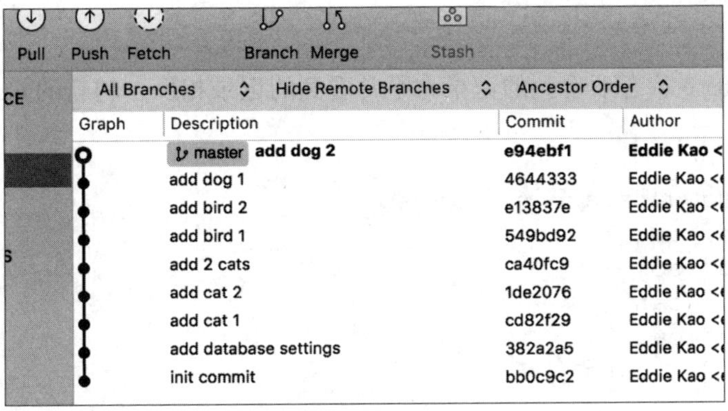

Graph	Description	Commit	Author
	master add dog 2	e94ebf1	Eddie Kao <
	add dog 1	4644333	Eddie Kao <
	add bird 2	e13837e	Eddie Kao <
	add bird 1	549bd92	Eddie Kao <
	add 2 cats	ca40fc9	Eddie Kao <
	add cat 2	1de2076	Eddie Kao <
	add cat 1	cd82f29	Eddie Kao <
	add database settings	382a2a5	Eddie Kao <
	init commit	bb0c9c2	Eddie Kao <

图 7-19

如果使用 SourceTree，基本上与 7.3 节介绍的差不多，也是选中要中断的 Commit，然后回到终端机进行操作。完成后在 SourceTree 菜单栏中选择 Action → Continue Rebase 选项，即可完成剩余的 Rebase 指令。

7.5 想要删除某几个Commit或调整Commit的顺序

1. 调整Commit顺序

要在 Git 中调整 Commit 的顺序其实很简单。假设当前的历史记录如下：

```
$ git log --oneline
27f6ed6 (HEAD -> master) add dog 2
2bab3e7 add dog 1
ca40fc9 add 2 cats
1de2076 add cat 2
cd82f29 add cat 1
382a2a5 add database settings
bb0c9c2 init commit
```

如果让所有与 cat 有关的 Commit 都移到与 dog 有关的 Commit 后面，先用跟前面一样的 Rebase 开头：

```
$ git rebase -i bb0c9c2
```

这时弹出的编辑器的 Commit 内容为：

```
pick 382a2a5 add database settings
pick cd82f29 add cat 1
pick 1de2076 add cat 2
pick ca40fc9 add 2 cats
pick 2bab3e7 add dog 1
```

```
pick 27f6ed6 add dog 2
```

别忘了，在 Rebase 状态下看到的记录与平常看到的记录相反，越新的 Commit 越在下面。接下来只要这样移动一下：

```
pick 382a2a5 add database settings
pick 2bab3e7 add dog 1
pick 27f6ed6 add dog 2
pick cd82f29 add cat 1
pick 1de2076 add cat 2
pick ca40fc9 add 2 cats
```

存档、离开后，Rebase 就会继续做它的工作：

```
$ git rebase -i bb0c9c2
Successfully rebased and updated refs/heads/master.
```

现在的历史记录就变成这样了：

```
$ git log --oneline
a2df4b2 (HEAD -> master) add 2 cats
a8e28c5 add cat 2
1e51a3d add cat 1
9f6a6a5 add dog 2
5a14212 add dog 1
382a2a5 add database settings
bb0c9c2 init commit
```

所有与 cat 相关的 Commit 都移到 dog 后面了。

使用 SourceTree 也很容易，用同样的方式打开 Rebase 窗口，如图 7-20 所示。

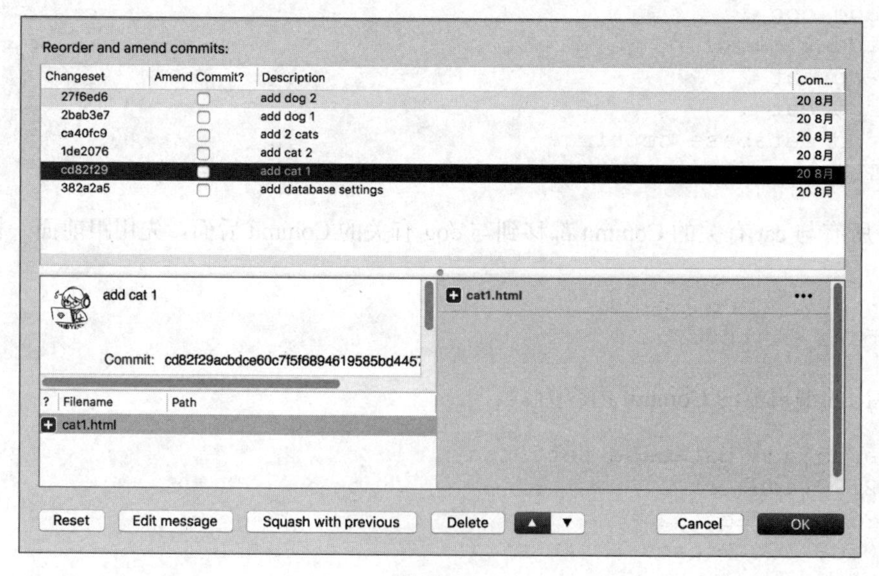

图 7-20

这时可以使用鼠标拖曳调整顺序，或者利用窗口上方的调整按钮，调好顺序后的界面如图 7-21 所示。

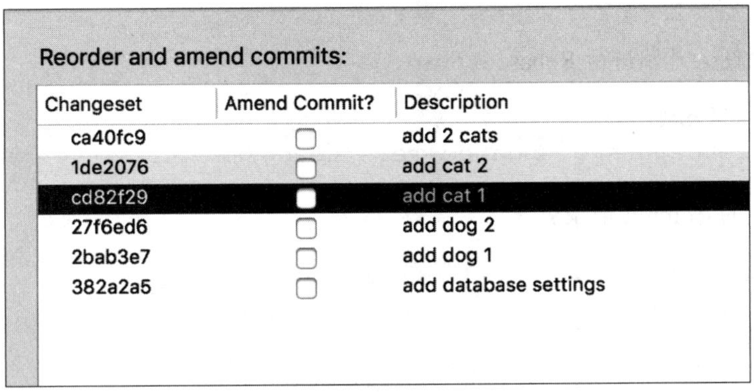

Reorder and amend commits:

Changeset	Amend Commit?	Description
ca40fc9	☐	add 2 cats
1de2076	☐	add cat 2
cd82f29	☐	add cat 1
27f6ed6	☐	add dog 2
2bab3e7	☐	add dog 1
382a2a5	☐	add database settings

图 7-21

单击 OK 按钮，便会进行 Rebase，如图 7-22 所示。

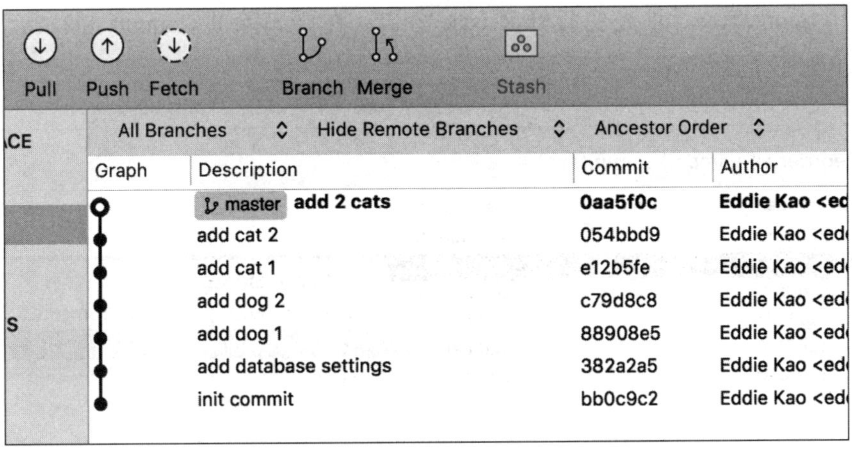

Pull　Push　Fetch　Branch　Merge　Stash

All Branches　Hide Remote Branches　Ancestor Order

Graph	Description	Commit	Author
	master add 2 cats	0aa5f0c	Eddie Kao <ed
	add cat 2	054bbd9	Eddie Kao <ed
	add cat 1	e12b5fe	Eddie Kao <ed
	add dog 2	c79d8c8	Eddie Kao <ed
	add dog 1	88908e5	Eddie Kao <ed
	add database settings	382a2a5	Eddie Kao <ed
	init commit	bb0c9c2	Eddie Kao <ed

图 7-22

2. 删除Commit

要删除 Commit 很简单，在 Rebase 的过程中，把原来的 pick 改成 drop，甚至直接将其删掉也可以。原来的 Commit 为：

```
pick 382a2a5 add database settings
pick cd82f29 add cat 1
pick 1de2076 add cat 2
pick ca40fc9 add 2 cats
pick 2bab3e7 add dog 1
pick 27f6ed6 add dog 2
```

如果想把与 dog 有关的 Commit 都删掉，只需把最后两行删掉：

```
pick 382a2a5 add database settings
pick cd82f29 add cat 1
pick 1de2076 add cat 2
pick ca40fc9 add 2 cats
```

存档、离开后便会开始进行 Rebase：

```
$ git rebase -i bb0c9c2
Successfully rebased and updated refs/heads/master.
```

来看一下现在的 Commit 记录：

```
$ git log --oneline
ca40fc9 add 2 cats
1de2076 add cat 2
cd82f29 add cat 1
382a2a5 add database settings
bb0c9c2 init commit
```

可以看到，刚刚那两个 Commit 已经被删除了。

如果使用 SourceTree，首先要打开 Rebase 窗口，在要删除的 Commit 上右击，选择 Delete commit 选项，如图 7-23 所示。

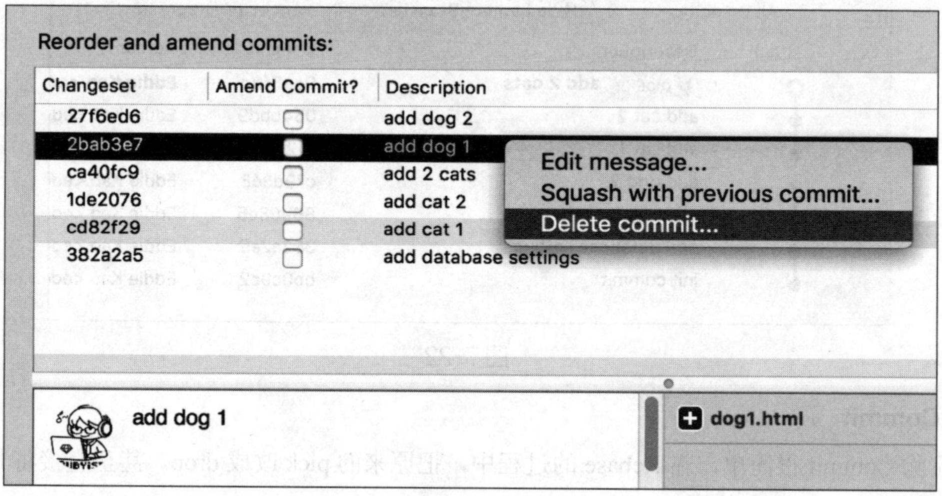

图 7-23

可以把要删除的 Commit 先做上标记，如图 7-24 所示。

单击 OK 按钮之后，便会开始执行 Rebase 指令，如图 7-25 所示。刚刚标记的 Commit 就被删掉了。

Reorder and amend commits:

Changeset	Amend Commit?	Description
~~27f6ed6~~	☐	~~add dog 2~~
~~2bab3e7~~	☐	~~add dog 1~~
ca40fc9	☐	add 2 cats
1de2076	☐	add cat 2
cd82f29	☐	add cat 1
382a2a5	☐	add database settings

图 7-24

Pull　Push　Fetch　Branch　Merge　Stash

All Branches　Hide Remote Branches　Ancestor Order

Graph	Description	Commit	Author
	master **add 2 cats**	**ca40fc9**	**Eddie Kao <eddi**
	add cat 2	1de2076	Eddie Kao <eddie
	add cat 1	cd82f29	Eddie Kao <eddie
	add database settings	382a2a5	Eddie Kao <eddie
	init commit	bb0c9c2	Eddie Kao <eddie

图 7-25

3. 后遗症

在那些穿越时空的电影中，都会警告时空旅行者不要随便改动历史，否则后果不堪设想。试想一下，如果你搭时光机回到父母那个年代，然后想办法拆散他们，那么你还会是你吗？

同样，不管是调整 Commit 的顺序，还是删除某个 Commit，都要注意相依性问题。例如，某个 Commit 改动了 index.html 的内容，结果这个 Commit 被移到了创建 index. html 的那个 Commit 之前；或者删除了某个创建 welcome.html 文件的 Commit，但后面的 Commit 都需要 welcome.html 这个文件……像这样的操作一定会出问题，在使用 Rebase 指令时要特别注意。

7.6 Reset、Revert与Rebase指令有什么区别

在进入这个主题之前，先看一下 Revert 这个指令。

如果要拆除已经完成的 Commit，在 5.13 节介绍过可使用 Reset 指令来处理，前几节也介绍过使用 Rebase 来改动历史记录。例如，把多个 Commit 合并成一个、把一个 Commit 拆解成多个、删

除 Commit、调整 Commit 顺序，或者在指定的 Commit 之间加入新的 Commit 等。接下来要介绍的 Revert 指令，也是一个可以用来“后悔”的指令。

1. 使用Revert指令

来看一下如何使用 Revert 指令。假设当前的历史记录如图 7-26 所示。

如果要取消最后的 Commit（ add dog 2 ），可以这样做：

```
$ git revert HEAD --no-edit
[master f2c3e8b] Revert "add dog 2"
 1 file changed, 0 insertions(+), 0 deletions(-)
 delete mode 100644 dog2.html
```

All Branches ◇ Hide Remote Branches ◇ Ancestor Order ◇

Graph	Description	Commit	Author
	master **add dog 2**	**27f6ed6**	**Eddie Kao <**
	add dog 1	2bab3e7	Eddie Kao <e
	add 2 cats	ca40fc9	Eddie Kao <e
	add cat 2	1de2076	Eddie Kao <e
	add cat 1	cd82f29	Eddie Kao <e
	add database settings	382a2a5	Eddie Kao <e
	init commit	bb0c9c2	Eddie Kao <e

图 7-26

加上后面的 --no-edit 参数，表示不编辑 Commit 信息。

如果使用 SourceTree，可以在要取消的 Commit 上右击，然后选择 Revert commit 选项，如图 7-27 所示。

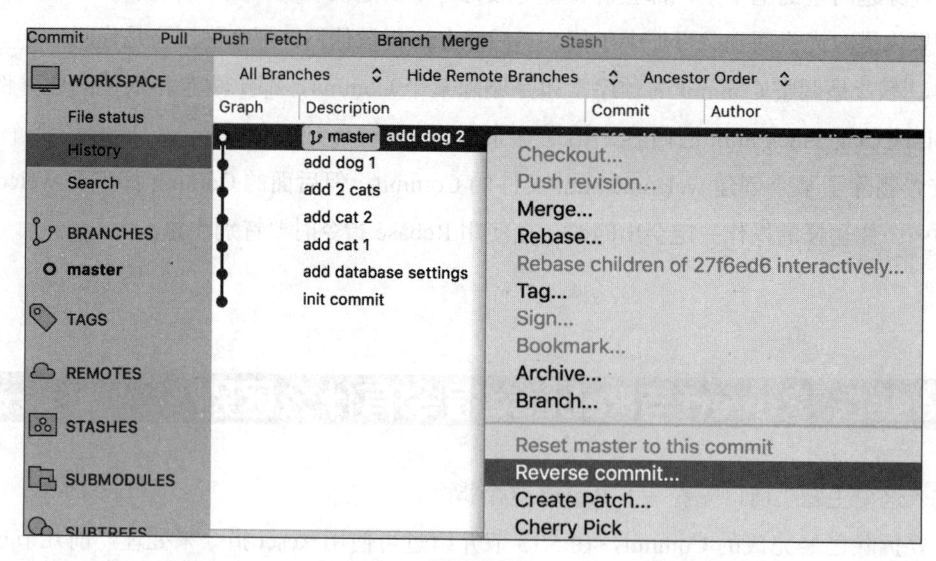

图 7-27

这样就把最后一次 Commit 的内容删掉了。虽然文件不见了，但是好像有点怪怪的，如图 7-28 所示。

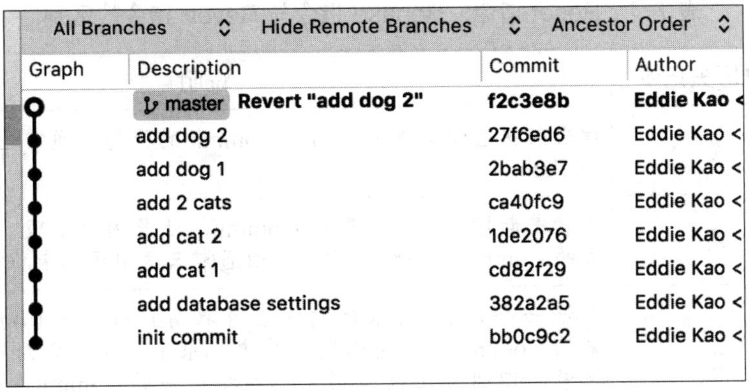

All Branches　Hide Remote Branches　Ancestor Order

Graph	Description	Commit	Author
	master Revert "add dog 2"	f2c3e8b	Eddie Kao <
	add dog 2	27f6ed6	Eddie Kao <
	add dog 1	2bab3e7	Eddie Kao <
	add 2 cats	ca40fc9	Eddie Kao <
	add cat 2	1de2076	Eddie Kao <
	add cat 1	cd82f29	Eddie Kao <
	add database settings	382a2a5	Eddie Kao <
	init commit	bb0c9c2	Eddie Kao <

图 7-28

Commit 怎么增加了？而且原来的那个 add dog 2 的 Commit 也还在？原来，Revert 指令是“再做一个新的 Commit，来取消你不要的 Commit”，所以 Commit 的数量才会增加。

2. 怎样取消Revert

如果做出来的 Revert 不想要了，可用以下几种方式来处理。

（1）再开一个 Revert。

可以再开一个新的 Revert，来 Revert 刚才那个 Revert（有点绕口）：

```
$ git revert HEAD --no-edit
[master e209455] Revert "Revert "add dog 2""
 1 file changed, 0 insertions(+), 0 deletions(-)
 create mode 100644 dog2.html
```

但刚刚被删掉的 dog2.html 又出现了，这样 Commit 又变多了……

（2）直接使用 Reset。

如果要“砍掉”这个 Revert，只需直接使用 Reset 指令：

```
$ git reset HEAD^ --hard
```

这样就可以回到 Revert 之前的状态了。

3. 什么时候使用Revert指令

如果是一个人做的项目，使用 Revert 指令其实有点过于“礼貌”了，大部分都是直接使用 Reset 指令。对于多人共同协作的项目，限于团队开发的规则，不一定有机会使用 Reset 指令。这时就可以使用 Revert 指令做出一个“取消”的 Commit，对其他人来说也不算是“改动历史”，而是新增一个 Commit，只是刚好这个 Commit 是某个 Commit 反向的操作而已。

4. 这3个指令有什么区别

3 个指令的区别如表 7-1 所示。

表 7-1　Reset 指令、Rebase 指令与 Revert 指令的区别

指令	修改历史记录	说明
Reset	是	把当前状态设置成某个指定 Commit 的状态，通常适用于尚未推出去的 Commit
Rebase	是	不管是新增、改动、删除 Commit，还是用来整理、编辑还没有推出去的 Commit，都相当方便，但通常只适用于尚未推出去的 Commit
Revert	否	新增一个 Commit 来反转（或说取消）另一个 Commit 的内容，原来的 Commit 依旧会保留在历史记录中。虽然会因此而增加 Commit 数量，但通常比较适用于已经推出去的 Commit，或者不允许使用 Reset 或 Rebase 来修改历史记录指令的情景

第8章 标签

8.1 使用标签

1. 标签是什么

在 Git 中，标签（Tag）是一个指向某个 Commit 的指示标。这看起来好像与分支（Branch）一样，但又有一些不太一样的地方，在 8.2 节会另外说明。

2. 什么时候使用标签

通常开发软件时会完成特定的“里程碑”，如软件版号 1.0.0 或 beta-release 之类的，这时就很适合使用标签做标记。

3. 标签的分类

标签有两种：一种是轻量标签（lightweight tag），另一种是有附注的标签（annotated tag）。不管是哪一种标签，都可以把它当作贴纸，贴在某个 Commit 上。

（1）轻量标签（lightweight tag）。

轻量标签的使用方法相当简单，只需直接指定要贴上去的那个 Commit 即可。假设当前的 Commit 记录如下：

```
$ git log --oneline
db3bbec (HEAD -> master) add fish
930feb3 add pig
51d54ff add lion and tiger
27f6ed6 add dog 2
2bab3e7 add dog 1
ca40fc9 add 2 cats
1de2076 add cat 2
cd82f29 add cat 1
382a2a5 add database settings
bb0c9c2 init commit
```

如要在 add lion and tiger 这个 Commit（51d54ff）上贴一个 big_cats 标签，可以使用如下命令：

```
$ git tag big_cats 51d54ff
```

这样就贴好标签了。如果只使用 git tag big_cats，而没有加上后面 Commit 的 SHA-1 值，则会把标签贴在当前所在的 Commit 上。当前的状态为：

```
$ git log --oneline
db3bbec (HEAD -> master) add fish
930feb3 add pig
51d54ff (tag: big_cats) add lion and tiger
27f6ed6 add dog 2
2bab3e7 add dog 1
ca40fc9 add 2 cats
1de2076 add cat 2
cd82f29 add cat 1
```

```
382a2a5 add database settings
bb0c9c2 init commit
```

可以看到，有一个标签 big_cats 指向 51d54ff 这个 Commit。

如果使用 SourceTree 来操作，可以在贴标签的位置右击，选择 Tag 选项，如图 8-1 所示。

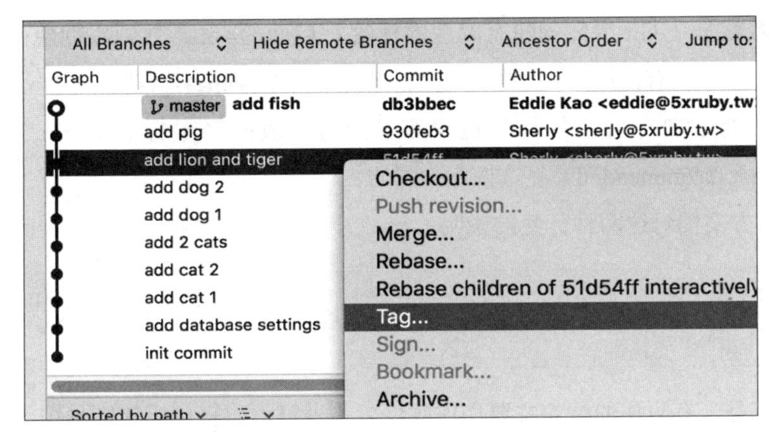

图 8-1

在弹出的对话框中输入标签的名称，展开下方的 Advanced Options 栏，在其中选中 Lightweight tag（not recommended）复选框，如图 8-2 所示。

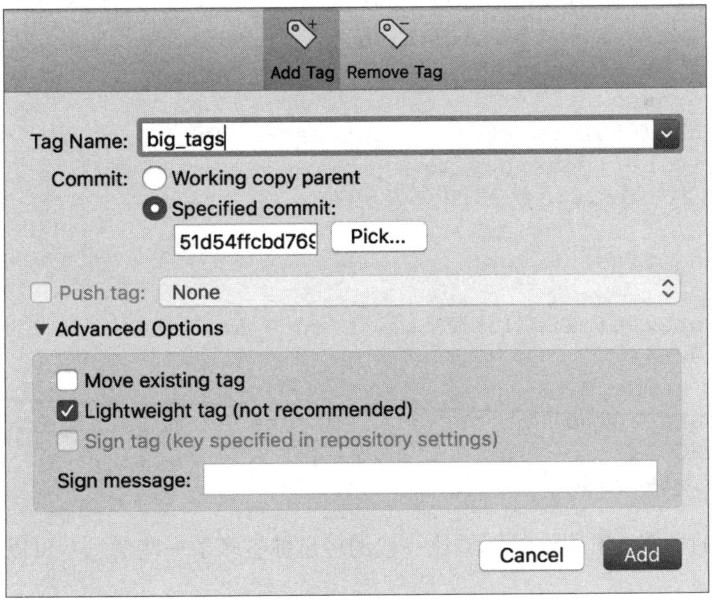

图 8-2

这样就能创建一个轻量标签了。因为轻量标签只是一个指向某个 Commit 的指示标，不含有其他的信息，所以 Git 比较推荐使用有附注的标签（annotated tag）。

（2）有附注的标签（annotated tag）。

以上面的 add lion and tiger 那个 Commit（ 51d54ff ）为例，如果要创建一个有附注的标签，可以使用如下命令：

```
$ git tag big_cats 51d54ff -a -m "Big Cats are comming"
```

其中，-a 参数就是让 Git 帮你创建有附注的标签；后面的 -m 参数则跟创建一般的 Commit 时输入的信息类似。如果没有使用 -m 参数，则会自动弹出一个 Vim 编辑器。

在 SourceTree 上添加有附注的标签也很容易，与一般的轻量标签流程一样，但不要选中 Lightweight tag（not recommended）复选框。

下面是 Git 官方文档对这两种标签的说明：

> Annotated tags are meant for release while lightweight tags are meant for private or temporary object labels.

这段话的意思是，有附注的标签主要用作软件版本号等，而轻量标签则是用于个人使用或暂时标记。简单地说，有附注的标签的好处就是有更多关于这张标签的信息。例如，谁在什么时候贴的这张标签，以及为什么要贴这张标签。如果不是很在乎这些信息，用一般的轻量标签即可。

4. 两种标签的区别

这两种标签的第一个区别就是信息量不同，如果是一般的轻量标签，只有标签指向的那个 Commit 的信息。

```
$ git show big_cats
commit 51d54ffcbd76902f2f580cf5638305eaaf6acde5
Author: Sherly <sherly@5xruby.tw>
Date:  Tue Aug 22 01:10:54 2017 +0800

    add lion and tiger

diff --git a/cute_animals/lion.html b/cute_animals/lion.html
new file mode 100644
index 0000000..e69de29
diff --git a/cute_animals/tiger.html b/cute_animals/tiger.html
new file mode 100644
index 0000000..e69de29
```

下面是有附注的标签，有附注的标签比一般的轻量标签多了一些信息，可以清楚地看出谁在什么时候贴了这张标签。

```
$ git show big_cats

tag big_cats
Tagger: Eddie Kao <eddie@5xruby.tw>
```

```
Date:  Tue Aug 22 03:39:37 2017 +0800

Big Cats are comming

commit 51d54ffcbd76902f2f580cf5638305eaaf6acde5
Author: Sherly <sherly@5xruby.tw>
Date:  Tue Aug 22 01:10:54 2017 +0800

    add lion and tiger

diff --git a/cute_animals/lion.html b/cute_animals/lion.html
new file mode 100644
index 0000000..e69de29
diff --git a/cute_animals/tiger.html b/cute_animals/tiger.html
new file mode 100644
index 0000000..e69de29
```

不管是哪种标签，都与分支一样以文档的形式存放在 .git/refs/tags 目录下，如图 8-3 所示。

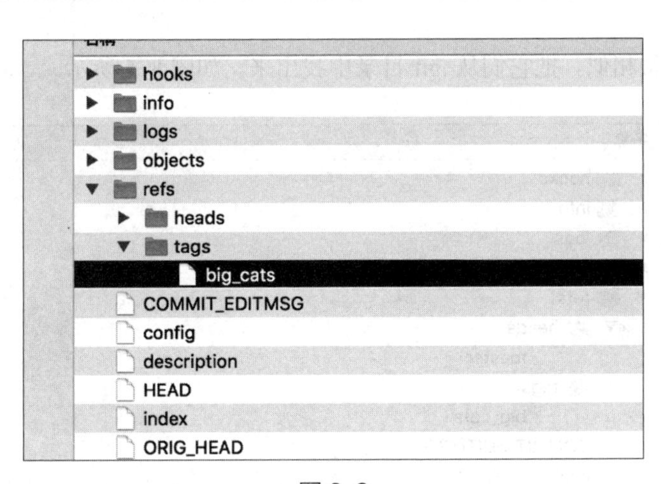

图 8-3

文档的内容也与分支一样，是一个 40 个字节的 SHA-1 值，指向某个对象。两者的区别在于，轻量标签指向的是某一个 Commit，而有附注的标签是指向某个 Tag 对象，这个 Tag 对象再指向那个 Commit。关于 Tag 对象，5.18 节有详细说明。

5. 删除标签

不管是哪一种标签，其本质都像是一张贴纸，撕掉一张贴纸并不会造成 Commit 或文档不见。如果要删除标签，只需添加 -d 参数即可：

```
$ git tag -d big_cats
Deleted tag 'big_cats' (was 8ee0144)
```

如果使用 SourceTree，可在左侧的 TAGS 下找到那个分支，并在其上右击，选择 Delete…选项（在此以 Delete big_cats 为例），如图 8-4 所示。

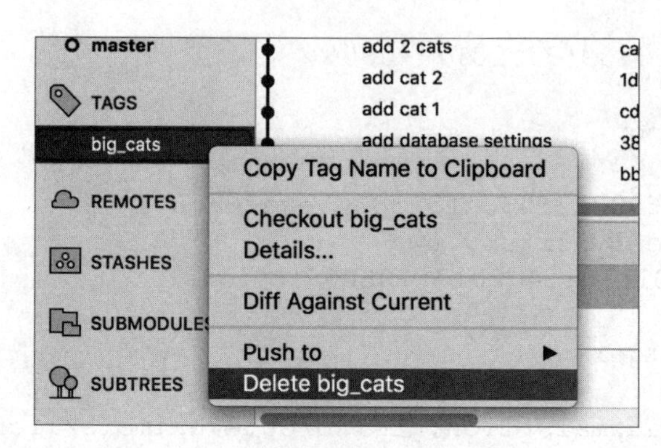

图 8-4

8.2 标签与分支有什么区别

其实标签与分支很相似。把它们从 .git 目录中找出来，如图 8-5 所示。

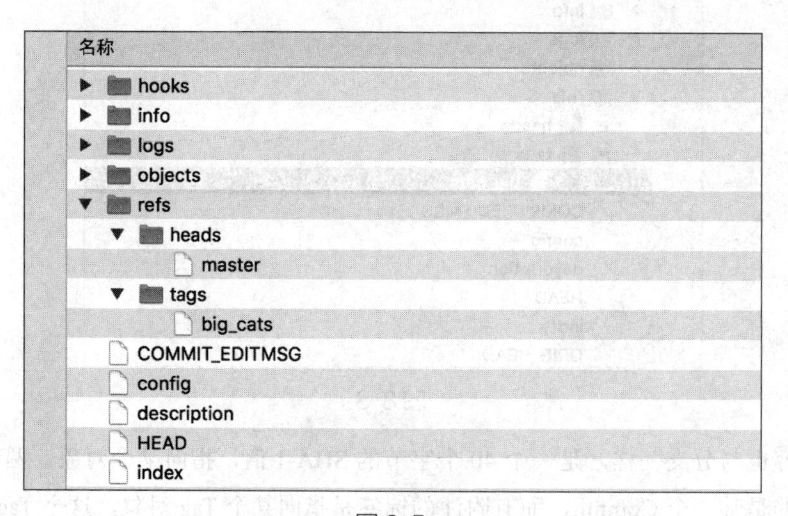

图 8-5

标签与分支都是一种指示标，也都存放在 .git/refs 目录下，只是分支是在 heads 目录中，而标签则是在 tags 目录中。

它们的内容也很像，都是 40 个字节的 SHA-1 值：

```
$ cat .git/refs/heads/master
db3bbec63301d1c638e828c9a38a29314c8a0c44

$ cat .git/refs/tags/big_cats
552a844022bad7f24c5e6e3b0fc2528c8ec86df7
```

这两者在被删除的时候，都不会影响到被指到的那个对象。

标签与分支的区别是，分支会随着 Commit 而移动，但标签不会。6.3 节介绍过，当 Git 往前推进一个 Commit 时，它所在的分支会跟着向前移动。而标签一旦贴上去，不管 Commit 怎么前进，标签都会留在原来贴的那个位置上。

因此，分支可以看成是“会移动的标签”。

在电影《海角七号》中有一句经典台词，“留下来，或我跟你走”，用在这里差不多就是“留下来的是标签，跟你走的是分支”的意思。

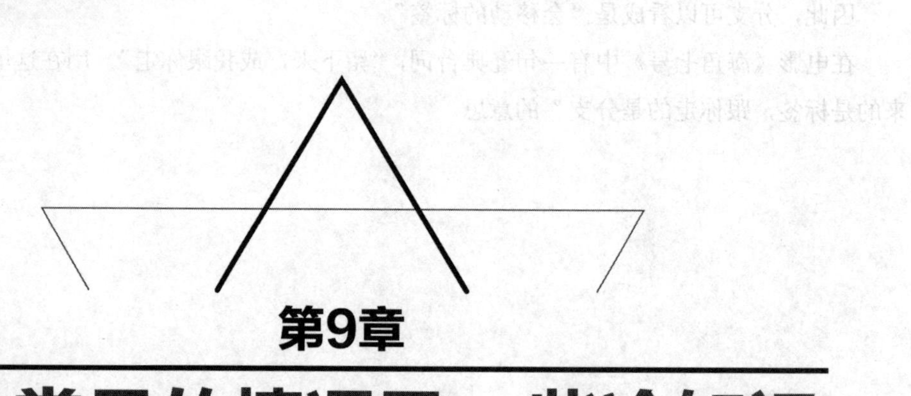

第9章

其他常见的情况及一些冷知识

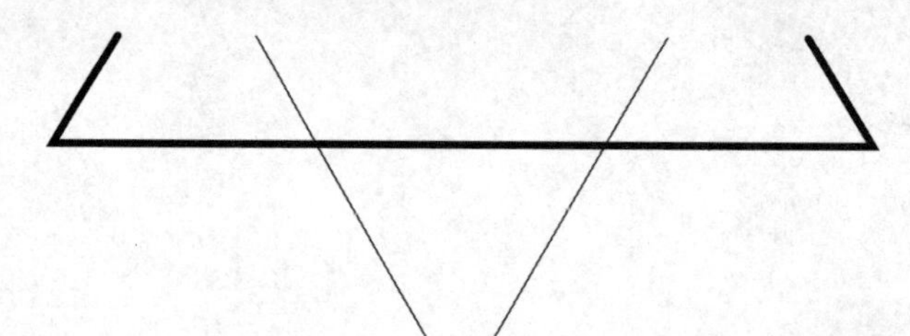

9.1 手边的工作做到一半，临时要切换到别的任务

在日常工作中，大家或多或少都有过这样的经历：

> 手边的工作做到一半，领导："那个谁谁谁，网站挂了，你赶快先来修一下……"

先不管心情好不好，既然领导开口了，只能暂时把手边的工作放下……

1. 那就先Commit当前的进度吧

简单的做法就是不管那么多，先把当前所有的修改保存下来。假设当前的状况如图 9-1 所示，而且正在 cat 分支进行功能开发。

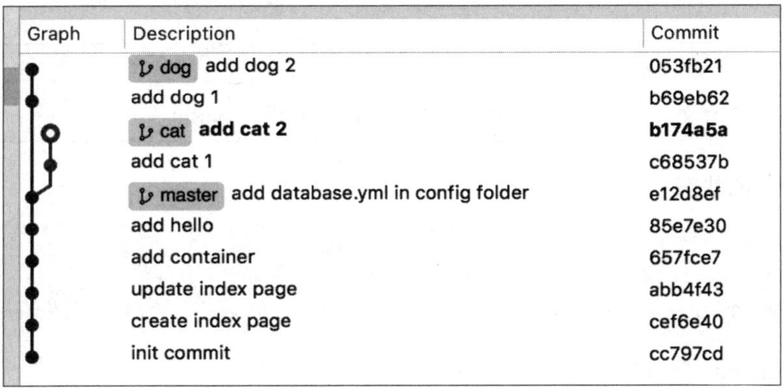

Graph	Description	Commit
	dog add dog 2	053fb21
	add dog 1	b69eb62
	cat **add cat 2**	**b174a5a**
	add cat 1	c68537b
	master add database.yml in config folder	e12d8ef
	add hello	85e7e30
	add container	657fce7
	update index page	abb4f43
	create index page	cef6e40
	init commit	cc797cd

图 9-1

```
$ git add --all
$ git commit -m "not finish yet"
[cat 9bf1f43] not finish yet
 2 files changed, 1 insertion(+)
 create mode 100644 cat3.html
```

然后就可以切换到有问题的分支，先进行功能修复，待完成之后再切换回原来做到一半的 cat 分支。接着执行 Reset 命令，衔接上已完成的部分：

```
$ git reset HEAD^
```

接下来，就可以继续做之前的工作了。

2. 使用Stash

遇到这种情况时，除了像刚才介绍的那样先 Commit，再 Reset 回来，还有另外一种做法，即使用 Git 的 Stash 功能。先看一下当前的状态：

```
$ git status
On branch cat
Changes not staged for commit:
```

```
  (use "git add <file>..." to update what will be committed)
  (use "git checkout -- <file>..." to discard changes in working directory)

    modified:    cat1.html
    modified:    cat2.html
    modified:  index.html

no changes added to commit (use "git add" and/or "git commit -a")
```

当前状态表明，正在修改 cat1.html、cat2.html 及 index.html 文件。因为要去做别的事，这时可使用 git stash 指令，把这些修改先“存”起来：

```
$ git stash
Saved working directory and index state WIP on cat: b174a5a add cat 2
```

> **注意！**
>
> Untracked 状态的文件默认无法被 Stash，需要额外使用 -u 参数。

查看一下当前的状态：

```
$ git status
On branch cat
nothing to commit, working tree clean
```

好像与刚 Commit 完一样。

刚刚那些文件存到哪儿去了？让我们看一下：

```
$ git stash list
stash@{0}: WIP on cat: b174a5a add cat 2
```

看起来当前只有一份状态被存起来了，最前面的 stash@{0} 是这个 Stash 的代名词，后面的 WIP 字样是指 Work In Progress，即工作进行中。Stash 中可以存放多份文件，例如再放一份到 Stash：

```
$ git stash list
stash@{0}: WIP on dog: 053fb21 add dog 2
stash@{1}: WIP on cat: b174a5a add cat 2
```

刚才的 stash@{0} 已变成 stash@{1} 了。

使用 SourceTree 也可以做这件事，单击界面上方的 Stash 按钮，会弹出图 9-2 所示的对话框。

填写 Message 后单击 OK 按钮即可。此时可以看到，左侧菜单栏的 STASHES 菜单下，存放了当前所有 Stash 的内容，如图 9-3 所示。

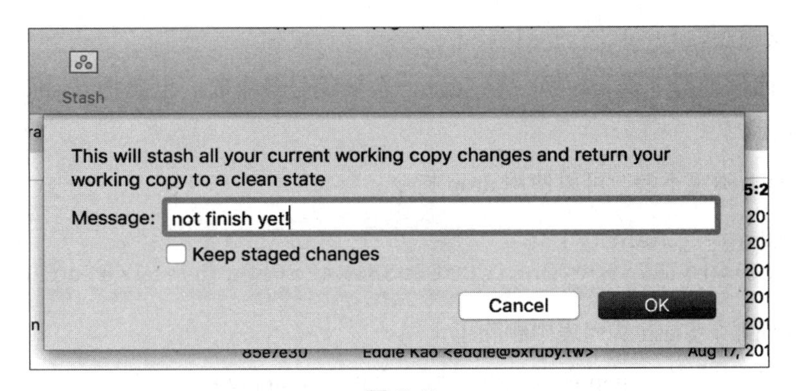

图 9-2

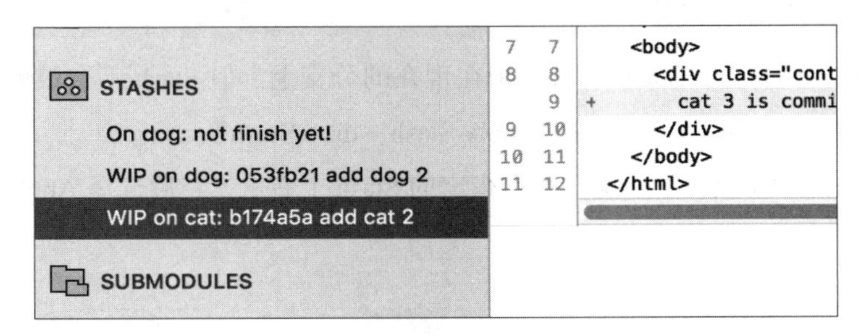

图 9-3

3. 把Stash捡回来

修复任务完成了，可以继续刚才中断的工作了。再次查看当前的 Stash 列表：

```
$ git stash list
stash@{0}: On dog: not finish yet!
stash@{1}: WIP on dog: 053fb21 add dog 2
stash@{2}: WIP on cat: b174a5a add cat 2
```

这个 stash@{2} 应该是一开始做一半的进度，所以要把它捡回来继续做：

```
$ git stash pop stash@{2}
On branch cat
Changes not staged for commit:
  (use "git add <file>..." to update what will be committed)
  (use "git checkout -- <file>..." to discard changes in working directory)

    modified:    cat1.html
    modified:    cat2.html
    modified:   index.html

no changes added to commit (use "git add" and/or "git commit -a")
Dropped stash@{2} (80091001b2022e0fb3f8c7ee6cffcefa207d00be)
```

这里有以下两点需要说明。

（1）使用 pop 指令，可以把某个 Stash 拿出来并套用在当前的分支上。套用成功之后，那个套用过的 Stash 就会被删除。

（2）如果后面没有指定要 pop 哪一个 Stash，会从编号最小的，也就是 stash@{0} 开始拿（即最后叠上去的那次）。

如果那个 Stash 确定不要，可以使用 drop 指令：

```
$ git stash drop stash@{0}
Dropped stash@{0} (87390c02bbfc8cf7a38fb42f6f3a357e51ce6cd1)
```

这样就可以把那个 Stash 从列表中删除了。

要把 Stash 捡回来，除了 pop 命令之外，另一个指令是 apply：

```
$ git stash apply stash@{0}
```

这是指把 stash@{0} 这个 Stash 拿来套用在现在的分支上，但 Stash 不会被删除，还是会留在 Stash 列表中。所以可把 pop 指令看成是“apply Stash + drop Stash”。

如果要使用 SourceTree 套用 Stash，则在指定的 Stash 上右击，然后选择 Apply Stash 选项即可，如图 9-4 所示。

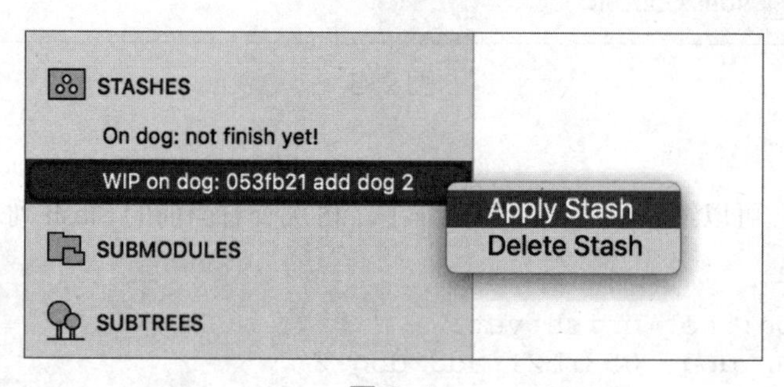

图 9-4

4. 使用哪一种方法比较好

这要看个人的习惯，还有对 Git 的熟悉程度，所以会有不同的答案。我比较喜欢第一种，就是先 Commit 之后再 Reset 回来继续做，因为这样比使用 Stash 更直接一些。

9.2 不小心把账号密码放在Git中了，想把它删掉该怎么办

不小心把账号密码写在某次的 Commit 中，而且已经 Push 出去了……

如果已经 Push 出去了，先不要去想怎么用 Git 来解决，改掉密码再说！改完密码后，再来看看怎么解决这件事。

1. “砍掉重练”法

这是一种“逃避虽然可耻但是有用”的做法，因为所有的 Commit 记录都在 .git 目录中，所以可以进行如下操作。

（1）把 .git 目录删掉。

（2）把那个密码文件删掉。

（3）重新 Commit。

这招最大的优点是不需要什么技术，缺点则是之前的 Commit 记录都会不见。如果项目只是一个人在做，而且也不在乎之前的 Commit 记录，这也是一种选择。

2. 使用filter-branch指令

如果不想使用“砍掉重练”法，另一种选择就是使用 Git 的 filter-branch 指令。假设当前的 Commit 记录如图 9-5 所示。

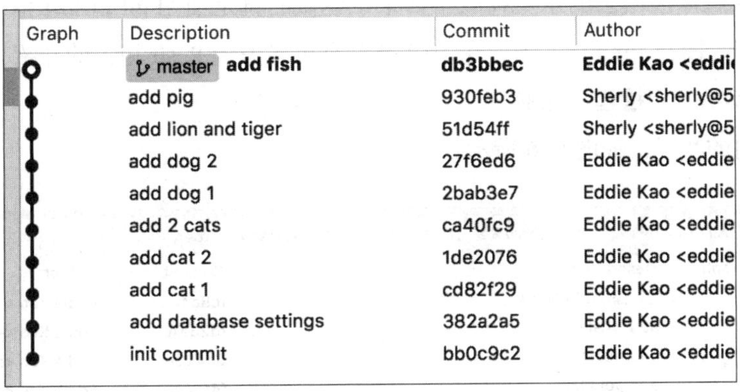

Graph	Description	Commit	Author
	master **add fish**	**db3bbec**	**Eddie Kao <eddi**
	add pig	930feb3	Sherly <sherly@5
	add lion and tiger	51d54ff	Sherly <sherly@5
	add dog 2	27f6ed6	Eddie Kao <eddie
	add dog 1	2bab3e7	Eddie Kao <eddie
	add 2 cats	ca40fc9	Eddie Kao <eddie
	add cat 2	1de2076	Eddie Kao <eddie
	add cat 1	cd82f29	Eddie Kao <eddie
	add database settings	382a2a5	Eddie Kao <eddie
	init commit	bb0c9c2	Eddie Kao <eddie

图 9-5

在这个例子中，从第二个 Commit（382a2a5）开始就已经把数据库的密码加进去了。

如果要把 config/database.yml 文件从每个 Commit 中拿掉，比较直观但稍微辛苦一些的做法是使用 Rebase 指令，然后一个一个 Commit 去编辑。Git 中有一个 filter-branch 指令，虽然不太常见，但它可以一次修改大量的 Commit，该指令如下所示：

```
$ git filter-branch --tree-filter "rm -f config/database.yml"
Rewrite db3bbec63301d1c638e828c9a38a29314c8a0c44 (9/10) (1 seconds
passed, remaining 0 predicted)
Ref 'refs/heads/master' was rewritten
```

这里有以下三点需要说明。

（1）filter-branch 指令可以根据不同的 filter，一个一个 Commit 去处理。

（2）这里使用了 --tree-filter 这个 filter，它可以在 Checkout 到每个 Commit 时执行指定的指令，执行完后再自动重新 Commit。以上面的例子来说，便是执行“强制删除 config/database.yml 文件”指令。

（3）因为删除了某个文件，所以在那之后的 Commit 都会重新计算，即产生一份新的历史记录。

信息一旦加到 Git 中，真的要把它删除并不容易，9.3 节会对此进行更多的说明。

3. 如果后悔了，怎样恢复到执行filter-branch指令之前的状态

使用 Git 的好处之一，就是允许“后悔”，随时可以重来。其实在执行 filter-branch 指令时，Git 会把之前的状态备份在 .git/refs/original/refs/heads 目录中（其实说是备份，也只是备份开始执行 filter-branch 之前的那个 HEAD 的 SHA-1 值而已）。所以可以从这个文件中把 SHA-1 值找出来，然后再 hard Reset 回去，或者直接这样操作：

```
$ git reset refs/original/refs/heads/master --hard
HEAD is now at db3bbec add fish
```

这样就都回来了。

4. 如果已经推出去了

推出去的东西就像泼出去的水一样收不回来，能做的就是使用 git push-f 指令，重新强制推一份刚刚 filter-branch 过的 Commit 上去。在 10.2 节会有更多关于 Push 相关的介绍。

5. 将其他分支的Commit捡过来合并

先来看看当前的状况，如图 9-6 所示。

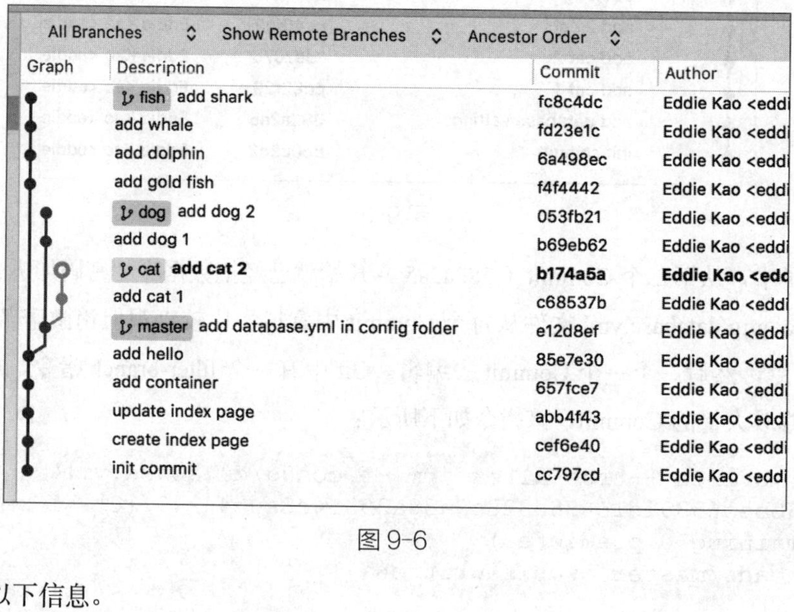

All Branches　Show Remote Branches　Ancestor Order

Graph	Description	Commit	Author
	fish add shark	fc8c4dc	Eddie Kao <eddi
	add whale	fd23e1c	Eddie Kao <eddi
	add dolphin	6a498ec	Eddie Kao <eddi
	add gold fish	f4f4442	Eddie Kao <eddi
	dog add dog 2	053fb21	Eddie Kao <eddi
	add dog 1	b69eb62	Eddie Kao <eddi
	cat **add cat 2**	**b174a5a**	**Eddie Kao <edc**
	add cat 1	c68537b	Eddie Kao <eddi
	master add database.yml in config folder	e12d8ef	Eddie Kao <eddi
	add hello	85e7e30	Eddie Kao <eddi
	add container	657fce7	Eddie Kao <eddi
	update index page	abb4f43	Eddie Kao <eddi
	create index page	cef6e40	Eddie Kao <eddi
	init commit	cc797cd	Eddie Kao <eddi

图 9-6

可以看出以下信息。

（1）当前加上 master 共有 4 个分支。

（2）当前正在 cat 分支上。

然后发现 fish 分支做得不错，但并不是这里面所有的 Commit 都需要。例如，只需要 add dolphin 和 add whale 这两个 Commit，其他的并不需要。

Git 中有个 cherry-pick 指令，可以用它捡一些特定的 Commit 来用。例如，只想捡 add dolphin 这个 Commit（6a498ec）：

```
$ git cherry-pick 6a498ec
[cat 8562ee3] add dolphin
 Date: Tue Aug 22 09:42:16 2017 +0800
 1 file changed, 0 insertions(+), 0 deletions(-)
 create mode 100644 dolphin.html
```

查看一下记录：

```
$ git log --oneline
8562ee3 (HEAD -> cat) add dolphin
b174a5a add cat 2
c68537b add cat 1
e12d8ef (master) add database.yml in config folder
85e7e30 add hello
657fce7 add container
abb4f43 update index page
cef6e40 create index page
cc797cd init commit
```

那个 add dolphin 就被捡进来了。当然，它并不是把原来的 Commit 剪切后粘贴过来，而是类似于将 Commit 的内容复制过来。因为要接到现有的分支上，所以需要重新计算，产生一个新的 Commit。当然，原本在 fish 分支下的 add dolphin 的 Commit 还是在原来的位置。

6. 一次捡多个Commit

```
$ git cherry-pick fd23e1c 6a498ec f4f4442
[cat 5b76277] add whale
 Date: Tue Aug 22 09:44:50 2017 +0800
 1 file changed, 0 insertions(+), 0 deletions(-)
 create mode 100644 whale.html
[cat de503b3] add dolphin
 Date: Tue Aug 22 09:42:16 2017 +0800
 1 file changed, 0 insertions(+), 0 deletions(-)
 create mode 100644 dolphin.html
[cat 6bf4b32] add gold fish
 Date: Tue Aug 22 09:41:51 2017 +0800
 1 file changed, 0 insertions(+), 0 deletions(-)
 create mode 100644 gold-fish.html
```

这样就可以一口气将 3 个 Commit 捡过来合并。

使用 SourceTree 来做这件事也很容易，先选好几个想要捡过来的 Commit，在其上右击，选择 Cherry Pick 选项，如图 9-7 所示。

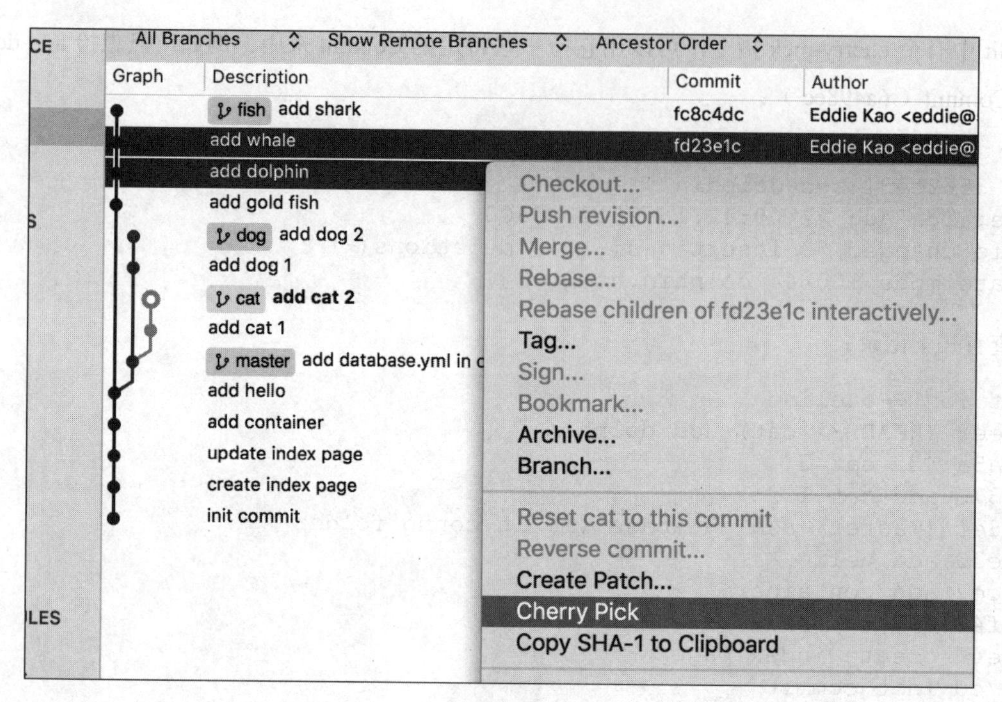

图 9-7

然后按 Enter 键即可。

7. 捡过来但先不合并

在使用 cherry-pick 指令时，如果加上 --no-commit 参数，那么捡过来的 Commit 不会直接合并，而是先放在暂存区：

```
$ git cherry-pick 6a498ec --no-commit

$ git status
On branch cat
Changes to be committed:
  (use "git reset HEAD <file>..." to unstage)

    new file: dolphin.html
```

9.3 怎样把文件真正地从Git中移除

1. 砍掉重练

“砍掉重练”就是把整个 .git 目录砍掉（即删除），整理好之后再重建，但这招不是这里要讨论的重点。

2. 使用Rebase或filter-branch指令来整理

如果 Commit 的数量较少，使用 Rebase 就足以进行编辑、重整了。9.2 节也介绍过 filter-branch 指令，它可以大范围地对每个 Commit 执行某个指令，并在修改完成后自动重新 Commit。因此，如果要把文件从 Git 中删除，使用 filter-branch 指令更方便。

例如，当前的 Commit 记录如图 9-8 所示。

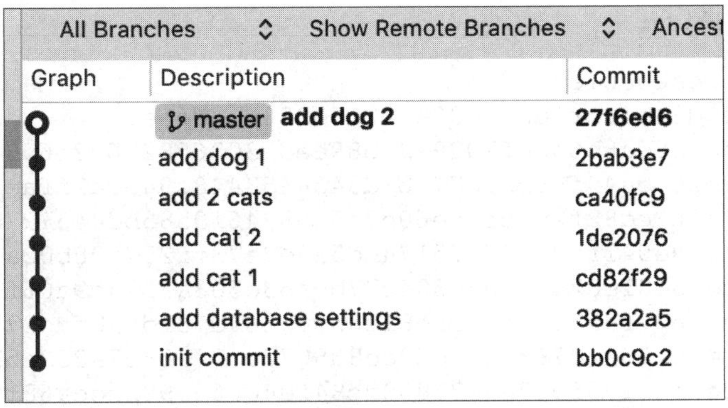

All Branches　Show Remote Branches　Ancest

Graph	Description	Commit
	master add dog 2	27f6ed6
	add dog 1	2bab3e7
	add 2 cats	ca40fc9
	add cat 2	1de2076
	add cat 1	cd82f29
	add database settings	382a2a5
	init commit	bb0c9c2

图 9-8

下面把所有 Commit 中的 config/database.yml 文件删除：

```
$ git filter-branch --tree-filter "rm -f config/database.yml"
Rewrite 27f6ed6da50dbee5adbb68102266a91dc097ad3f (7/7) (0 seconds
passed, remaining 0 predicted)
Ref 'refs/heads/master' was rewritten
```

这样看起来好像删除了，但实际上它们都还在。随时可以取消刚才这个指令，把被删的文件救回来：

```
$ git reset refs/original/refs/heads/master --hard
HEAD is now at 27f6ed6 add dog 2
```

3. 全部断干净

再重新来一次：

```
$ git filter-branch -f --tree-filter "rm -f config/database.yml"
Rewrite 27f6ed6da50dbee5adbb68102266a91dc097ad3f (7/7) (1 seconds
passed, remaining 0 predicted)
Ref 'refs/heads/master' was rewritten
```

与前面不太一样，这次多加了 -f 参数，是因为要强制覆写 filter-branch 的备份点。这里使用 filter-branch 指令把文件从工作目录中移除，这时 database.yml 的确不见了，但还有几个与资源回收有关的事情需要处理一下：

```
$ rm .git/refs/original/refs/heads/master
```

这个文件还对刚刚做的 filter-branch 动作（也就是备份点）“念念不忘”，随时可以通过它再跳回去，所以先切断这条线。

再来，这个文件“念念不忘”的还有 Reflog，所以也要清一下：

```
$ git reflog expire --all --expire=now
```

这个指令是要求 Reflog 立刻过期（默认要等 30 天）。接着执行 git fsck 指令，就可以看到很多 Unreachable 状态的对象了：

```
$ git fsck --unreachable
Checking object directories: 100% (256/256), done.
unreachable tree c8da8b6accf7029a2fb89eed130365822692b603
unreachable commit ca40fc9b31c777b1d3434453448c945fa2ffae11
unreachable commit cd82f29acbdce60c7f5f6894619585bd445797b5
unreachable tree 9e941fe91d47bf5174bd5a3d3e73ff257598b0ca
unreachable tree 5e01e02411507c504c77bca53c508a3174c9a06f
unreachable tree 607f055180d1195c81e0534d264d131d5abfdc27
unreachable commit 1de207637a6eed2cc86507dca37a38c7a932e53c
unreachable tree a21100f9f3aae37858cc84fd402663992ccca681
unreachable commit 27f6ed6da50dbee5adbb68102266a91dc097ad3f
unreachable tree a618ce33da8d21bca841f18e6432fcabf15d4477
unreachable commit 2bab3e7aff03a30ed9f53b5a7d3e02e1c0fc8c7c
unreachable tree 70c6b4db190a452b22c28998d7c2487efb8026b2
unreachable commit 382a2a5cec96b94e9c5cb42bf92b4b236f4ad8ac
```

最后，启动 Git 的资源回收机制，叫“垃圾车”过来，把它们立刻运走：

```
$ git gc --prune=now
Counting objects: 14, done.
Delta compression using up to 4 threads.
Compressing objects: 100% (12/12), done.
Writing objects: 100% (14/14), done.
Total 14 (delta 5), reused 0 (delta 0)
```

检查一下：

```
$ git fsck
Checking object directories: 100% (256/256), done.
Checking objects: 100% (14/14), done.
```

看来“垃圾”都被运走了。可以试试能不能 Reset 回去：

```
$ git reset 27f6ed6 -hard
fatal: ambiguous argument '27f6ed6': unknown revision or path not in the
working tree. Use '--' to separate paths from revisions, like this:
'git <command> [<revision>...] -- [<file>...]'
```

看来不行了，Git 已经找不到原来的那个 SHA-1 值了。提醒一下，如果这些内容已经被推出去了，最后要再加一步，使用 git push -f 把在线的记录覆盖。

4. 小结

文件一旦进入 Git 中，再想走可没那么容易，需要全部都断干净才行。关于 Git 的资源回收机制，可参阅 9.4 节。

9.4 你知道Git有资源回收机制吗

在 Git 中，每当把文件加至暂存区时，Git 便会根据文件内容制作出 Blob 对象；每当完成 Commit 时，便会跟着生成所需的 Tree 对象及 Commit 对象（细节可参阅 5.18 节）。

随着对象越来越多，当满足条件时，Git 会自动触发资源回收机制（Garbge Collection) 来整理这些对象，同时也会把 Unreachable 状态的对象清除。这样除了能让这些备份的档案体积缩小，还能让对象的检索更有效率。

1. 让它变成“没人爱的边缘人”

实际操作一次，看看该回收机制是怎样运行的。首先创建一个项目，然后简单地做 3 次 Commit：

```
$ echo "cat 1" > cat1.html

$ git add cat1.html

$ git commit -m "add cat 1"
[master (root-commit) 654b2fc] add cat 1
 1 file changed, 1 insertion(+)
 create mode 100644 cat1.html

$ echo "cat 2" > cat2.html

$ git add cat2.html

$ git commit -m "add cat 2"
[master f6bba64] add cat 2
 1 file changed, 1 insertion(+)
 create mode 100644 cat2.html

$ echo "cat 3" > cat3.html

$ git add cat3.html

$ git commit -m "add cat 3"
[master eb396df] add cat 3
 1 file changed, 1 insertion(+)
 create mode 100644 cat3.html
```

现在有 3 次 Commit 了。因为接下来要使用 git reset 指令取消最新一次的 Commit，在删除之前先看一下这个 Commit 的状态：

```
$ git cat-file -p eb396dfbdd7ab4ca6618fe643ada8cf60ca67472
tree 4c0c24949985ce2c87d99860b27791984d183d44
parent f6bba648073582fe4c361a8eadb088222ee3bb70 author
Eddie Kao <eddie@5xruby.tw> 1503604211 +0800 committer
Eddie Kao <eddie@5xruby.tw> 1503604211 +0800

add cat 3
```

不出预料，它指向某个 Tree 对象，以及前一个 Commit 对象（parent）。当然，那个 Tree 对象也指向 Blob 对象。把这些信息准备好后，就可以删除了：

```
$ git reset HEAD^ --hard
HEAD is now at f6bba64 add cat 2
```

因为 hard Reset 指令，我们预期原来的那个 Commit eb396d 应该会变成“没人爱”的 unreachable 状态。来看看是不是这样：

```
$ git fsck --unreachable
Checking object directories: 100% (256/256), done.
```

咦？不是应该会列出一些被清除的内容吗？原来，那个刚被 Reset 的 Commit 并不是真的“没人爱”，至少现在还有 Reflog“爱”它（以下为 git reflog 指令的执行结果）：

```
$ git reflog
f6bba64 (HEAD -> master) HEAD@{0}: reset: moving to HEAD^
eb396df HEAD@{1}: commit: add cat 3
f6bba64 (HEAD -> master) HEAD@{2}: commit: add cat 2
654b2fc HEAD@{3}: commit (initial): add cat 1
```

还记得 Reflog 吗？如果忘记了怎样操作，可以参阅 5.14 节。

就是因为 Reflog 还对刚被砍掉的 Commit“念念不忘”，所以这个 Commit 对象，以及它下面的 Tree 对象和 Blob 对象也暂时存在。这时可以默默地等待 Reflog 过期（默认要等 30 天），然后这些被删除的内容就会真的不存在了。当然，也可以直接手动让 Reflog 过期：

```
$ git reflog expire --all --expire=now
```

这样一来，Reflog 的记录就立刻过期了。再回来看看刚才删掉的内容：

```
$ git fsck --unreachable
Checking object directories: 100% (256/256), done.
unreachable blob e124d9bf474d2caddade45fd7bd84a4f9b7f3bbe
unreachable commit eb396dfbdd7ab4ca6618fe643ada8cf60ca67472
unreachable tree 4c0c24949985ce2c87d99860b27791984d183d44
```

这 3 个 Unreachable 的对象就是刚刚那一串 Commit 对象 → Tree 对象 → Blob 对象，因为已经没人记得它们了，所以整串对象都变成了 Unreachable 状态。不过即使它们变成了 Unreachable 状态，如果“垃圾车”没来运走它们，它们就会永远留在这里。同样，你可以慢慢等待 Git 自己启动资源回收机制（对象个数要达到一定数量才会启动），或者直接手动启动：

```
$ git gc
Counting objects: 6, done.
Delta compression using up to 4 threads.
Compressing objects: 100% (3/3), done.
Writing objects: 100% (6/6), done.
Total 6 (delta 0), reused 0 (delta 0)
```

查看是否运走了：

```
$ git fsck --unreachable
Checking object directories: 100% (256/256), done.
Checking objects: 100% (6/6), done.
unreachable blob e124d9bf474d2caddade45fd7bd84a4f9b7f3bbe
unreachable commit eb396dfbdd7ab4ca6618fe643ada8cf60ca67472
unreachable tree 4c0c24949985ce2c87d99860b27791984d183d44
```

怎么还在啊？“垃圾车”不是来过了吗？原来还需要跟“垃圾车”说“现在给我运走”才行，不然它会等到过期才运走：

```
$ git gc --prune=now
Counting objects: 6, done.
Delta compression using up to 4 threads.
Compressing objects: 100% (3/3), done.
Writing objects: 100% (6/6), done.
Total 6 (delta 0), reused 6 (delta 0)
```

再确认一下：

```
$ git fsck --unreachable
Checking object directories: 100% (256/256), done.
Checking objects: 100% (6/6), done.
```

终于运走了。Git 的对象真的有点顽强啊！

事实上，git gc 指令会默默地呼叫 git prune 指令来清除处于 Unreachable 状态的对象，但 git prune 指令也要设置到期日，所以刚才的指令：

```
$ git gc --prune=now
```

实际上等于这样：

```
$ git gc
$ git prune --expire=now
```

2. 还可以怎样做出这样的边缘对象

知道资源回收怎样运行之后，想一想还有什么情况下会产生这样的边缘对象？

（1）情境一：在 Commit 前犹豫不决。

如果按照正常的 Commit 流程，所有对象生成之后应该都会有对象指向它，Tag 对象指向 Commit 对象，Commit 对象指向 Tree 对象，Tree 指向 Blob 对象（可参阅 5.18 节）。接下来创建一个文件并加到暂存区：

```
$ echo " 没人爱 " > no_body.html

$ git add no_body.html
```

当把文件加到暂存区之后，看看这时的对象列表如下：

```
$ git ls-files -s
100644 38d6c0201e33c5780192dc22b2e1017de8ab5563 0 cat1.html
100644 56f551541c7c6b634525a141282e7cf9311d313d 0 cat2.html
100644 e124d9bf474d2caddade45fd7bd84a4f9b7f3bbe 0 cat3.html
100644 74b07973854e394cd8658d95a481709ebf00e3d0 0 no_body.html
```

可以看出，Git 为它生成了一个 Blob 对象（74b079）。这时如果使用如下指令：

```
$ git rm --cached no_body.html
rm 'no_body.html'
```

这时使用 git ls-files 指令虽然没有出现上面那样的结果，但 74b079 对象并没有消失，它还在 .git/objects 目录中。其实 Git 的对象一旦生成，除非手动进入 .git/objects 目录处理，否则它会一直留在那里。也就是说，这个 Blob 对象不像 Commit 对象可能还会有 Reflog 指向它，Blob 对象一经生成，就会立刻变成 Unreachable 状态：

```
$ git fsck -unreachable
Checking object directories: 100% (256/256), done.
unreachable blob 74b07973854e394cd8658d95a481709ebf00e3d0
```

确认一下内容：

```
$ git cat-file -p 74b07973854e394cd8658d95a481709ebf00e3d0
没人爱
```

没错，74b079 对象变成了 unreachable 状态。

其实，如果在 Commit 之前、文件 git add 之后进行修改，然后再执行 git add 指令，也会生成 Unreachable 对象。甚至像 git commit --amend 这样只是单纯更改信息的指令，也会生成 Unreachable 对象。

（2）情境二：被删除的 Tag 对象。

这里的 Tag 对象是指有附注的标签（Annotated Tag）。Tag 对象原本是指向某个 Commit 的，但使用 git tag -d TAG_NAME 指令将其删除之后，这个对象就变成 Unreachable 对象了。接下来创建一个有附注的标签：

```
$ git tag -a no_one_care -m " 没人爱 "
```

然后手动把它删除：

```
$ git tag -d no_one_care
Deleted tag 'no_one_care' (was 5b4628e)
```

看一下状态：

```
$ git fsck --unreachable
Checking object directories: 100% (256/256), done.
Checking objects: 100% (9/9), done.
unreachable tag 5b4628ea42b2f4f5892705b03f64eb8ca4180280
```

因为它不像 Commit 可能还会有 Reflog 对它“念念不忘”，已经没有其他对象或指示标指向这个 Tag 对象了，所以它立刻就变成了 Unreachable 状态。

3. 在做Rebase时

Rebase 的过程可参阅 6.8 节。在 Rebase 的过程中，Git 是把 Commit 复制到了 base 分支上并且重新计算，同时分支和 HEAD 也都会移过去，所以原来的 Commit 就变成“没人爱”了。

综上所述，其实在 Git 中“没人爱”的 Unreachable 对象很常见，不过不用担心，Git 会帮你处理这些杂事。更多关于 Git 资源回收的内容，可参阅 5.19 节。

4. Dangling与Unreachable对象有什么不同

如果在执行 git fsck 时没有带参数，那么偶尔会看到 dangling 的字样。这与前面提到的 Unreachable 对象有些不同。

（1）Unreachable 对象：没有任何对象或指示标指向它，所以它是“无法到达”的。虽然它“无法到达”，但它可以指向其他对象。

（2）Dangling 对象：与 Unreachable 对象一样，没有任何对象或指示标指着它，它也没有指着其他对象，完全是悬在“天边”的一个对象。

Dangling 对象可以算是 Unreachable 对象的子集合，它也是一种 Unreachable 对象，所以在进行 GC 的时候也会一起收走。

但什么时候会发生这样的情况呢？举例来说，在刚刚的例子中又多加了两次 Commit，现在的状态如图 9-9 所示。

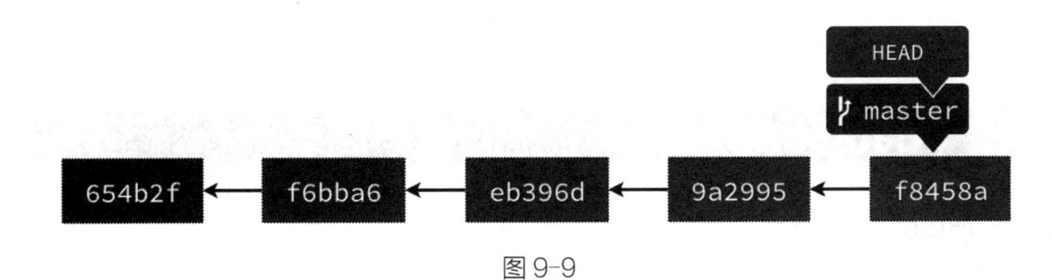

图 9-9

这时一次 Reset 两个 Commit：

```
$ git reset HEAD~2 --hard
```

也就是说，有两个 Commit 被拆下来了，如图 9-10 所示。

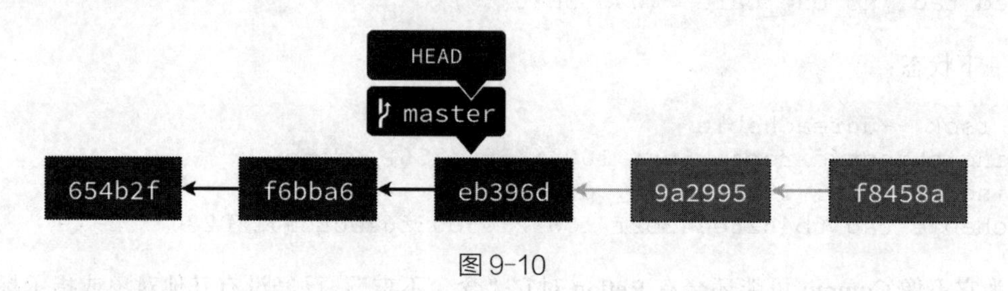

图 9-10

因为 f8458a 和 9a2995 这两个 Commit 看起来都已经无法存取（其实还是可以的，只要知道每个 Commit 的 SHA-1 值，就一定可以取回来），所以这两个 Commit 都处于 Unreachable 状态，连同下面整串的 Tree 对象和 Blob 对象也都是如此：

```
$ git fsck --unreachable --no-reflogs
Checking object directories: 100% (256/256), done.
Checking objects: 100% (9/9), done.
unreachable tree 22e0e94b88e1d86c3cc8636add45b0bc78284722
unreachable blob 844e3541c6e899189cebe5210f8fe98f75b6e4f7
unreachable blob b0f0ad00157231befa3382df164044684756cf3b
unreachable commit f8458af074073915d89ec8c37e8fcf6636cba28b
unreachable commit 9a299576041a0cffdd38d7b29780788f23e095e9
unreachable tree b6c1eb2f863b8a1ce8bd653324d78a49e1c2fd9c
```

但这时的 Dangling 对象只有这一个：

```
$ git fsck --no-reflogs
Checking object directories: 100% (256/256), done.
Checking objects: 100% (9/9), done.
dangling commit f8458af074073915d89ec8c37e8fcf6636cba28b
```

只有 f8458a 这个 Commit 对象处于 Dangling 状态，另一个 Commit 9a2995 不是。那是因为 f8458a 当前完全没有对象指着它，而 9a2995 虽然也处于 Unreachable 状态，但至少还有 f8458a 指着它。

综上所述，文件只要进了 Git，就不容易真的被删掉。要真的想将其删除，可参阅 9.3 节。

9.5 断头（detached HEAD）是怎么一回事

1. “断头”的原因

这个标题有点惊人，但其实不是恐怖片的那种“断头”啦。在 5.15 节曾经介绍过，HEAD 是指向某一个分支的指示标，可以把它当作当前所在的分支来看待。

正常情况下，HEAD 会指向某一个分支，而分支会指向某一个 Commit。但 HEAD 偶尔会发生没有指到某个分支的情况，这种状态的 HEAD 便称为 detached HEAD。

之所以出现这种状态，原因如下。

（1）使用 Checkout 指令直接跳到某个 Commit，而那个 Commit 当前刚好没有分支指向它。

（2）Rebase 的过程其实也是处于不断的 detached HEAD 状态。

（3）切换到某个远端分支时。

2. 在这种状态下可以做什么

其实这种状态没什么特别的，只是 HEAD 刚好指向某个没有分支指着的 Commit 罢了，一样可以操作 Git 或进行 Commit。下面是原本的历史记录，如图 9-11 所示。

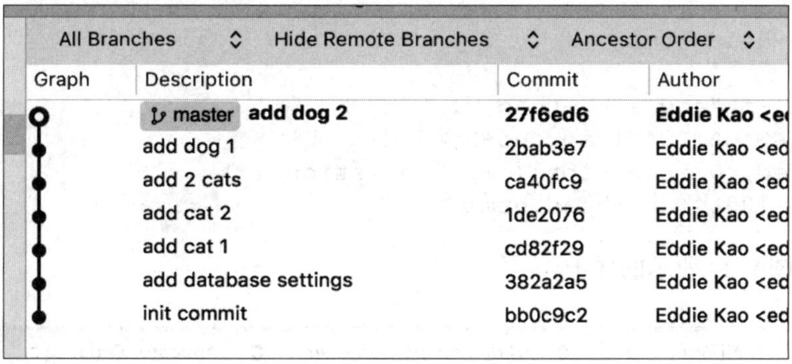

All Branches　Hide Remote Branches　Ancestor Order

Graph	Description	Commit	Author
	master **add dog 2**	**27f6ed6**	**Eddie Kao <e**
	add dog 1	2bab3e7	Eddie Kao <ed
	add 2 cats	ca40fc9	Eddie Kao <ed
	add cat 2	1de2076	Eddie Kao <ed
	add cat 1	cd82f29	Eddie Kao <ed
	add database settings	382a2a5	Eddie Kao <ed
	init commit	bb0c9c2	Eddie Kao <ed

图 9-11

使用 Checkout 指令切换至 add cat 1 那个 Commmit：

```
$ git checkout cd82f29
Note: checking out 'cd82f29'.

You are in 'detached HEAD' state. You can look around, make experimental
changes and commit them, and you can discard any commits you make
in this state without impacting any branches by performing another
checkout.

If you want to create a new branch to retain commits you create, you
may
do so (now or later) by using -b with the checkout command again.
Example:

  git checkout -b <new-branch-name>

HEAD is now at cd82f29... add cat 1
```

或者直接在 SourceTree 的 Commit 上双击，也可以实现一样的效果。现在的状态如图 9-12 所示。

All Branches ⌃ Hide Remote Branches ⌃ Ancestor Order ⌃

Graph	Description	Commit	Author
	master add dog 2	27f6ed6	Eddie Kao <edc
	add dog 1	2bab3e7	Eddie Kao <edc
	add 2 cats	ca40fc9	Eddie Kao <edc
	add cat 2	1de2076	Eddie Kao <edc
	HEAD add cat 1	**cd82f29**	**Eddie Kao <ed**
	add database settings	382a2a5	Eddie Kao <edc
	init commit	bb0c9c2	Eddie Kao <edc

图 9-12

这时试着进行一次 Commit：

```
$ touch no-head.html

$ git add no-head.html

$ git commit -m "add a no-head file"
[detached HEAD b6d204e] add no-head file
 1 file changed, 0 insertions(+), 0 deletions(-)
 create mode 100644 no-head.html
```

状态变成了图 9-13 所示的样子。

All Branches ⌃ Hide Remote Branches ⌃ Ancestor Order ⌃

Graph	Description	Commit	Author
	HEAD add no-head file	**b6d204e**	**Eddie Kao <e**
	master add dog 2	27f6ed6	Eddie Kao <e
	add dog 1	2bab3e7	Eddie Kao <e
	add 2 cats	ca40fc9	Eddie Kao <e
	add cat 2	1de2076	Eddie Kao <e
	add cat 1	cd82f29	Eddie Kao <e
	add database settings	382a2a5	Eddie Kao <e
	init commit	bb0c9c2	Eddie Kao <e

图 9-13

是不是觉得有点眼熟？没错，这就跟 6.12 节介绍的差不多，只是现在这个 Commit（b6d204e）还没有名称，更确切地说，是还没有分支指向它，当前仅有 HEAD 指向它而已。

这有什么影响吗？影响就是当 HEAD 回到其他分支之后，这个 Commit 就不容易被找到了（除非记下这个 Commit 的 SHA-1 值）。如果一直不找它，过段时间后它就会被 Git 启动的资源回收机制给收走。

所以，如果还想留下这个 Commit，创建一个分支指向它即可。如果目前 HEAD 的位置刚好就在这个 Commit 上：

```
$ git branch tiger
```

可以明确地跟 Git 说要创建一个分支指向某个 Commit：

```
$ git branch tiger b6d204e
```

虽然刚创建完分支，当前还是处于 detached HEAD 状态，不过不用担心，以后就可以通过 tiger 分支找到这个 Commit 了。也可以使用 Checkout 指令配合 -b 参数，创建分支后直接切换：

```
$ git checkout -b tiger b6d204e
Switched to a new branch 'tiger'
```

3. 为什么切换到远端的分支也会是这种状态

前面提到，当 HEAD 没有指向某个分支时，它会呈现为 detached 状态。更确切地说，应该是当 HEAD 没有指向某个“本地”的分支时，就会呈现这种状态。例如，有一个刚从自己的 GitHub 账号 Clone 下来的项目，使用 git branch 指令查看当前的分支：

```
$ git branch --remote
origin/HEAD -> origin/master
origin/master
origin/refactoring
```

使用 --remote 或 -r 参数可以显示远端的分支，当切换到 origin/refactoring 分支时，发现它变成 detached HEAD 状态了：

```
$ git checkout origin/refactoring
Note: checking out 'origin/refactoring'.

You are in 'detached HEAD' state. You can look around, make experimental
changes and commit them, and you can discard any commits you make
in this state without impacting any branches by performing another
checkout.

If you want to create a new branch to retain commits you create, you
may
do so (now or later) by using -b with the checkout command again.
Example:

  git checkout -b <new-branch-name>

HEAD is now at 1ec82d7... refactored
```

要想切换到远端分支而不呈现 detached HEAD 状态，可以加上 --track 或 -t 参数：

```
$ git checkout refactoring
Branch refactoring set up to track remote branch refactoring from
origin.
Switched to a new branch 'refactoring'
```

也会有一样的效果。关于远端分支的内容，会在第 10 章进行说明。

4. 怎样脱离detached HEAD状态

既然已经知道 detached HEAD 状态只是 HEAD 没有指向任何分支造成的，要脱离这种状态，只要让 HEAD 有任何分支可以指向即可。例如，让它回到 master 分支：

```
$ git checkout master
Switched to branch 'master'
```

这样 HEAD 就解除 detached 状态了。

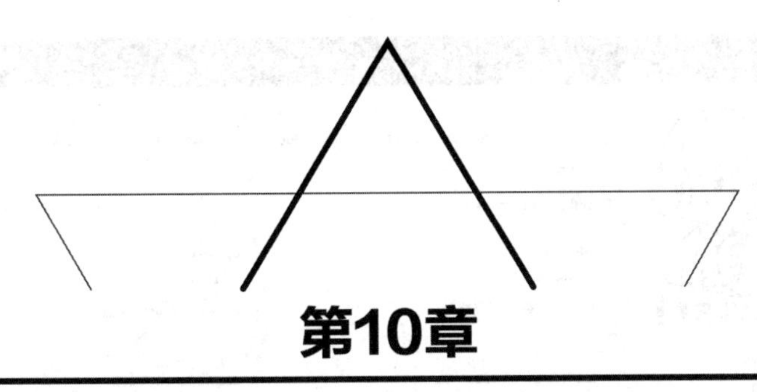

第10章

远端共同协作——使用GitHub

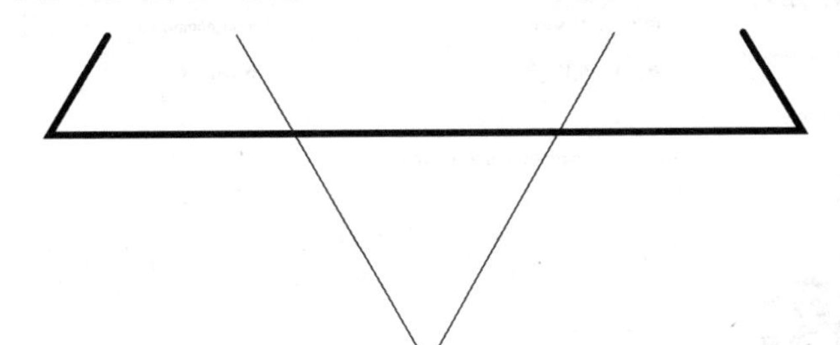

10.1 GitHub概述

1. GitHub是什么

GitHub 是一个商业网站，是当前全球最大的 Git 服务器，如图 10-1 和图 10-2 所示。在这里，你可以跟一些优秀的开发者交朋友，为其他人的项目贡献自己的力量，或者为自己的项目寻求帮助。

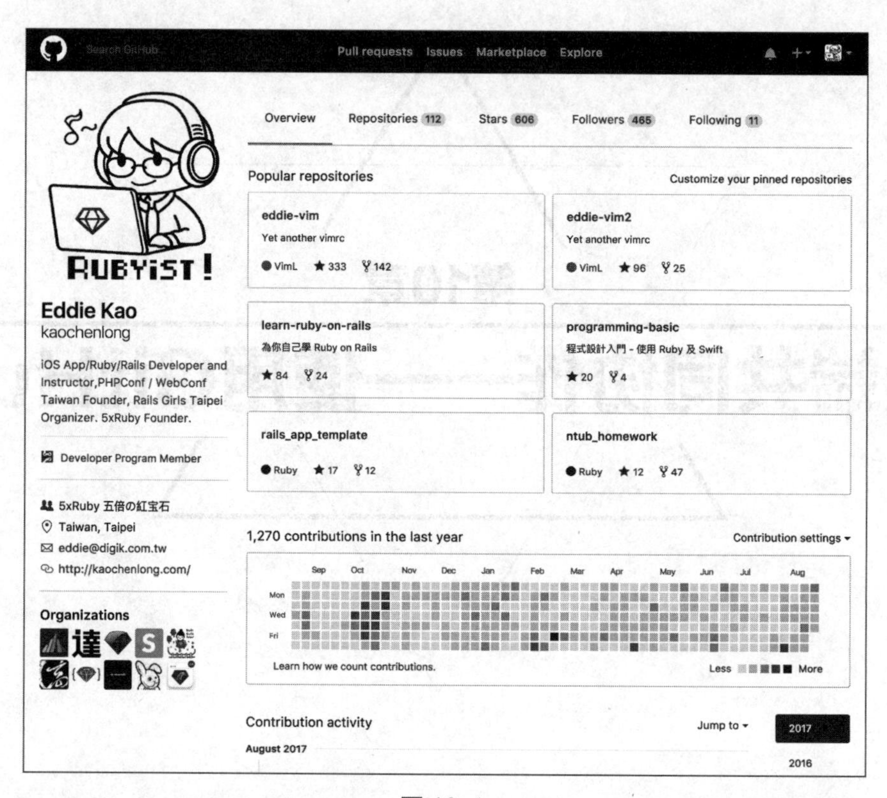

图 10-1

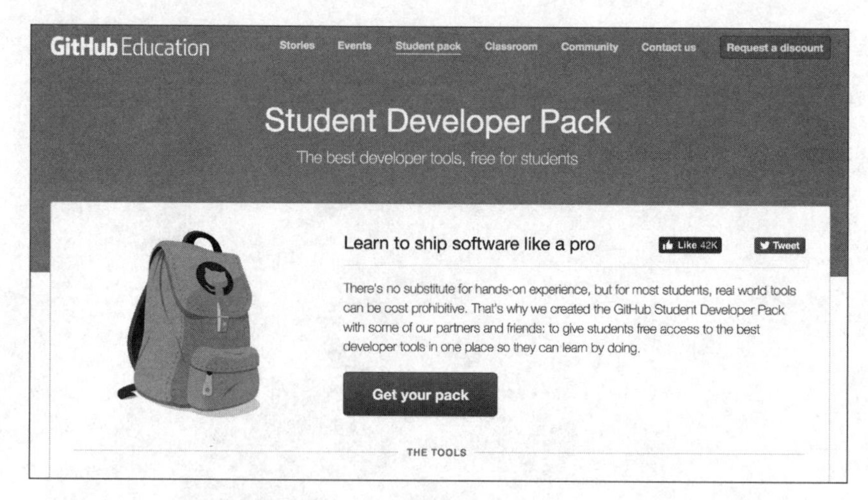

图 10-2

同时，它也是开发者最好的履历展示平台，你曾经做过哪些专案和贡献、写过哪些 Code，一目了然，想要造假非常难。

如果要上传 Open Source 项目，可以完全免费使用。如果要在上面开设私人项目，则需要交费，费用是 $7/ 月。

2. Git与GitHub的区别

Git 是工具，GitHub 是网站。GitHub 的本体是一个 Git 服务器，而 GitHub 这个网站则是使用 Ruby on Rails 开发的，别把这两个名词混淆了。

10.2 将内容Push到GitHub上

1. 在GitHub上创建新项目

要上传文件到 GitHub，需要先在上面创建一个新的项目。首先在 GitHub 网站的右上角单击+按钮，在弹出的下拉列表中选择 New repository 选项，如图 10-3 所示。

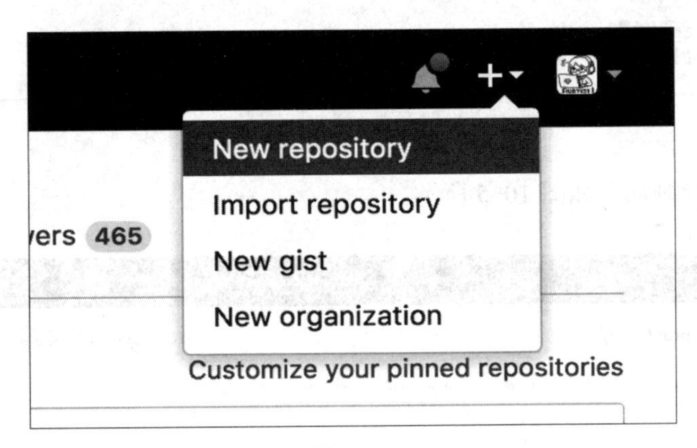

图 10-3

接着填写项目名称，如图 10-4 所示。

这里有以下两点需要说明。

（1）Repository name 可任意填写，只要不重复即可。

（2）存取权限选中 Public 单选按钮，可免费使用，选中 Private 则需交费 $7/ 月。

单击 Create repository 按钮，即可新增一个 Repository。

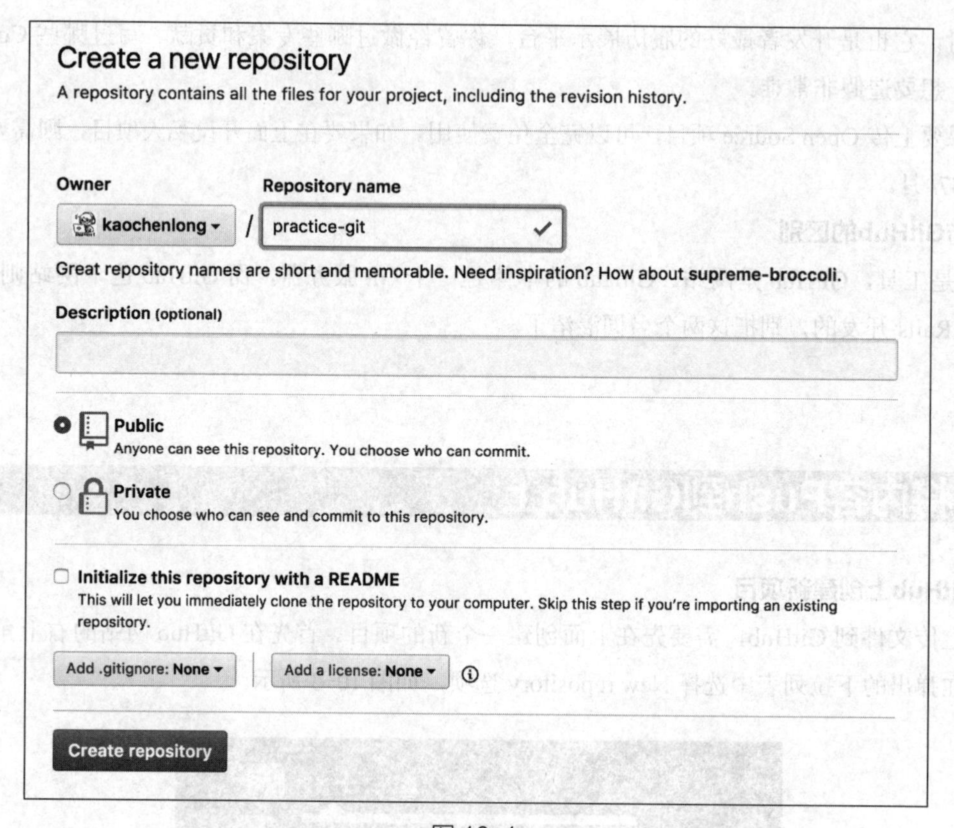

图 10-4

接下来会看到引导画面，如图 10-5 所示。

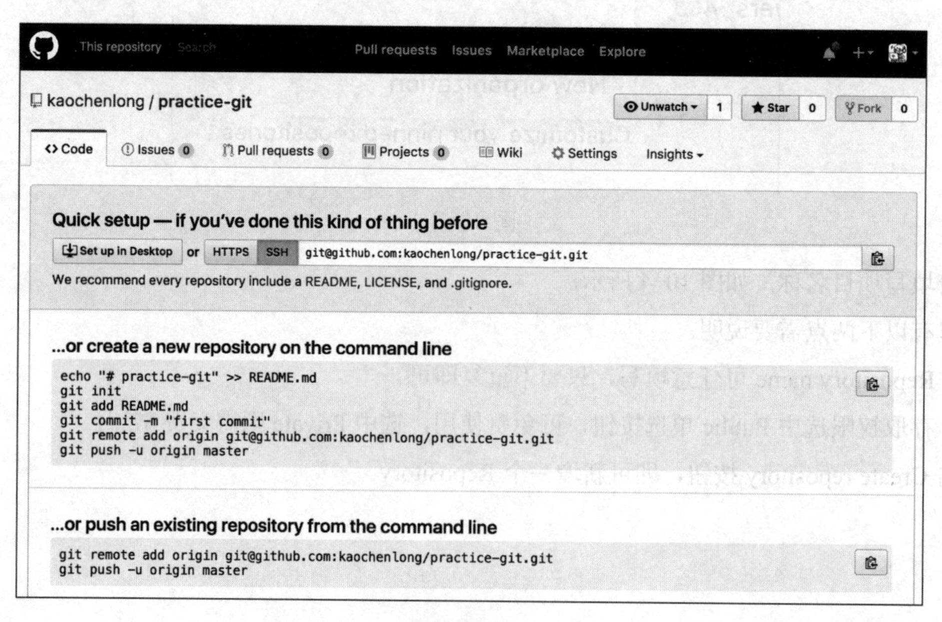

图 10-5

这里有以下两点需要说明。

（1）如果是新项目，按照 create a new repository on the command line 的提示进行操作；如果是要上传现存项目，则按照 push an existing repository from the command line 的提示进行操作。

（2）在图 10-5 的中间有两个按钮可供切换，分别是 HTTPS 按钮和 SSH 按钮，可根据个人需要进行选择。如果单击 SSH 按钮，需要设置 SSH Key（关于 SSH Key 的设置，可参阅 10.1 节的介绍。因为这里已经设置好 SSH Key 了，所以只需单击“SSH”按钮）。

如果仔细观察，就会发现选择全新开始与上传现有项目的最后两个步骤是一样的。

假设现在什么都没有，要重新开始一个项目，找一个空的目录，然后照着提示进行操作即可。首先创建一个 README.md 文件：

```
$ echo "# Practicing Git" > README.md
```

这个 README.md 是 GitHub 项目的默认说明页面，后缀名 .md 表示采用 Markdown 格式，Markdown 语法可以很轻松地把纯文字格式转换为 HTML 的网页格式。如果是第一次接触该语法，推荐花点时间学习一下。

接下来就是我们熟悉的 Git 了（用 git init 指令针对目录进行 Git 初始化）：

```
$ git init
Initialized empty Git repository in /private/tmp/practice-git/.git/

$ git add README.md

$ git commit -m "first commit"
[master (root-commit) adc1a5a] first commit
 1 file changed, 1 insertion(+)
 create mode 100644 README.md
```

到这里都还是 Git 的基本招式。如果忘记了怎样操作，可参阅 5.2 节。在这之前，所有的操作都是在自己的计算机上进行的，接下来就要准备把内容推上远端的 Git 服务器上了。首先，需要设置一个远端节点。例如：

```
$ git remote add origin git@github.com:kaochenlong/practice-git.git
```

这里有以下三点需要说明。

（1）git remote 指令主要进行与远端有关的操作。

（2）add 指令是指要加入一个远端的节点。

（3）这里的 origin 是一个代名词，指的是后面那串 GitHub 服务器的位置。

按照惯例，远端的节点默认使用 origin 这个名称。如果是从服务器上 Clone 下来的，其默认名称就是 origin。关于 Clone 的使用，可参阅 10.5 节。

但这只是惯例，不用该名称或之后想要更改都可以。例如，更改为七龙珠 dragonball：

```
$ git remote add dragonball git@github.com:kaochenlong/practice-git.git
```

总之，它只是指向某个位置的代名词。设置好远端节点后，接下来就是把内容推上去：

```
$ git push -u origin master
Counting objects: 3, done.
Writing objects: 100% (3/3), 228 bytes | 228.00 KiB/s, done.
Total 3 (delta 0), reused 0 (delta 0)
To github.com:kaochenlong/practice-git.git
 * [new branch]      master -> master
Branch master set up to track remote branch master from origin.
```

这个简单的 Push 指令其实做了以下几件事。

（1）把 master 分支的内容推向 origin 位置。

（2）在 origin 远端服务器上，如果 master 不存在，就创建一个名为 master 的分支。

（3）如果服务器上存在 master 分支，就会移动服务器上 master 分支的位置，使它指到当前最新的进度上。

（4）设置 upstream，就是 -u 参数做的事情，这个稍后说明。

如果理解了上面指令的意思，就可以再做一些变化。例如，远端节点为 dragonball，想把 cat 分支推上去，可以使用如下命令：

```
$ git push dragonball cat
```

这样就会把 cat 分支推上 dragonball 这个远端节点所代表的位置，并且在上面创建一个名为 cat 的同名分支（或更新进度）。

返回 GitHub 网站，刷新一下页面，刚才那个引导指令的画面变成了图 10-6 所示的样子。

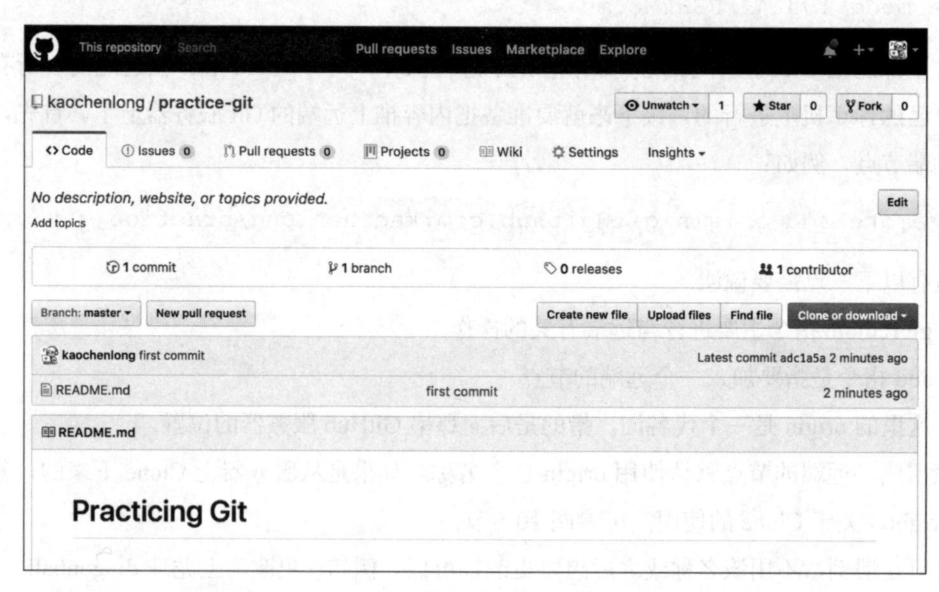

图 10-6

该画面表示已经顺利地把本地项目的内容推到这个远端的项目中了。

如果使用 SourceTree，可单击右上角的 Settings 按钮，在弹出的对话框中选择 Remotes 选项卡，如图 10-7 所示。

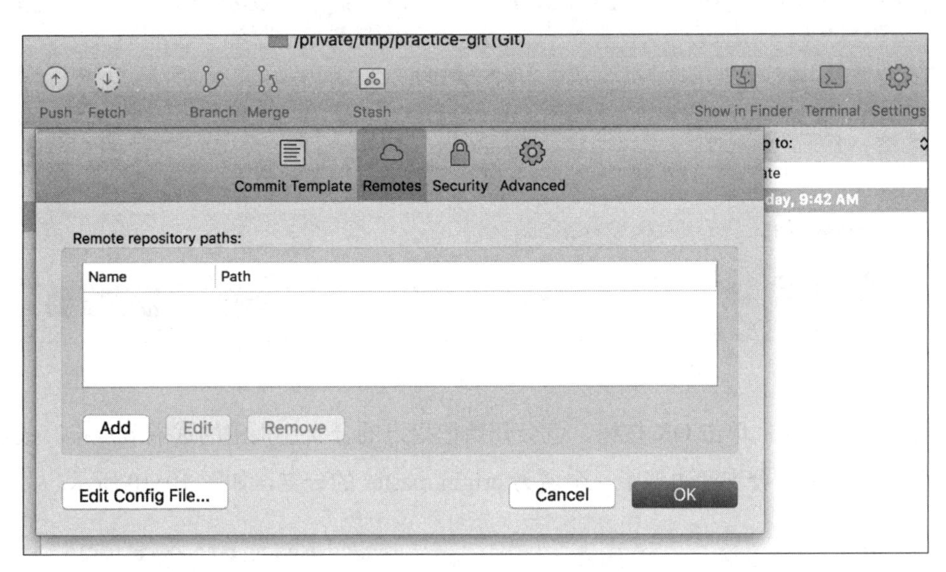

图 10-7

单击 Add 按钮，打开图 10-8 所示的对话框。

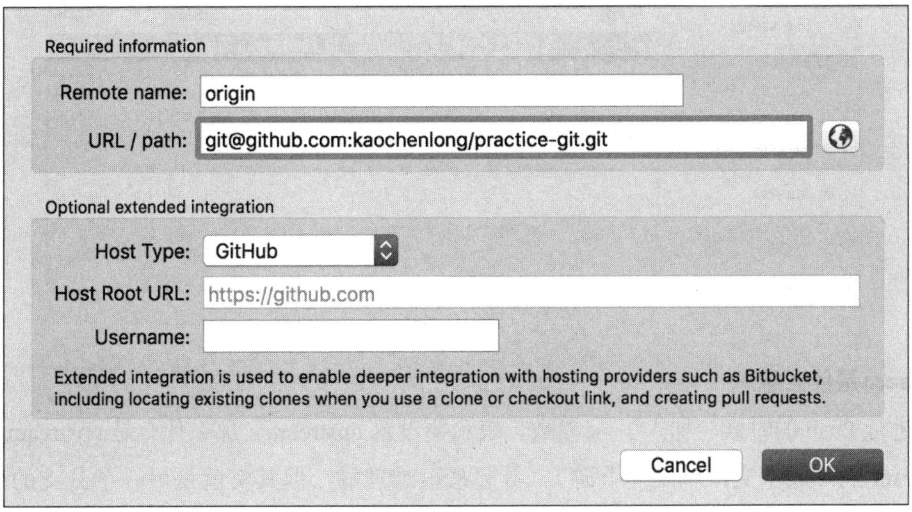

图 10-8

输入 Remote name 和 URL 后，单击 OK 按钮，远端节点即可设置完成。

接下来把内容往上推。单击工具栏中的 Push 按钮，打开图 10-9 所示的对话框。

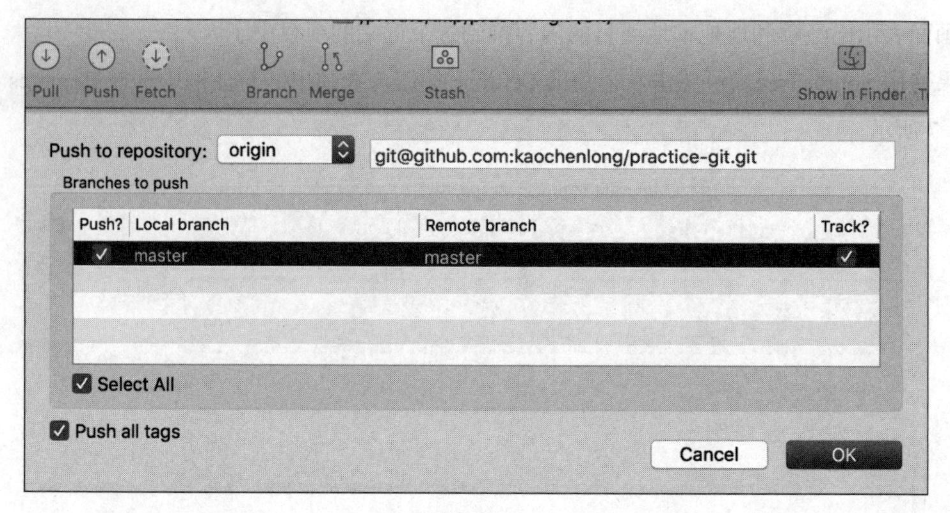

图 10-9

选中想要推的分支，单击 OK 按钮，就会开始把指定的分支往指定的远端节点推。成功之后再回来看，会发现 master 分支旁边多了一个名为 origin/master 的分支，如图 10-10 所示。

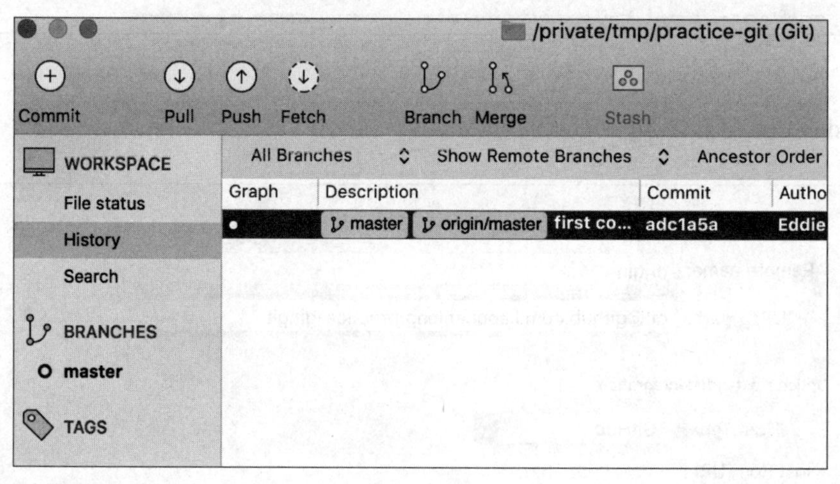

图 10-10

2. upstream是什么意思

前面进行 Push 的时候，加入了 -u 参数，表示要设置 upstream。那么什么是 upstream？

upstream 翻译成中文，就是“上游”。看起来很难理解，但其实就是另一个分支的名称而已。在 Git 中，每个分支可以设置一个上游（但每个分支最多只能设置一个上游），它会指向并追踪（track）某个分支。通常，upstream 会是远端服务器上的某个分支，但要设置在本地端的其他分支也可以。

如果设置了 upstream，当下次执行 git push 指令时，就会用它来当默认值。例如：

```
$ git push -u origin master
```

就会把 origin/master 设置为本地 master 分支的 upstream，当下次执行 git push 指令而不加任何参数时，Git 就会猜出是要推往 origin 远端节点，并且把 master 分支推上去。

反之，如果没有设置 upstream，则必须在每次 Push 时都跟 Git 讲清楚、说明白：

```
$ git push origin master
```

否则，只是执行 git push 指令而不带其他参数，Git 就会不知道该 Push 什么分支，以及要 Push 到哪里：

```
$ git push
fatal: The current branch master has no upstream branch.
To push the current branch and set the remote as upstream, use

    git push --set-upstream origin master
```

3. 如果不想要相同的分支名称

前面提到 Push 的指令为：

```
$ git push origin master
```

其实上面这个指令与下面这个指令是一样的效果：

```
$ git push origin master:master
```

意思是把本地的 master 分支推上去后，在服务器上更新 master 分支的进度；如果不存在该分支，就创建一个 master 分支。但如果推上去之后想更改名称，可以把后面的名称改掉：

```
$ git push origin master:cat
```

这样把本地的 master 分支推上去之后，就不会在线创建 master 分支了，而是创建一个名为 cat 的分支（或更新进度）。

10.3 Pull下载更新

上节介绍了如何把内容推上 GitHub，接下来介绍怎样把内容拉回来更新。

与 Push 指令相反，Pull 指令是拉回本机更新。但在介绍 Pull 指令之前，需要先介绍一下 Fetch 指令。

1. Fetch指令才是把内容拉回来的“主角”

接着上一节那个 GitHub 的例子（网址：https://github.com/kaochenlong/practice-git)，试着执行下面这个指令：

```
$ git fetch
```

你会发现没有任何信息，那是因为现在的进度与在线版本是一样的（因为只有自己一个人在做）。为了营造有不同进度的效果，可以到 GitHub 网站上直接编辑某个文件。例如，选中 README.md 文件，单击右上角出现的 Edit this file 按钮，如图 10-11 所示。

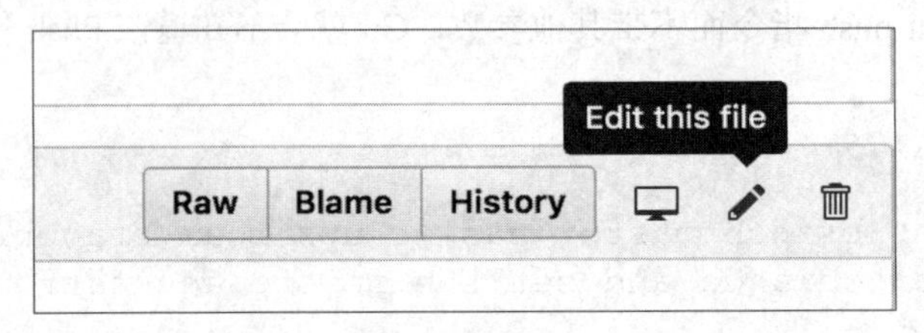

图 10-11

编辑内容如图 10-12 所示。

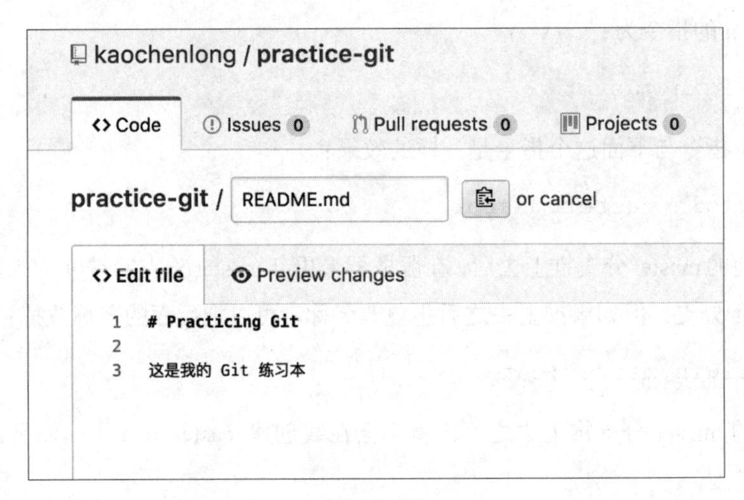

图 10-12

单击下方的 Commit changes 按钮，即可进行存档并新增一次 Commit。这样一来，在线版本的 Commit 数就领先本机一次了。再次执行 Fetch 指令：

```
$ git fetch
remote: Counting objects: 3, done.
remote: Compressing objects: 100% (2/2), done.
remote: Total 3 (delta 0), reused 0 (delta 0), pack-reused 0
Unpacking objects: 100% (3/3), done.
From github.com:kaochenlong/practice-git
   85e848b..8c3a0a5 master     -> origin/master
```

就可以看到有内容被拉回来了。此时查看一下状态，如图 10-13 所示。

可以发现，在 master 分支前面有两个奇怪的分支，分别是 origin/master 和 origin/HEAD，那么在 Fetch 的过程中到底发生了什么事呢？

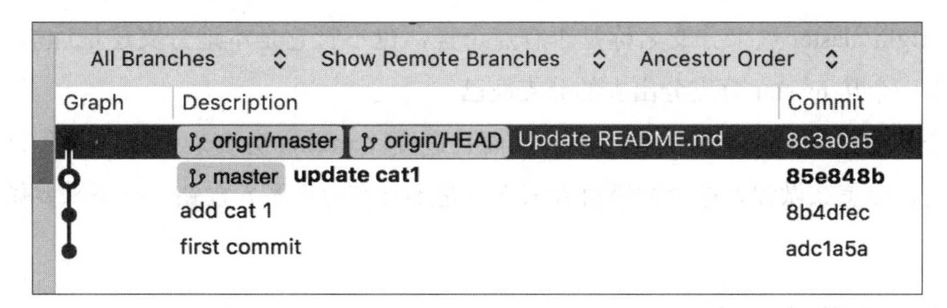

图 10-13

2. Fetch过程中发生了什么事

图 10-14 所示为Fetch之前的状态，HEAD 和 master 分支都不出意外地乖乖待在它们该在的位置。

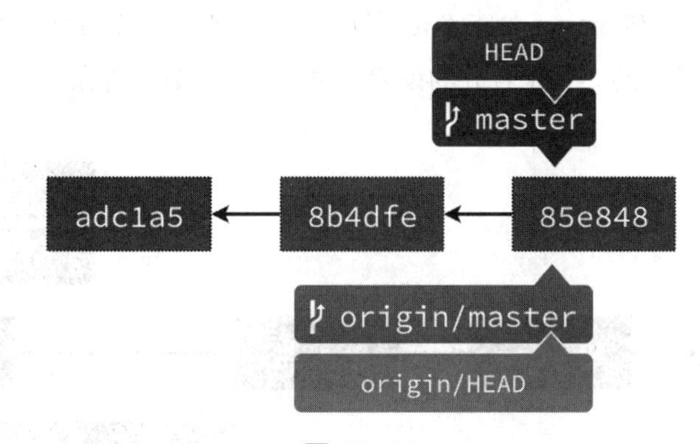

图 10-14

因为当前项目之前曾推送内容到服务器上，所以远端分支也会记录一份在本机上，同样也是有 HEAD 和 master 分支，但会在前面加注远端节点 origin，变成 origin/ HEAD 和 origin/master。

因为在第一次推送时使用了 -u 参数设置 upstream，所以当前这个 origin/master 分支其实就是本地 master 分支的 upstream。

接下来执行 Fetch 指令。Git 看过在线版本的内容后，会把当前线上有但本地没有的内容抓（即复制）一份下来，同时移动 origin 相关的分支，如图 10-15 所示。

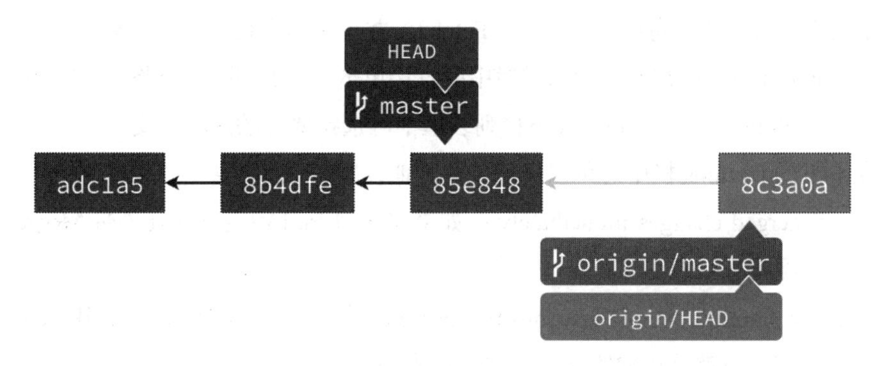

图 10-15

先不管 origin/master 这个分支名称是否有点奇怪，也不管它是本地分支还是远端分支，对 Git 来说，它就是一个从 master 分支分出去的分支而已。

既然这个分支是从 master 分支分出去的，而且进度比 master 分支还要新，那么如果 master 分支想要跟上它，该怎么做呢？这个情境对大家来说是不是有点熟悉？没错，接下来要做的就是合并（Merge）：

```
$ git merge origin/master
Updating 85e848b..8c3a0a5
Fast-forward
 README.md | 2 ++
 1 file changed, 2 insertions(+)
```

因为 origin/master 分支和 master 分支本是“同根生”，所以可以看到上面合并的过程是使用快转模式（Fast Forward）进行的。关于合并的说明，可参考 6.4 节。现在的状态如图 10-16 所示。

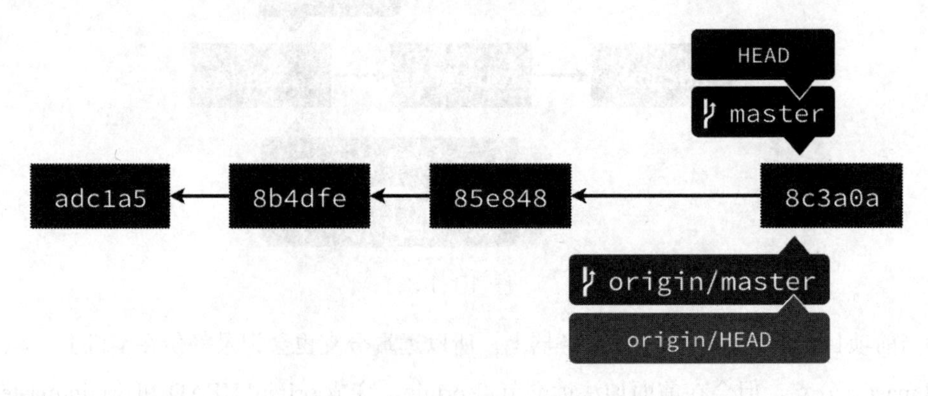

图 10-16

3. Pull指令

如果能理解 Fetch 指令在做什么，那么 Pull 指令就好理解了，因为：

```
git pull = git fetch + git merge
```

Pull 指令其实就是去线上将内容抓下来（Fetch），并且更新本机的进度（Merge）。

如果使用 SourceTree，可在上方的工具栏中就直接单击 Pull 按钮，打开图 10-17 所示的对话框。在图 10-17 所示的 Remote branch to pull 下拉列表框中可选择要拉的远端分支。

另外，在下方的 Options 栏中还可以进行一些其他设置。在此主要介绍其中的 3 个。

（1）Commit merged changes immediately：如果你知道 Pull 指令其实还外带 Merge 效果，现在就应该知道这个选项是什么意思了。

（2）Create new commit even if fast-forward merge：表示“请不要帮我使用快转模式（Fast Forward）方式合并”，也就是要使用 --no-ff 参数的意思。

（3）Rebase instead of merge（WARNING: make sure you haven' t pushed your changes）：需要根据个人喜好决定是否选中该复选框，稍后会详细说明。

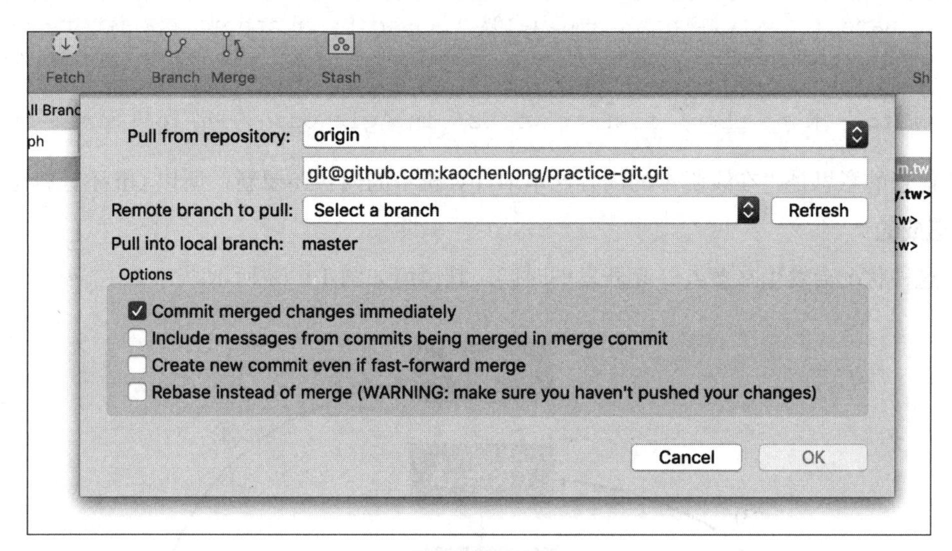

图 10-17

单击 OK 按钮，即完成 Pull 指令。

4. Pull + Rebase

现在知道了 Pull 其实等于 Fetch 加上 Merge，而在 6.8 节曾介绍过使用 Rebase 方式来合并。在执行 git pull 指令时，也可以加上 -- rebase 参数，它在 Fetch 完成之后，就会使用 Rebase 方式进行合并：

```
$ git pull -rebase
```

这有什么好处？在多人共同开发时，大家都在自己的分支进行 Commit，所以拉回来用一般的方式合并时，常会出现为了合并而生成额外的 Commit 的情况（详情可参阅 6.4 节）。为了合并而生成的 Commit 本身并没有什么问题，但如果不想要这个额外的 Commit，可考虑使用 Rebase 方式进行合并。

在 SourceTree 的 Pull 对话框中，选中 Rebase instead of merge（WARNING: make sure you haven' t pushed your changes）复选框会有一样的效果。

10.4 为什么有时候推不上去

在执行 Push 指令时偶尔会出现错误信息：

```
$ git push
To https://github.com/eddiekao/dummy-git.git
! [rejected] master -> master (fetch first)
```

```
error: failed to push some refs to 'https://github.com/eddiekao/dummy-
git.git'
hint: Updates were rejected because the remote contains work that you do
hint: not have locally. This is usually caused by another repository pushing
hint: to the same ref. You may want to first integrate the remote changes
hint: (e.g., 'git pull ...') before pushing again.
hint: See the 'Note about fast-forwards' in 'git push --help' for details.
```

这段信息的意思是“在线版本的内容比本地计算机中的内容还要新，所以 Git 不让推上去”。

1. 怎样造成的

通常这种状况会发生在多人一起开发的时候，其情境如图 10-18 所示。

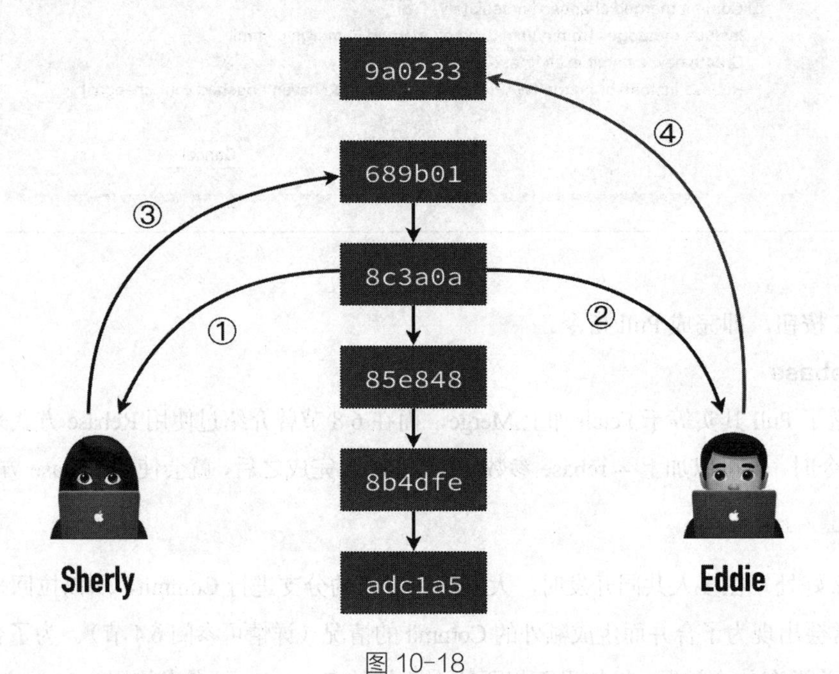

图 10-18

（1）Sherly 和 Eddie 在差不多的时间都从 Git 服务器上拉了一份文档下来准备进行开发。

（2）Sherly 手脚比较快，先完成了，于是把做好的成果推了一份上去。

（3）Eddie 不久后也完成了，但当他要推上去的时候发现推不上去了……

2. 怎样解决

（1）第一招：先拉再推。

因为本地计算机中的内容是比较旧的，所以应该先拉一份在线版本的内容回来更新，然后再推一次：

```
$ git pull --rebase
remote: Counting objects: 3, done.
remote: Compressing objects: 100% (2/2), done.
remote: Total 3 (delta 1), reused 3 (delta 1), pack-reused 0
```

```
Unpacking objects: 100% (3/3), done.
From https://github.com/eddiekao/dummy-git
   37aaef6..bab4d89 master     -> origin/master
First, rewinding head to replay your work on top of it...
Applying: update index
```

这里加了 --rebase 参数，意思是“内容抓下来之后请使用 Rebase 方式合并”。当然，使用一般的合并方式也没问题。如果合并没有发生冲突，就可以顺利往上推了。

（2）第二招：无视规则，总之就是听我的（误）。

凡事总有先来后到，在上面的例子中，是 Sherly 先推上去的内容，那么后推的人就应该拉一份内容下来更新，不然按照规定是推不上去的。不过也有例外，只要加上了 --force 或 -f 参数，它就会强制推上去，把 Sherly 之前的内容覆盖：

```
$ git push -f
Counting objects: 19, done.
Delta compression using up to 4 threads.
Compressing objects: 100% (17/17), done.
Writing objects: 100% (19/19), 2.16 KiB | 738.00 KiB/s, done.
Total 19 (delta 6), reused 0 (delta 0)
remote: Resolving deltas: 100% (6/6), done.
To https://github.com/eddiekao/dummy-git.git
+ 6bf3967...c4ea775 master -> master (forced update)
```

虽然这样一定会成功，但接下来就要去跟 Sherly 解释为什么把她的进度被覆盖了。更多关于 Force Push 的说明，可参考 10.10 节。

10.5 从服务器上取得Repository

按照前面的介绍进行推（Push）、拉（Pull）时有一个前提，就是已经有这个项目了。

如果在 GitHub 上看到某个项目很有趣，想要下载后查看，只要使用 Clone 指令就可以把整个项目复制一份下来。在 GitHub 的项目页面中单击 Clone or download 按钮，如图 10-19 所示。

同样可以选择 HTTPS 或 SSH，这里选择 SSH。连接之后，便可使用 Clone 指令把它复制下来：

```
$ git clone git@github.com:kaochenlong/dummy-git.git
Cloning into 'dummy-git'...
remote: Counting objects: 47, done.
remote: Total 47 (delta 0), reused 0 (delta 0), pack-reused 47
Receiving objects: 100% (47/47), 28.78 KiB | 5.76 MiB/s, done.
Resolving deltas: 100% (16/16), done.
```

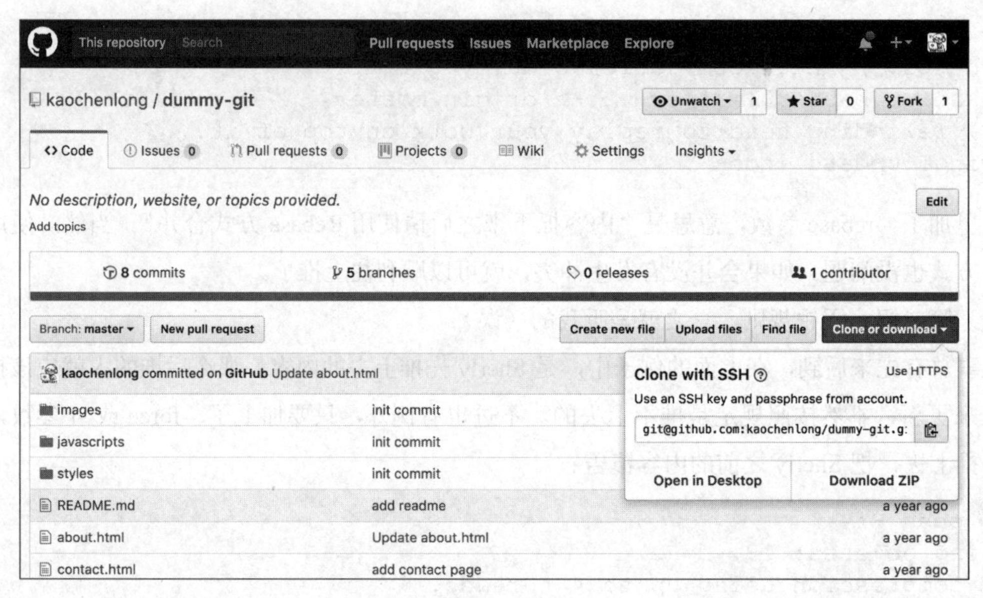

图 10-19

这个指令会把整个项目复制一份并存储在同名的目录中。如果想要复制下来之后存储到不同名称的目录中，只要在后面加上目录名称即可：

```
$ git clone git@github.com:kaochenlong/dummy-git.git hello_kitty
```

Clone 指令会把整个项目的内容复制一份到本地计算机中，这里所说的内容不是只有文件，还包括整个项目的历史记录、分支、标签等。

如果使用 SourceTree，则回到最开始的起始界面，选择 File → New 选项，在弹出的图 10-20 所示的界面中单击 NEW 下拉按钮，在弹出的下拉列表中选择 Clone from URL 选项。

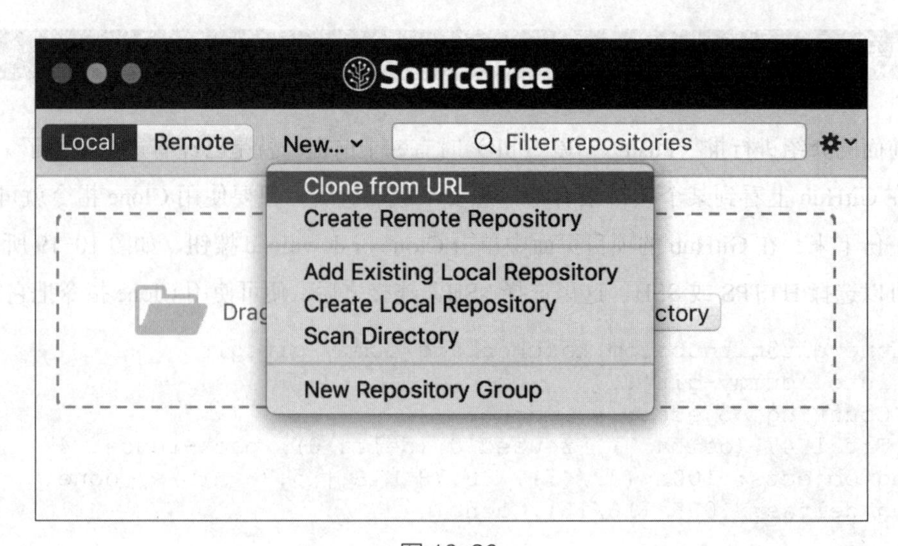

图 10-20

打开 Clone a repository 对话框，如图 10-21 所示。

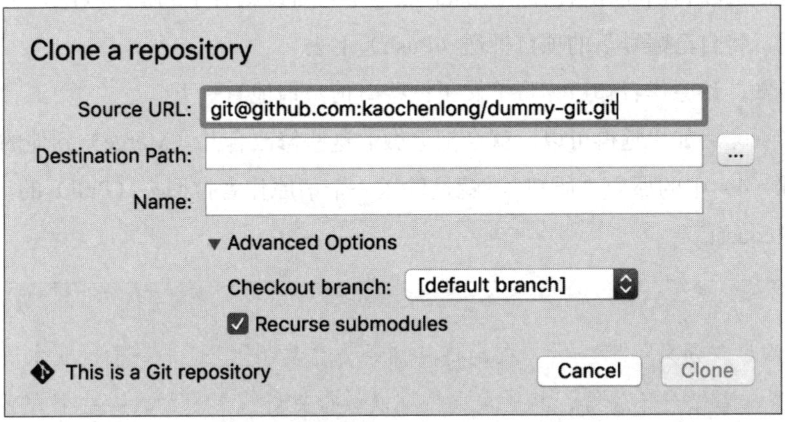

图 10-21

输入 URL 及要存放的目的地后，单击 Clone 按钮，即可完成 Clone 操作。

10.6 Clone与Pull指令的区别

对已经使用 Git 有一段时间的老手来说，可能会觉得这个问题有点蠢。但对刚接触 Git 的新手来说，Clone 与 Pull 这两个指令仅从字面上理解，都有“把文件下载到我的计算机”的意思，不知道什么时候该用 Clone，什么时候该用 Pull……

这两个指令的应用场景是不同的。如果这个项目你是第一次看到，想要下载到自己的计算机中，应使用 Clone 指令；如果已经下载了，只是想更新为最新的在线版内容，则使用 Pull（或 Fetch）指令。

简单地说，Clone 指令通常只在第一次下载时使用，而之后的更新就只能使用 Pull/Fetch 指令了。

10.7 与其他开发者的互动——使用PullRequest（PR）

在 GitHub 上有非常多的开源项目，有些项目你很感兴趣，也很想帮忙，于是联系项目的原作者跟他说：“我觉得你的项目很有趣，开个权限给我吧，我来帮你加一些功能”。想想看，如果你是原作者，有不认识的人让你开权限给他，你愿意吗？

在 GitHub 上有个有趣的机制。

（1）先复制（Fork）一份原作者的项目到自己的 GitHub 账号下。

（2）因为复制的项目已经在自己的 GitHub 账号下，所以就有了完整的权限，可以随意更改。

（3）改完后，将自己账号下的项目推送（Push）上去。

（4）发个通知，让原作者知道你帮忙做了一些事情，请他看一下。

（5）原作者看完后如果觉得可以，就会把你做的这些修改合并（Merge）到他的项目中。

其中，步骤（4）中的那个“通知”，就是发送一个请原作者拉回去（Pull）的请求（Request），称为 PR（Pull Request）。

> 小提示
>
> Fork 的原意为“分叉”“叉子”，在此将其翻译为“复制”。这是一个行业术语，在技术圈中常用它指代“原作者做得不够好，其他人觉得可以做得更好或者想加入一些个人喜欢的功能而修改出另外的版本”。在后面的介绍中，将继续使用“复制”作为 Fork 的翻译。

1. 实际演练

（1）前情提要。

在实际演练前，需要创建一个分身，因为当前只有自己一个人，无法模拟。

- 项目网址：https://github.com/kaochenlong/dummy-git。
- 角色 A，项目的原作者：https://github.com/kaochenlong。
- 角色 B，即想要帮忙的“路人”：https://github.com/eddiekao。

（2）具体步骤。

第一步：复制（Fork）项目。

角色 B 登录项目网址，可以看到页面右上角有 3 个按钮，如图 10-22 所示。

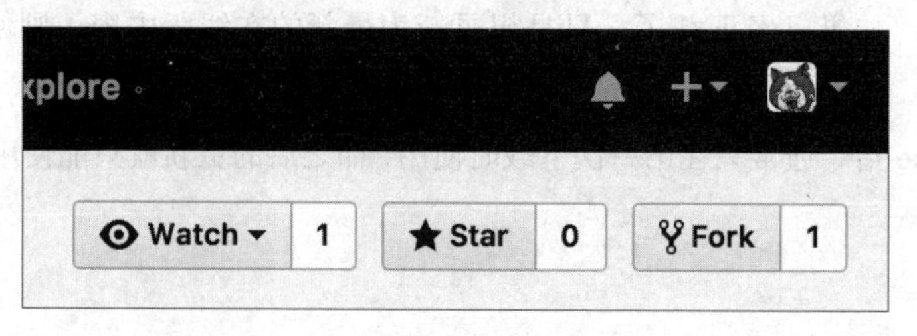

图 10-22

这 3 个按钮的功能分别是 Watch（关注）、Star（给星星）及 Fork（复制一份到自己的账号）。单击 Fork 按钮，进入图 10-23 所示的页面。

页面中出现类似打印机的图像，表示正在把原作者的项目复制一份到角色 B 的账号下。完成后，注意看一下页面的左上角，如图 10-24 所示。

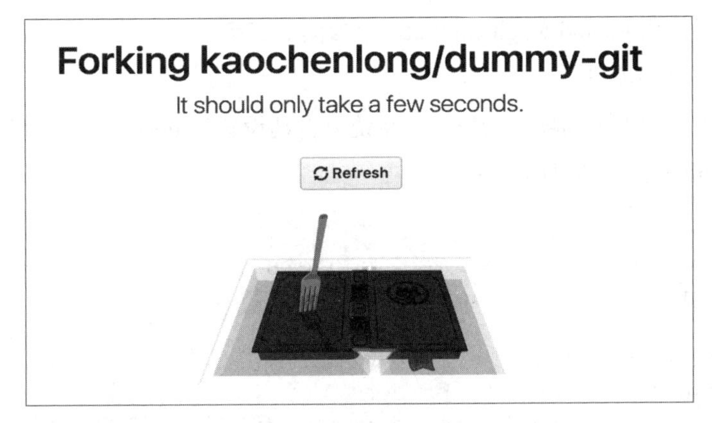

图 10-23

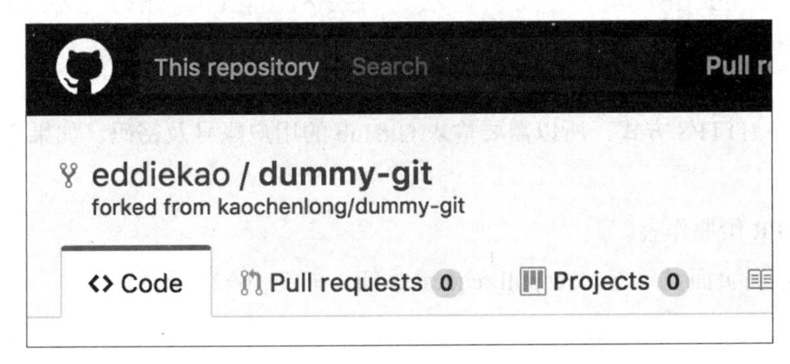

图 10-24

现在这个项目的确已被放到角色 B 的账号下，而且标注了 Forked from “角色 A”。这表明角色 B 对放在自己账号下的这个项目有完整的存取权限了。

第二步：Clone 回来修改。

如果忘记了 Clone 指令，可参阅 10.5 节。

```
$ git clone https://github.com/eddiekao/dummy-git.git
Cloning into 'dummy-git'...
remote: Counting objects: 47, done.
remote: Total 47 (delta 0), reused 0 (delta 0), pack-reused 47
Unpacking objects: 100% (47/47), done.
```

要确认 Clone 的网址是角色 B 的项目所在位置，不要 Clone 错了，接下来开始进行修改。例如，在 index.html 文件中加上了一行 “Git is a good tool for every developer :)” 代码。接着就是一般的 Git Commit 动作：

```
$ git add index.html

$ git commit -m "update index"
[master ac341ae] update index
 1 file changed, 1 insertion(+)
```

如果忘记了怎样使用 git add 或 git commit，可参阅 5.2 节。

第三步：Push 自己的项目。

因为刚才是用 Clone 下来的项目操作的，系统会自动设置好 upstream，所以接下来无须另外指定参数，直接执行 git push 指令即可：

```
$ git push
Username for 'https://github.com': eddiekao
Password for 'https://eddiekao@github.com':
Counting objects: 3, done.
Delta compression using up to 4 threads.
Compressing objects: 100% (3/3), done.
Writing objects: 100% (3/3), 385 bytes | 385.00 KiB/s, done.
Total 3 (delta 1), reused 0 (delta 0)
remote: Resolving deltas: 100% (1/1), completed with 1 local object.
To https://github.com/eddiekao/dummy-git.git
   fd7cd38..ac341ae master -> master
```

因为选用的是 HTTPS 方式，所以需要输入 GitHub 的用户账号及密码。如果忘记了怎样 Push，可参阅 10.2 节。

第四步：发 PR 给原作者。

回到自己的项目页面，单击 New pull request 按钮，如图 10-25 所示。

图 10-25

在弹出的 Comparing Changes 页面中单击 Create pull request 按钮，如图 10-26 所示。

在弹出的 Open a pull request 页面中输入 PR 的相关信息，如图 10-27 所示。

This repository
Search
Pull requests
Issues
Marketplace
Explore
kaochenlong / dummy-git
Watch
1
Code
Issues 0
Pull requests 0
Projects 0
Wiki
Insights
Comparing changes
Choose two branches to see what's changed or to start a new pull request. If you need to, you can also compare across
base fork: kaochenlong/dummy-git
base: master
head fork: eddiekao/dummy-git
compare: master
✓ Able to merge. These branches can be automatically merged.
Create pull request
Discuss and review the changes in this comparison with others.

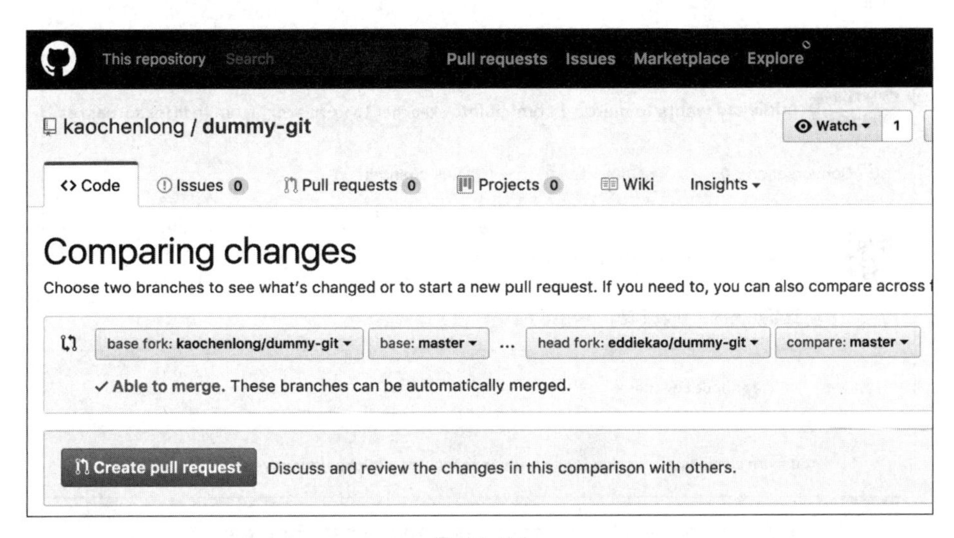

图 10-26

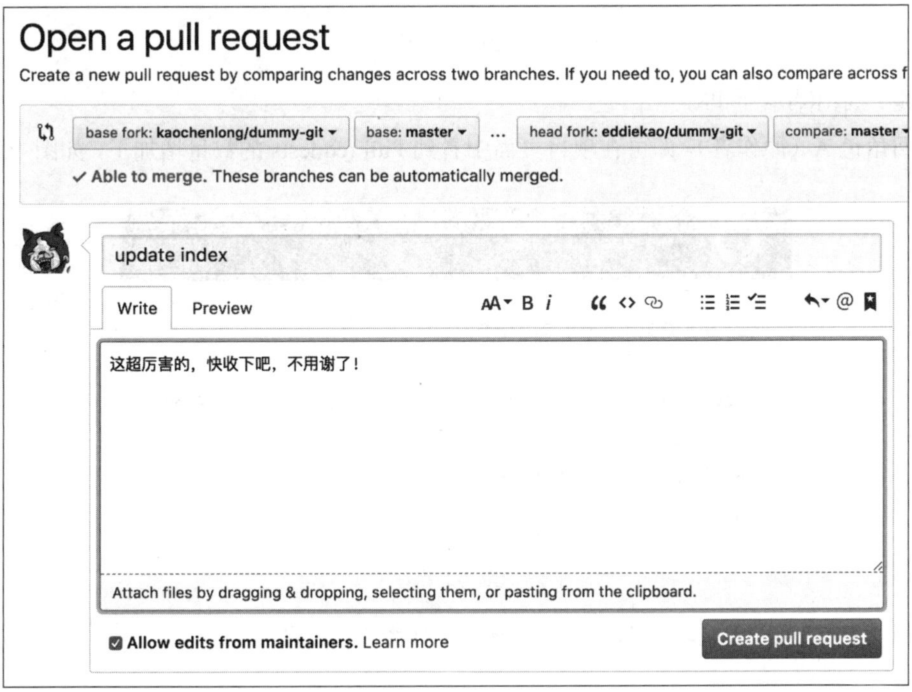

Open a pull request
Create a new pull request by comparing changes across two branches. If you need to, you can also compare across
base fork: kaochenlong/dummy-git
base: master
head fork: eddiekao/dummy-git
compare: master
✓ Able to merge. These branches can be automatically merged.
update index
Write
Preview
这超厉害的，快收下吧，不用谢了！
Attach files by dragging & dropping, selecting them, or pasting from the clipboard.
Allow edits from maintainers. Learn more
Create pull request

图 10-27

此外，在此还可以选择要将 PR 发送到原项目的哪个分支。设置完毕后，单击 Create pull request 按钮，即可完成 PR 的发送，效果如图 10-28 所示。

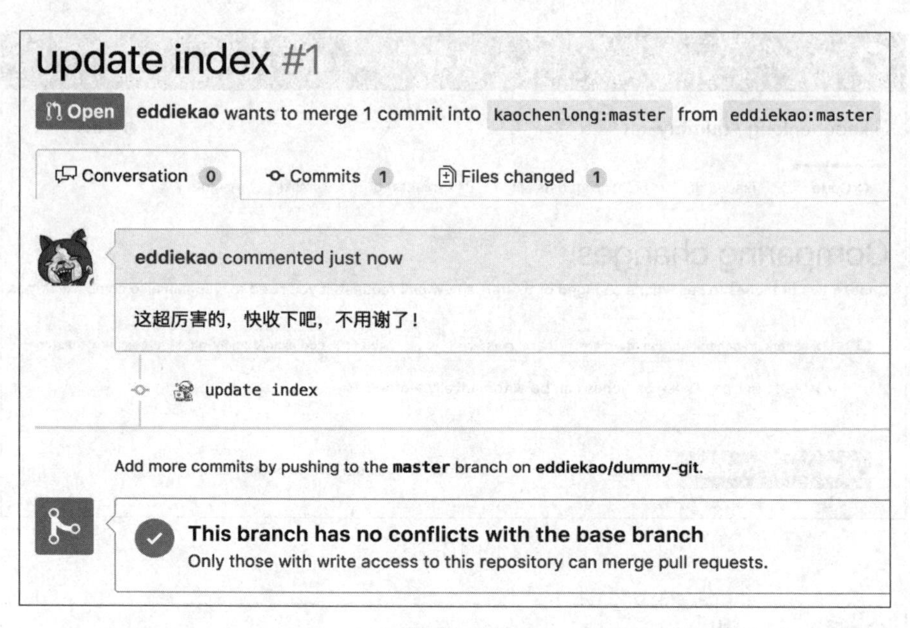

图 10-28

第五步：原作者收下 PR。

切换回角色 A（原作者），即可在项目页面中看到 Pull requests 的数量增加了，如图 10-29 所示。

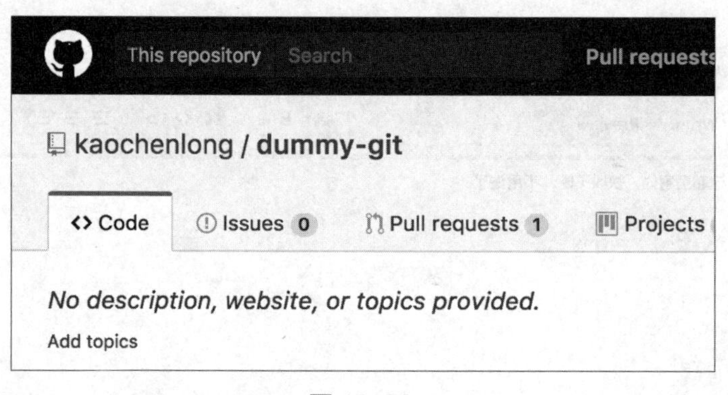

图 10-29

打开新的 PR，可以看到其中都做了哪些修改，如图 10-30 所示。

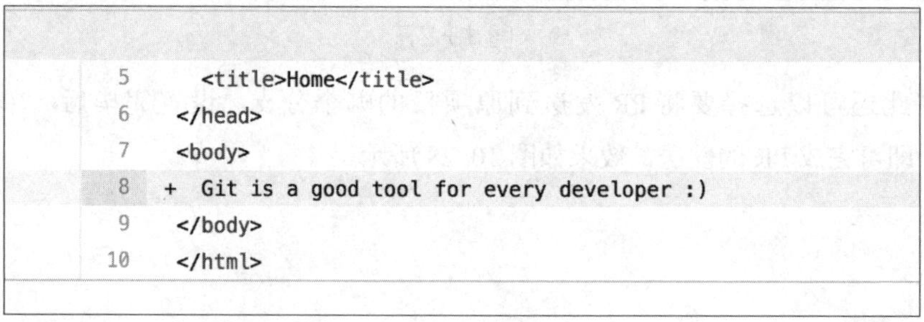

```
5      <title>Home</title>
6    </head>
7    <body>
8  +   Git is a good tool for every developer :)
9    </body>
10   </html>
```

图 10-30

如果觉得可以接受，单击 Merge pull request 按钮，即可合并这次的 Commit，如图 10-31 所示。

update index #1
Merged kaochenlong merged 1 commit into kaochenlong:master from eddiekao:m
Conversation 0　Commits 1　Files changed 1
eddiekao commented 2 minutes ago　First-ti
这超厉害的，快收下吧，不用谢了！
update index
kaochenlong merged commit b5a956d into kaochenlong:master just n

图 10-31

发送 PR，原作者确认没问题就收下来，在开源界是很常见的贡献源代码的方法。

2. 应用情境

除开源项目外，企业内部的项目也适合使用发送 PR 的方式来开发。在开发产品时，通常会挑选一个固定分支作为可以上线的正式版本分支，一般使用 master 或 production 分支作为正式分支。当多人参与同一个项目时，让每个人都可以 Commit 到项目正式上线的分支不是一种好的做法，这时便可使用 PR 方式来进行。

每位开发者都先将公司的项目 Fork 一份到自己的账号下，待功能完善后再发 PR 回公司的项目。负责管理这个项目的人收到 PR 后，进行 Code Review 并确认无误后便可进行合并，这样就可让这个产品分支处于随时可以上线的状态。

也许一开始会觉得这样很麻烦，但随着协同开发的人越来越多，就越需要制定规则（第 11 章要介绍的也是其中一套开发流程）。

10.8 怎样跟上当初fork的项目的进度

如果在发送 PR 前，其他人抢先一步，也发送了 PR，且原作者接受了，那么该项目的进度就会领先于自己账号下的项目进度。如果要让自己账号下 Fork 过来的项目进度跟上原项目当前的进度，应该怎么做？对此，GitHub 网站上目前并没有提供相应的功能，但你可以通过以下两种做法来达成这个目的。

1. 砍掉重练

这招就是把 Fork 过来的项目删除，再重新 Fork 一次，这样保证会是最新版本。虽然这招技术含量不高，但很好用，完全不需要任何代码或指令就可以完成，而且很多人都在使用。

2. 跟上游同步

比较有技术含量的做法（也是比较正统的做法），就是把原作者的项目设置成上游项目，Fetch 回来后再手动合并。

第一步：设置原作者项目的远端节点。

例如，下面是 Fork 过来的项目：

```
$ git remote -v
origin https://github.com/eddiekao/dummy-git.git (fetch)
origin https://github.com/eddiekao/dummy-git.git (push)
```

使用 git remote 指令加上 -v 参数可以看到更完整的信息。可以看出，当前这个项目只有一个远端节点 origin。接下来帮它加上另一个远端节点，这个远端节点指向的位置就是原作者的项目：

```
$ git remote add dummy-kao https://github.com/kaochenlong/dummy-git.git
```

其实大部分的教程都会教你使用 upstream 作为原项目远端节点的名称，但为避免与 10.2 节介绍的 upstream 混淆，所以这里使用 dummy- kao 作为指向原项目的远端节点。这时在这个项目中就有两个远端节点，一个是原来的 origin，一个是原项目的 dummy-kao：

```
$ git remote -v
dummy-kao  https://github.com/kaochenlong/dummy-git.git (fetch)
dummy-kao  https://github.com/kaochenlong/dummy-git.git (push)
origin https://github.com/eddiekao/dummy-git.git (fetch)
origin https://github.com/eddiekao/dummy-git.git (push)
```

第二步：抓取原项目的内容。

接下来，使用 Fetch 指令取得原项目最新版本的内容：

```
$ git fetch dummy-kao
remote: Counting objects: 4, done.
remote: Compressing objects: 100% (2/2), done.
remote: Total 4 (delta 1), reused 3 (delta 1), pack-reused 1
Unpacking objects: 100% (4/4), done.
From https://github.com/kaochenlong/dummy-git
 * [new branch]      features/mailer  -> dummy-kao/features/mailer
 * [new branch]      features/mailer-plus  -> dummy-kao/features/mailer-
plus
 * [new branch]      features/mailer_pro    -> dummy-kao/features/
mailer_pro
 * [new branch]      features/member  -> dummy-kao/features/member
 * [new branch]      master              -> dummy-kao/master
```

如果忘记了 Fetch 指令是做什么的，可参阅 10.3 节。还记得 Fetch 下来之后，在本地的远端分支会往前移动吗？如果想要跟上刚抓下来的进度，就使用 Merge 指令（使用 Rebase 也可以）：

```
$ git merge dummy-kao/master
Updating ac341ae..689b015
Fast-forward
 contact.html | 2 ++
 1 file changed, 2 insertions(+)
```

这样，你本机的进度就与原项目的进度一样了。

第三步：推回自己的项目。

这个步骤要不要做就看你自己了，毕竟在本地计算机上已经是最新版本了。如果你希望在 GitHub 上 Fork 的那个项目也更新到最新版，只要推上去就行了：

```
$ git push origin master
Counting objects: 4, done.
Delta compression using up to 4 threads.
Compressing objects: 100% (4/4), done.
Writing objects: 100% (4/4), 596 bytes | 596.00 KiB/s, done.
Total 4 (delta 1), reused 0 (delta 0)
remote: Resolving deltas: 100% (1/1), completed with 1 local object.
To https://github.com/eddiekao/dummy-git.git
   ac341ae..689b015 master -> master
```

这样一来，本地计算机中的项目，以及在 GitHub 上从原项目 Fork 过来的项目就都是最新进度了。

10.9 怎么删除远端的分支

这是个有趣的题目。说它有趣，主要是因为删除指令很特别。

先看看怎样在 GitHub 中删除远端的分支。登录 GitHub 网站的项目页面，如图 10-32 所示。

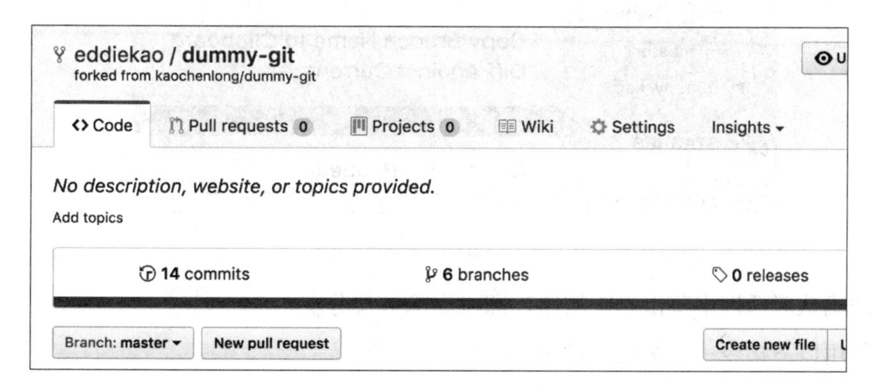

图 10-32

单击中间的 branches（分支）标签，可以看到当前所有的分支，如图 10-33 所示。

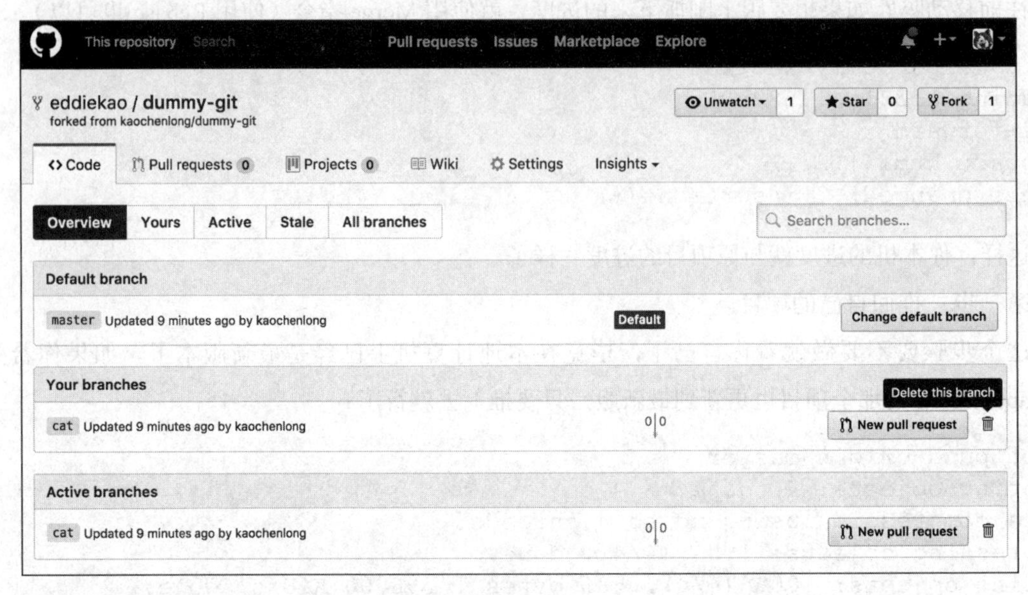

图 10-33

单击某一分支右下角的🗑图标，即可删掉该分支。如果对于合并过的分支是否要保留有所疑虑，可请参阅 6.6 节。

如果使用 SourceTree 来删除远端分支，可在左侧菜单栏中找到 REMOTES 菜单，在要删除的分支上右击，在弹出的快捷菜单中选择 Delete 选项，如图 10-34 所示。

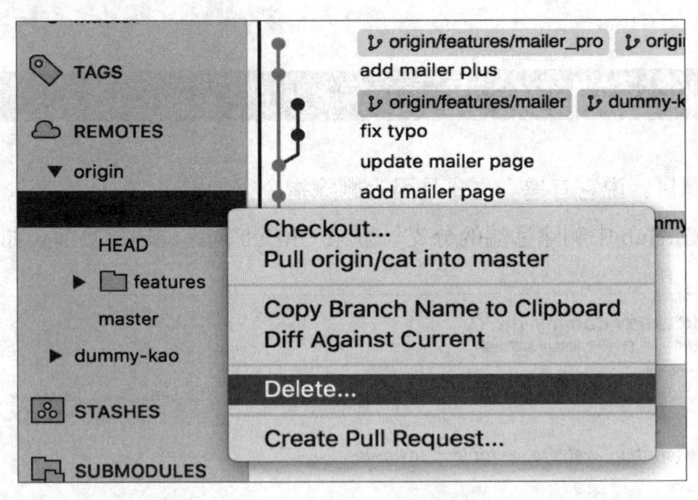

图 10-34

在弹出的确认对话框中单击 OK 按钮，即可删除远端分支。

如果是使用以下指令，就把远端的分支删掉了：

```
$ git push origin :cat
To https://github.com/eddiekao/dummy-git.git
 - [deleted]      cat
```

是的，就是在分支前面加上冒号，而且是用 Push 指令来删除远端分支，这就是前面提到的有趣之处。

但仔细想想，好像也不是那么不合理。10.2 节提到过这样的指令：

```
$ git push origin master:cat
```

意思就是要把本地的 master 分支推上去之后，在服务器上创建 cat 分支。如果把这个指令中的 master 去掉：

```
$ git push origin :cat
```

就像是推送空的内容去更新在线的 cat 分支的内容，也算是变相地把该分支删除。只是使用 Push 指令删除分支有一点不直观而已。

10.10 听说git push -f指令很可怕，什么情况下可以使用呢

git push -f 指令令人“又爱又恨”。爱它，是因为可以完全无视先来后到的规则，一切以自己为主，推什么就是什么，别人之前推的内容都会被无视；恨它，则是由于如果团队中有人不打招呼就突然使用这样的大绝招，其后果不堪设想。所以，这个指令在使用时一定要小心。

1. 使用时机

（1）整理历史记录。

有时项目 Commit 的历史记录太乱了，想要“大刀阔斧”地整顿一下，于是使用了 Rebase 指令（关于如何使用 Rebase 指令，可参阅第 7 章）。因为 Rebase 等于是修改已经发生的事实，所以正常来说是推不上去的。

这时就可使用 Force Push 指令来解决这个问题，但使用前务必知会一下同一个项目的队友，请他们到时候以你这份进度为主。

（2）只用在自己身上。

我自己在工作的时候，通常会开一个分支出去做，但做完发现 Commit 太过琐碎，便会使用 Rebase 指令整理一下这个分支。虽然 Rebase 指令是修改历史记录的，但因为仅影响我自己这个分支，所以并不会影响其他人正常使用：

```
$ git push -f origin features/my_branch
```

这样只会强制更新 features/my_branch 分支的内容，不会影响其他分支。

2. 启动保护机制

在实际工作中，总有人不小心使用了 -f 参数来 Push。对此，GitHub 网站提供了保护机制，可以避免某个分支被 Force Push。在项目页面中选择 Settings 选项卡，在左侧菜单栏中选择 Branches 选项，然后在右侧选择想要保护的分支，如图 10-35 所示。

kaochenlong / dummy-git
Unwatch 1
Star 0
Fork
Code
Issues 0
Pull requests 0
Projects 0
Wiki
Settings
Insights
Options
Collaborators
Branches
Webhooks
Integrations & services
Deploy keys
Default branch
The default branch is considered the "base" branch in your repository, against which all pull requests and code commits are automatically made, unless you specify a different branch.
master
Update
Protected branches
Protect branches to disable force pushing, prevent branches from being deleted, and optionally require st checks before merging. New to protected branches? Learn more.
Choose a branch...
Branches
Filter branches
protected branches yet.
features/mailer-plus
features/mailer_pro
features/mailer
features/member
master
© 2017 GitHub, Inc. Terms Privacy Se
Contact GitHub API Training Shop Blog

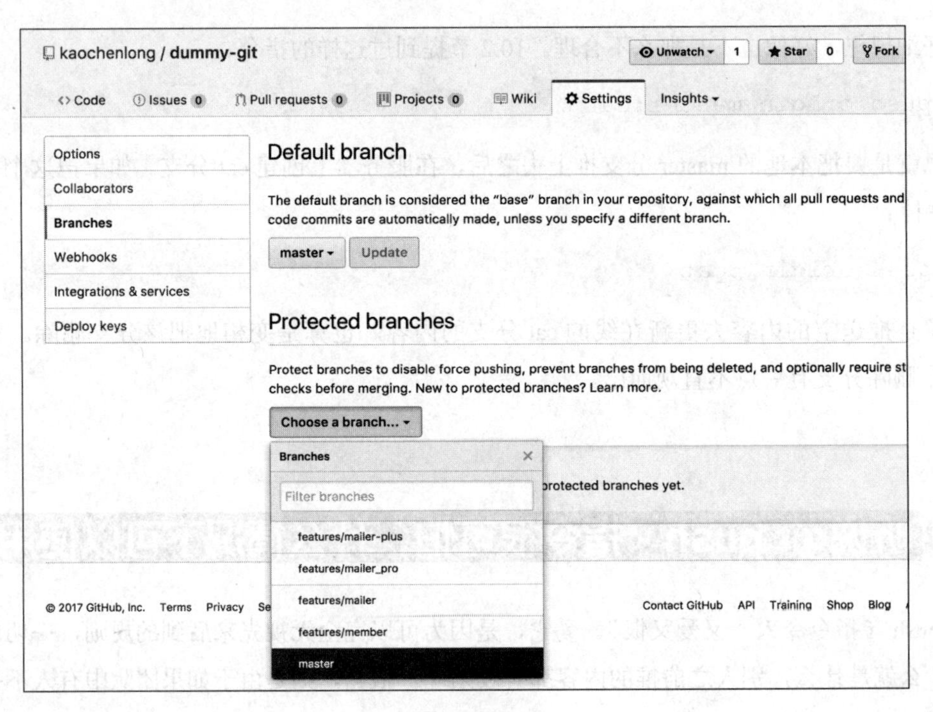

图 10-35

选中相应的复选框，如图 10-36 所示。

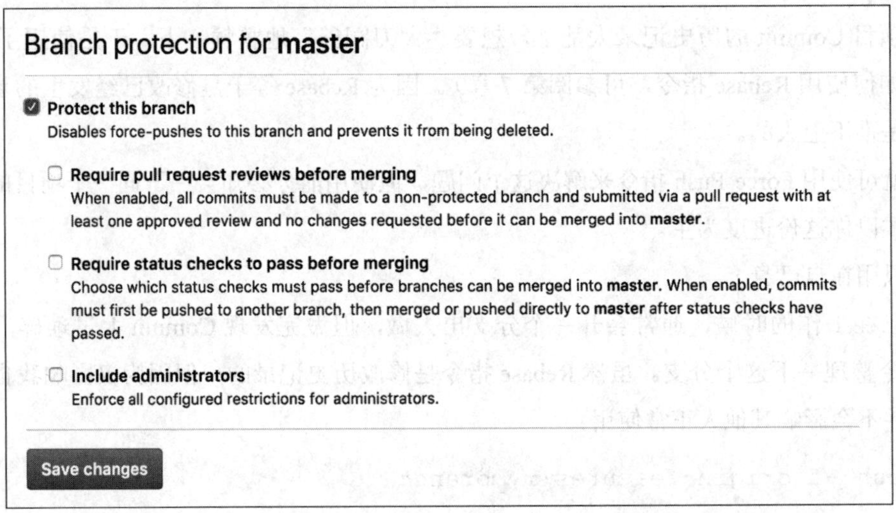

Branch protection for master
Protect this branch
Disables force-pushes to this branch and prevents it from being deleted.
Require pull request reviews before merging
When enabled, all commits must be made to a non-protected branch and submitted via a pull request with at least one approved review and no changes requested before it can be merged into master.
Require status checks to pass before merging
Choose which status checks must pass before branches can be merged into master. When enabled, commits must first be pushed to another branch, then merged or pushed directly to master after status checks have passed.
Include administrators
Enforce all configured restrictions for administrators.
Save changes

图 10-36

完成之后，这个分支就不能被 Force Push 了，甚至连删除也要先在这里取消保护。

3. 万一被覆盖了，救得回来吗

救回来其实很简单，只要保有之前的进度，即可再次执行 git push -f 指令，把正确的内容强行推上去，覆盖前一次 git push -f 的内容。

10.11 使用GitHub免费制作个人网站

GitHub 除了提供免费的 Git 服务器，如果推上去的分支刚好叫作 gh-pages，也可以用 GitHub 当作静态文件的服务器。它比一般的虚拟主机要便宜得多，也安全得多，不过也有一些限制。

（1）仅呈现静态页面内容，如果是用 PHP 或 ASP 编写的，则不会响应。

（2）不支持 .htaccess 之类的配置文件，所以无法设置用户密码。

（3）仅能使用 Git 上传，没有 FTP 之类的东西。

（4）不像 Repository 有 Private 的设置，所有的 GitHub Pages 都是公开的，甚至 Private 项目中的页面也是公开的。

从整体上来说，GitHub Pages 的优点还是多于缺点，至少它稳定、安全又免费。

接下来，我们来看看如何把页面放上去。

1. 新增项目

首先在 GitHub 上创建一个全新的项目，如图 10-37 所示。

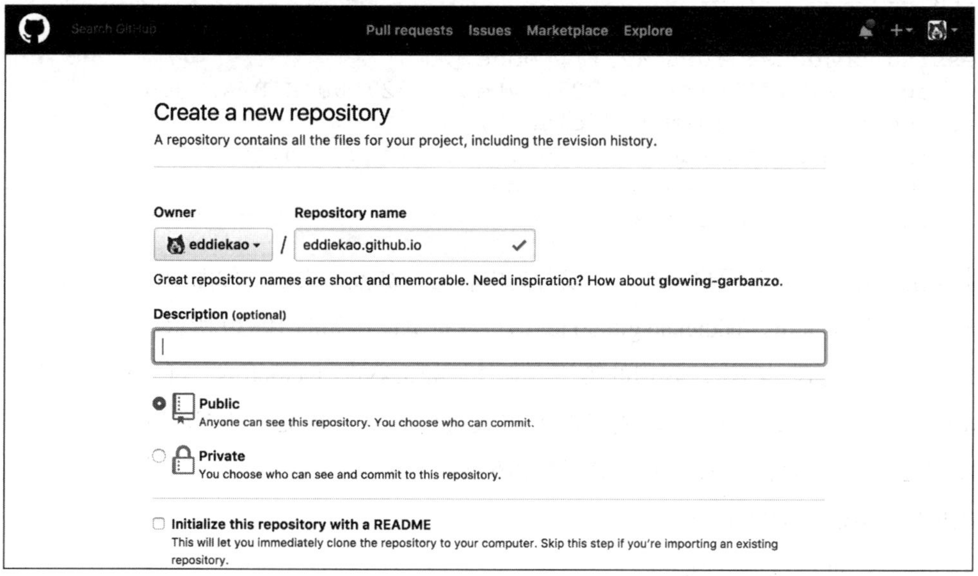

图 10-37

在 Description 文本框中输入“username .github.io”（其中 username 是指自己的 GitHub 账号，所以我在这里输入“eddiekao.github.io”）。

接着找一个空的目录，创建 index.html，内容如下：

```
<!DOCTYPE html>
<html>
  <head>
    <meta charset="utf-8">
    <title> 你好，GitHub</title>
  </head>
  <body>
    <h1> 觉得厉害 </h1>
  </body>
</html>
```

完成之后，就是执行 git add 和 git commit 的基础指令了（可参阅 5.2 节）：

```
$ git add index.html

$ git commit -m "add index"
[master (root-commit) 80450b2] add index
 1 file changed, 10 insertions(+)
 create mode 100644 index.html
```

接下来就是一般的 Push 了。如果忘记了怎样操作，可参阅 10.2 节。

```
$ git remote add origin https://github.com/eddiekao/eddiekao.github.io.git

$ git push -u origin master
Counting objects: 3, done.
Delta compression using up to 4 threads.
Compressing objects: 100% (2/2), done.
Writing objects: 100% (3/3), 327 bytes | 327.00 KiB/s, done.
Total 3 (delta 0), reused 0 (delta 0)
To https://github.com/eddiekao/eddiekao.github.io.git
 * [new branch]       master -> master
Branch master set up to track remote branch master from origin.
```

顺利推上去之后，回到项目页面，可以看到内容已经被推上去了，如图 10-38 所示。

这时，输入网址 https://eddiekao.github.io/ 即可连接页面，如图 10-39 所示。

另外，市面上也有一些比较好用的第三方套件，如 Jekyll、Octopress。可以利用这些套件，以 Markdown 语法编写，系统会帮你转成 HTML 格式或生成整个 Blog，甚至可以一行指令直接上传到 GitHub Pages 上。详情可参阅这些套件的官方网站。

- Jekyll: https://jekyllrb.com/。
- Octopress: http://octopress.org/。

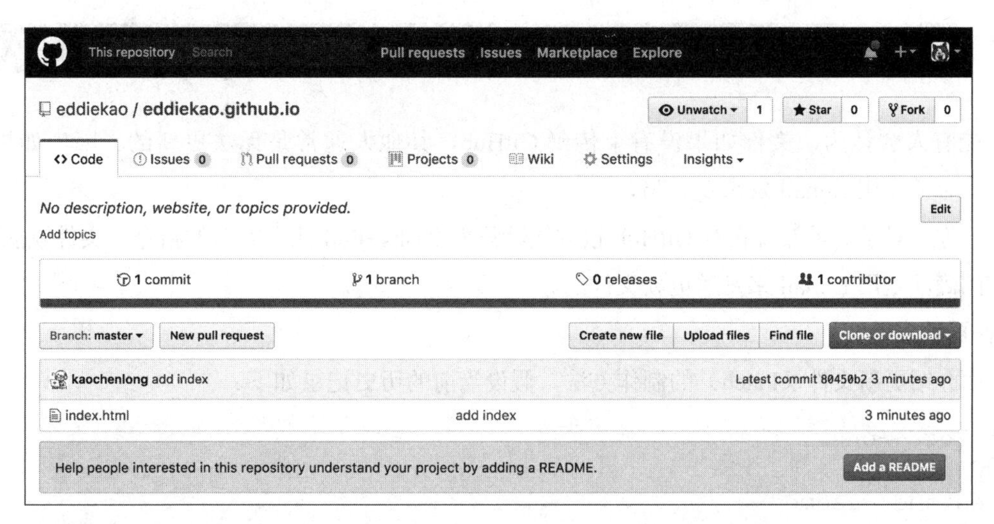

图 10-38

图 10-39

本书所有内容（http://gitbook.tw/）以及我个人的 Blog（http://kaochenlong.com/）就是通过这些套件完成的，也是放在 GitHub Pages 上，既安全又稳定。

2. 客制化网址

GitHub Pages 支持客制化（或称定制化）网址。如果原来的网址不好记，只需简单两步即可完成客制化。

（1）在该项目的根目录下创建一个名为 CNAME 的文件，内容只需输入要客制化的那个网址。

（2）请管理网域的人帮你设置一组 CNAME 指到 eddiekao.github.io. 即可。

10.12 一定要有GitHub才能得到他人更新的文件吗

可能有人会认为，文件如果没有上传到 GitHub，其他人通常是无法更新的。因为如果不用 GitHub，难道要用 E-mail 发来发去吗？

嗯，你猜对了。虽然现在有 GitHub 很方便，只需 Push、Pull 几个简单的指令，文件就能同步，但以前的确就是用 E-mail 来发送更新文件的。

1. 制作更新文件

下面介绍更新文件（Patch）的制作方法。假设当前的历史记录如下：

```
$ git log --oneline
fd7cd38 (HEAD -> master, origin/master, origin/HEAD) Update about.html
2eb8fea add readme
953cbd9 update info page
15202a1 add info page
b8ac91f add contact page
9a0233e add about page
1bbf412 update index.html
59dbbc9 init commit
```

然后很快做了两次 Commit，现在历史记录变化如下：

```
$ git log -oneline
6e6ed76 (HEAD -> master) add product page
6aba968 update info.html
fd7cd38 (origin/master, origin/HEAD) Update about.html
2eb8fea add readme
953cbd9 update info page
15202a1 add info page
b8ac91f add contact page
9a0233e add about page
1bbf412 update index.html
59dbbc9 init commit
```

接下来使用 git format-patch 指令生成几个更新文件：

```
$ git format-patch fd7cd38..6e6ed76
0001-update-info.html.patch
0002-add-product-page.patch
```

后面的参数 fd7cd38..6e6ed76 表示会生成从 fd7cd38 这个 Commit（不包括本身）到 6e6ed76 这个 Commit 的更新文件。例如：

```
$ git format-patch -2 -o /tmp/patches
/tmp/patches/0001-update-info.html.patch
/tmp/patches/0002-add-product-page.patch
```

2. 使用更新文件

要使用由 format-patch 指令生成的修正文件，需使用 git am 指令：

```
$ git am /tmp/patches/*
Applying: update info.html
Applying: add product page
```

可以一次使用一个更新文件，或者像这样一口气把刚刚生成在 /tmp/patches 目录中的更新文件全部用上，Git 会根据文件的名称依序套在现有的项目上。

第11章

使用Git Flow

Git Flow是什么？为什么需要它

当同一个项目中的开发人员越来越多时，如果没有制定好规则，放任大家由着自己的习惯随便 Commit 的话，迟早会造成灾难。

早在 2010 年的时候，就有人提出了一套流程，或者说一套规则供大家共同遵守（网址：http://nvie.com/posts/a-successful-git-branching-model/）。之后，一些比较优秀的开发流程相继问世，如 GitHub Flow、Gitlab Flow 等。这里仅以 Git Flow 为例进行介绍。

1. 分支应用情境

根据 Git Flow 的建议，分支主要分为 Master 分支、Develop 分支、Hotfix 分支、Release 分支以及 Feature 分支，各分支负责不同的功能，如图 11-1 所示。其中 Master 分支和 Develop 分支又被称为长期分支，因为它们会一直存在于整个 Git Flow 中，而其他的分支大多会因任务结束而被删除。

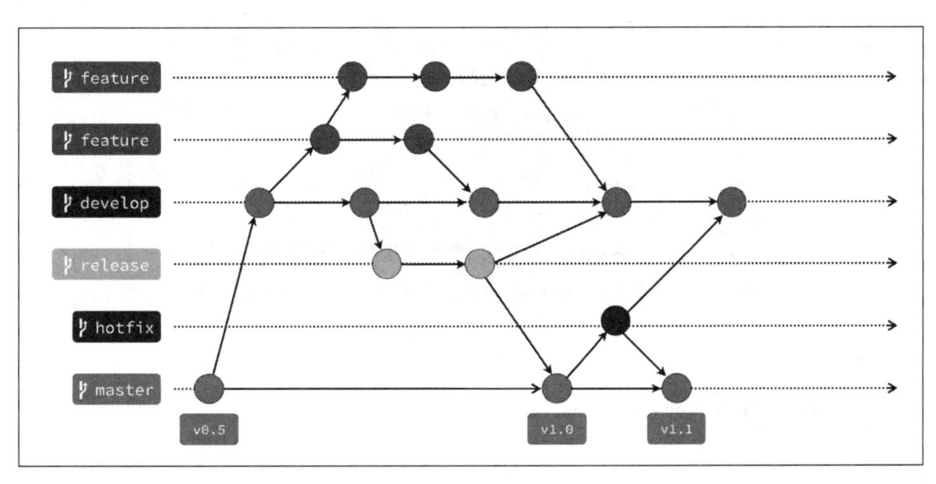

图 11-1

（1）Master 分支。Master 分支主要是用来存放稳定、随时可上线的项目版本。这个分支的来源只能是从别的分支合并过来的，开发者不会直接 Commit 到这个分支。因为是稳定版本，所以通常会在这个分支的 Commit 上打上版本号标签。

（2）Develop 分支。Develop 分支是所有开发分支中的基础分支，当要新增功能时，所有的 Feature 分支都是从这个分支划分出去的。而 Feature 分支的功能完成后，也会合并到这个分支。

（3）Hotfix 分支。当在线产品发生紧急问题时，会从 Master 分支划出一个 Hotfix 分支进行修复。Hotfix 分支修复完成之后，会合并回 Master 分支，同时合并一份到 Develop 分支。

为什么要合并回 Develop 分支？因为如果不这样做，等到 Develop 分支完成且合并回 Master 分支时，之前的问题就会再次出现。

那为什么一开始不从 Develop 分支划分出去修？因为 Develop 分支的功能可能尚在开发中，这时如果硬要从这里切出去修复再合并回 Master 分支，只会造成更大的灾难。

（4）Release 分支。当认为 Develop 分支足够成熟时，就可以把 Develop 分支合并到 Release 分支，在其中进行上线前的最后测试。测试完成后，Release 分支将会同时合并到 Master 及 Develop 这两个分支中。Master 分支是上线版本，而合并回 Develop 分支，是因为可能在 Release 分支上还会测到并修正一些问题，所以需要与 Develop 分支同步，以免之后的版本再度出现同样的问题。

（5）Feature 分支。如果要新增功能，就要使用 Feature 分支了。Feature 分支都是从 Develop 分支划分出来的，完成之后会合并回 Develop 分支。

在 Git Flow 的 GitHub 项目中，有如何安装以及使用 Git Flow 的介绍。但因为 SourceTree 本身内置 Git Flow 支持，所以本节将直接使用 SourceTree。

2. 设置Git Flow按钮

如果在 SourceTree 界面上方看不到 Git Flow 按钮，可以在工具栏上右击，在弹出的快捷菜单中选择 Customize Toolbar 选项，如图 11-2 所示。

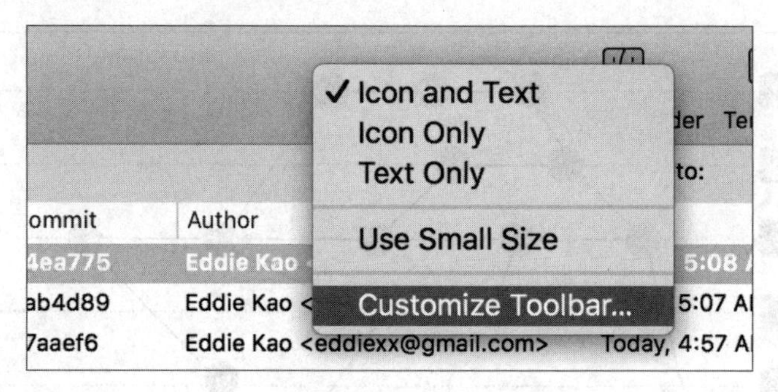

图 11-2

这时会弹出图 11-3 所示的对话框。

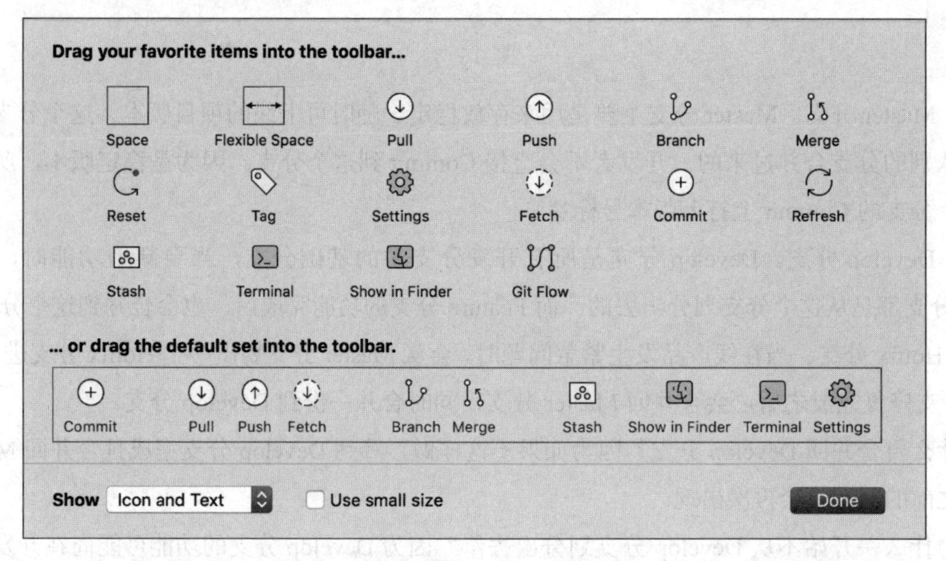

图 11-3

将 Git Flow 按钮拖曳到工具栏，如图 11-4 所示。

Git Flow
Show in Finder
Terminal
Settings
Jump to:

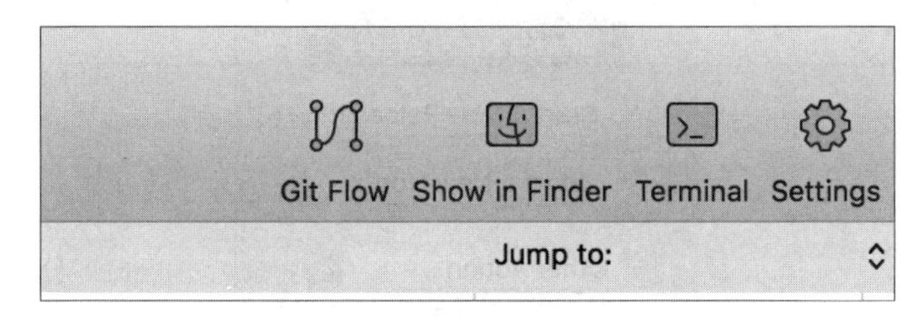

图 11-4

3. Git Flow初始化

这里所说的“初始化”并不是指使用 Git 时一开始的那个 git init。这里提到“初始化”，只是单纯为了让原本的项目认识 Git Flow 的指令。单击上方工具栏中的 Git Flow 按钮，如果是第一次单击，会进入初始化设置，如图 11-5 所示。

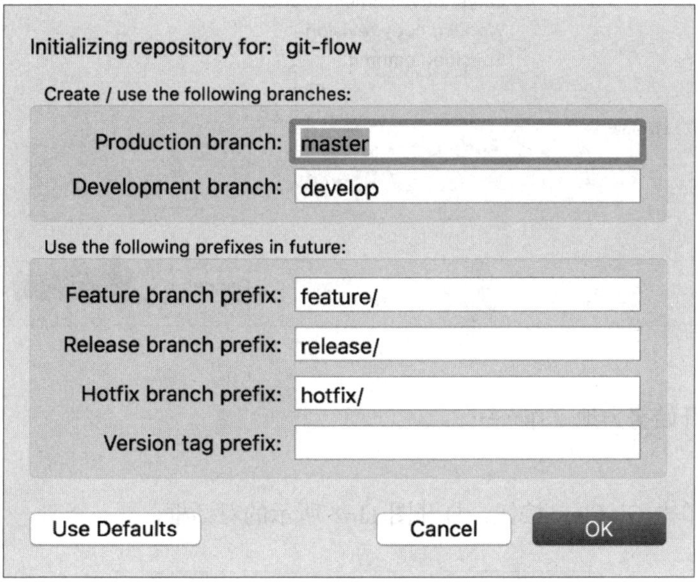

Initializing repository for: git-flow
Create / use the following branches:
Production branch: master
Development branch: develop
Use the following prefixes in future:
Feature branch prefix: feature/
Release branch prefix: release/
Hotfix branch prefix: hotfix/
Version tag prefix:
Use Defaults
Cancel
OK

图 11-5

在此要设置的就是上节提到的 5 个分支，通常保持默认设置即可。然后单击 OK 按钮，即可完成 Git Flow 初始化。

4. 增加功能

要增加功能，同样单击上方工具栏中的 Git Flow 按钮，打开图 11-6 所示的对话框。

因为要增加功能，所以这里单击 Start a New Feature 按钮。在弹出的对话框中，输入 Feature 分支的名称，如图 11-7 所示。

图 11-6

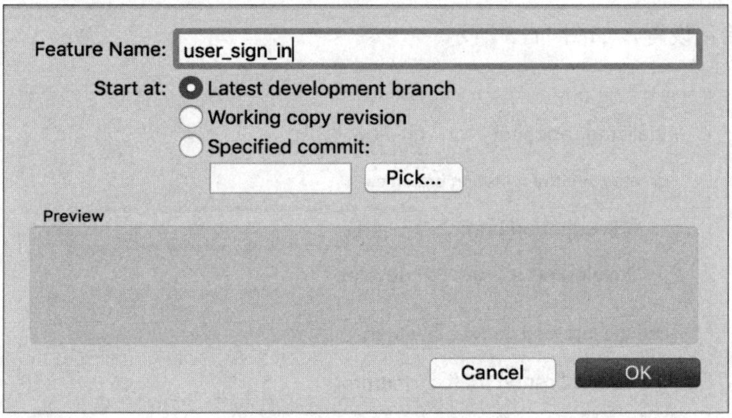

图 11-7

接下来，就是开始努力地工作……

5. 完成

完成后，再次单击 Git Flow 按钮，打开图 11-8 所示的对话框。

图 11-8

单击 Finish Current 按钮（表示要完成这个 Feature 分支的进度），弹出图 11-9 所示的对话框。

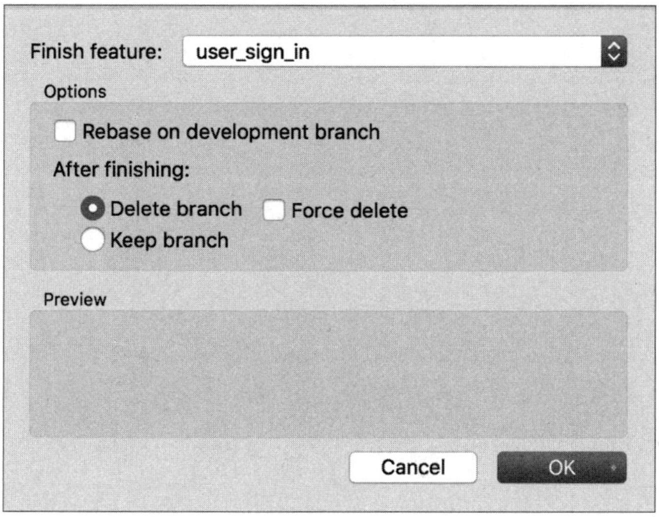

图 11-9

其中的选项应该都不难懂，主要是选择要使用一般的合并还是使用 Rebase 方式合并，或者合并过的分支是否要保留……这些问题的答案你应该都很清楚了。单击 OK 按钮，即可完成这一次的 Feature 分支。

6. 小结

不管是 Feature 分支、Release 分支还是 Hotfix 分支，都是以一样的模式进行操作的，所以必须先知道这几个分支有什么不同，在结束时要怎样进行合并……虽然 Git Flow 已经是多年前提出来的流程，而且其他优秀的 Flow 也层出不穷，但不管是什么 Flow，重点是要让整个开发团队看到，使所有人都遵守同一套流程，这样开发起来才会顺手。